物業管理系列叢書

大專院校各類管理與物業管理課程的基礎教材
物業管理行業各級行政和實業管理人員的培訓教材或參考資料

物業管理教程

齊堅 編著

沈世宏 · 鄭文彬 · 卜遠程 校訂

前　言

　　從事物業管理教學、研究及實踐活動已有 10 年，一直希望能有一本適合於物業管理課程教學及物業管理行政、管理人員業務培訓的教材。本著這個目的，在多年教學的基礎上，開始了本書的寫作，歷經數載，終於完成。本書初稿從教學試用的情況來看，反映尚可，但我們期待能在今後的教學實踐中得以進一步的完善，得到物業管理業同行，特別是從事物業管理教學的同行的首肯。如果本書能產生拋磚引玉的效果，從而有更多的專家學者寫出更高品質的物業管理教材來，則「善莫大矣」。一本好教材對教師來說，在某種意義上，它要比一本好的影視劇本對演員的意義更為重要。一名教師是否能根據教材講好課，學生是否能從中更好地學得知識，作為教材編寫者心裡總免不了忐忑不安。

　　作為教材，本書在多方面做了嘗試，強調物業管理的法律基礎，並儘量將這些概念貫徹全書。比如第二章物業管理的法律基礎，對認識物業管理企業與業主的關係，認識物業管理企業在物業管理經營活動中的法律地位及相應的合法行為，應該說是具有實際和長遠意義的。另外，本書也介紹了國內外的一些新的管理方法，比如在第九章物業設備管理中，介紹了能源管理、生命周期成本、價值工程等方法，這對物業管理企業在經營活動中講究成本效率和效益，以及提高企業的核心競爭力會有一定的幫助。

　　本書共有十五章，其中第二章物業管理法律基礎，可以根據學生原來的學習基礎以及教學時數的許可，做適當刪減。但對這些內容，應該給予應有的重視。本書附錄「未來物業設施管理的七大要素」是翻譯的一篇演講稿，這是為那些想了解將來物業設施管理可能產生哪些變化的讀者準備的閱讀資料。其他的章節，也可根據教學上的需要作適當的選擇。

　　本書可作為大專院校房地產、管理工程及物業管理課程教學用書，也可以供物業管理的專業人員學習參考。

　　本書在寫作過程中，參考了大量的論文和著作（主要的在書末參考文獻中列

出），並結合了作者 10 年的物業管理教學研究和學習實踐的體會。由於物業管理在中國發展的時間還不長，還有很多理論和實際問題需要進一步的研究並有待實證，因此書中可能存在許多不足之處，懇請同行專家、學者和讀者批評、指正。

齊 堅

校訂序

　　財團法人景文科技大學環境與物業管理系，為國內首次獲得教育部核准，成立的與物業管理相關科系。鑒於地球環境問題日益受到重視，1992 年聯合國在巴西里約熱內盧召開的地球高峰會議，將經濟及社會發展與環境保護結合，提出了人類追求永續發展理念的 21 世紀議程。世界各國在永續發展的架構下，合作解決地球環境問題的同時，必須在國際、國家與地方層次，兼顧經濟發展的平衡及社會正義的實現，而真正的落實卻發生在每一個人的日常生活中。

　　物業管理人員（俗稱總務人員）照顧與管理人的食、衣、住、行、育樂、醫療、宗教等生活中工作、信仰、社交與休憩種種相關場所的建築、設施與周圍環境，並支援各種活動的進行，致力於提高使用者的生活品質與所擁有空間的價值。過去少有人注意到物業管理人員與其專業，在落實人類永續發展及地球環境保護的每一個人每天生活上，所擔任的關鍵角色；更少有人致力突顯與發揚其功能的重要性。

　　景文科技大學因此成立了環境與物業管理系，期望藉由學校的教育與研發，養成物業管理人員及物業管理企業，在協助其客戶提升生活品質並貢獻於地球環境保護與永續發展問題的解決與推展時，需要的專業知識與服務技能。為迅速獲得學習物業管理所需教材，在研讀中國大陸各大學已出版的教材後，挑選本冊，內容豐富且精闢的著作，商請五南圖書文化出版公司取得授權，並協助轉換為繁體字與台灣的通俗用詞。礙於兩岸物業管理之相關法令及制度多有所差異，無法完全對照，除適時補充台灣相關規定外，仍儘量保留原有之文字與章節，其中難免疏漏之處，尚祈讀者於發現時不吝指正。

財團法人景文科技大學環境與物業管理系

副教授沈世宏　卜遠程　鄭文彬謹識

2007.04.於台北縣

目　錄

第七章　物業綜合管理

第八章　房屋維修管理

第九章　物業設備管理

第十章　物業租賃管理

第十一章　物業風險管理與保險

第十二章　物業管理企業的財務管理

第一章

緒　論

第一節　物業概述

一、物業的含義

(一)物業的古代含義

物業這個詞可以追溯到中國的宋代。自宋代起，在立法中將動產和不動產進行了區分，將動產稱之為「物」或「財物」，而將不動產稱之為「業」或「產業」。將動產所有權稱之為物主權，而將不動產所有權稱之為業主權，進而將「物」和「業」兩字連用，用「物業」來作為動產和不動產的統稱。因此，就「物業」一詞古代的本義來說，是指人們生產和生活所依賴、利用的歸屬於個體或群體的，包括動產和不動產在內的財產。

(二)物業的現代含義

現代意義的「物業」這個詞源自香港，指單元性的房地產。香港房地產法中稱「物業是單元性房地產，一住宅單位是一物業，一工廠樓宇是一物業，一農莊也是一物業，故物業可大可小，大物業可分割為小物業」。由此，我們知道，物業既可指單元性的地產，也可指單元性的房產。單元可大可小，大的可以是成片的住宅區、私人擁有的島嶼或礦區等，小的可以僅是一間房。

關於物業的內涵，目前有多種說法，列舉幾種：

「物業是指已建成並具有使用功能和經濟效用的各類供居住和非居住的屋宇及與之相配套的設備、市政、公用設施、屋宇所在的建築地塊與附屬的場地、庭院。」

「物業是已建成並投入使用的各類房屋及與之相配套的設備、設施和場地。」

「物業是指人工形成、有使用價值和價值、有業主的建築物與場地，包括為

發揮其功能相匹配的設備、設施、環境等。」

從上述一些定義來看，至少存在兩大缺陷：其一，這些定義都片面強調必須包括已建成的房屋；其二，這些定義都將物業看作是一種單純的物理形態，沒有注意到物業在法律方面的含義，即權利問題。

首先，我們知道，物業並不一定包括房屋。農田、海灘、礦藏、山林、橋樑、隧道等都是物業。即使是擁有城市中的一塊尚待開發的土地，我們也將其看作擁有者的一項物業。這無論從我國古代的定義或從香港的現代定義都可以清楚地看到這一點。可見目前給物業下的定義，往往都是站在房屋建築甚至僅僅是住宅的角度來給物業下的定義，這不能不帶來偏差。另外，也有的學者將農用地和未利用地排除在物業的定義之外，其理由是，目前的「物業管理」術語中不包括它們，僅僅是指建設用地範圍內的物業。我們認為這種說法也是失之偏頗的，其理由很簡單，「物業管理」本身應該建立在「物業」的基礎上，應先有「物業」，然後才有「物業管理」。其次，物業不能只看到其物理形態方面，更重要的是要看到其法律的含義。一個權利不清或權利受限的房地產，其價值是不明的或相對於完全產權的房地產價值來說是下降的。即使在物業管理的過程中，也不應只看到房地產的物理形態，而應將權屬問題看作是物業管理的基本出發點。不管是簽訂物業管理契約，還是處理相鄰關係，甚至計算物業管理費，都離不開物業的權屬。因此，綜上所述，物業的定義必須考慮到前面提到的兩個問題。在這裡，我們根據其完整的概念和民法及其他相關法律的有關規定，對物業給出以下的定義：

「物業是指土地、構築物和固定在土地、構築物上的定著物，以及相應的物權。」

中國大陸民法等法律意義上的「定著物」，並不是絕對不可分離的，只是分離後會破壞原有的功能或價值。

（三）物業的英語含義

我們知道，物業這個詞在現代是從香港引進的，為了適應中國大陸對外開放的形勢，便於對外交流和學習，同時也是為了加深對上述物業定義的理解，這裡有必要將英語中與「物業」有關的詞解釋一下。

英語中與「物業」相關的詞有：estate, real estate, property, real property, realty。

1. estate 的兩種解釋

The degree, nature, and extent of interest that a person has in real property. （個人在不動產中所擁有權益的大小、性質和範圍。）

The law recognizes certain rights in land and refers to them as estate.（法律認可的土地上的權利，並將其稱為 estate。）

從上述的解釋中可以看出，estate 可翻譯為地產權。

2. real estate 的兩種解釋

In law, land and everything more or less attached to it. Ownership below to the center of earth and above to the heavens. （在法律意義上，是指土地及或多或少定著於土地上的一切事物。是指下至地球中央上至天空的擁有）。

In business, the activities concerned with ownership and use transfers of the physical property.（在商務活動中，是指有關物理形態的房地產所有關係及用途轉換的各種活動。）

從上述解釋中可以看出，在法律上，real estate 可以理解成物理形態的房地產，可翻譯成「房地產」、「不動產」、「物業」；在商務活動中，可以翻譯成「房地產行業」「房地產活動」。

3. property 的解釋

The rights that one individual has in lands or goods to the exclusion of all others; rights gained from the ownership of wealth. （個人對土地或物品所擁有的排除所有其他人的權利；是一種來自對財富擁有的權利。）

從上述解釋中可以看出，property 應翻譯為「財產」。而不要翻譯成「財物」，雖然是一字之差，但是財產含有產權的意思，而財物卻沒有這

層意思。

4. real property 的解釋

The rights to use real estate.（使用房地產的權利。）

從上述解釋中可以看出，real property 強調的是房地產的權利。可以翻譯成「房地產」、「不動產」、「物業」。

與 real property 相應的是 personal property，它可翻譯成「動產」。

5. realty ＝ real estate

從以上這些英語單詞的解釋中，我們可以看到，這些單詞從本來的含義來說是有區別的，但在很多地方，如果上下文意思明確，或者在不需要強調它們的區別時，這些詞是可以通用的，都可以翻譯成「房地產」、「不動產」、「物業」。

二、物業的性質及分類

了解並掌握物業的性質和分類對了解物業和物業管理的本質，物業管理的運作模式和體制，物業管理企業參與物業管理市場運作的途徑以及做好物業管理都有十分積極的意義。

(一)物業的性質

世界上任何事物都有自己的屬性，物業也不例外。物業的屬性可分為自然屬性和社會屬性兩大類，其中社會屬性又可分為經濟屬性和法律屬性兩類。

1. 自然屬性

物業作為土地、房屋及附著其上的定著物來說，首先是它的物質性。從某種物質來說，我們首先要考察它的自然屬性或物理特性。物業的自然屬性主要有以下幾條。

(1)固定性（不可移動性）。任何物業都離不開土地，即使在某種場合需要將房屋作為單獨的物業來考慮（如火災保險），這也只是人為的一種處理問題的需要或方式。房依地建，地為房載，從根本上來說，房屋是不能離開

土地而單獨存在的。建築、土壤、卵石及其他作為物業的一部分可能由於自然力或人為的因素被移走，然而，土地本身是不能移動的，並且永遠不會改變自己的地理位置。而土地從空間的位置來說是固定的，房屋又是固定在土地之上的，所以說，物業具有空間上的固定性。

物業空間上固定的性質，是各國地方政府徵收房地產稅的主要原因。它給物業管理行業帶來的特徵是管理或服務的分散性。物業管理企業不像其他的生產企業或服務企業，可以有一個固定的生產基地或服務場所生產產品或提供服務，而是根據物業的不同位置，提供現場服務。

(2)久遠性。與其他的產品相比，物業具有長久的自然壽命。土地的壽命就不用說了，除了一些特殊的情況（例如，山崩地裂使土地滅失以外），它是與地球同在的，或者說是具有不滅性的。而房屋一般來說也具有幾十年甚至幾百年的壽命。因此，物業具有時間上久遠的特性。這一特性，給物業管理帶來的特徵是物業管理行業的長久性。因為，物業在使用過程中，由於受到來自自然、人為力量的影響，不可避免地會受到損壞，需要不斷地維護和修理，以保證其使用價值。這就使得物業管理行業如同醫療行業一樣，只要有人的存在，就會有物業管理行業的存在。

(3)個別性。物業會因為地段、設計、材料、施工、裝潢、環境、設施等不同而有差異性。即使在同一地點，使用同一設計圖、同一施工團隊、同一材料、同樣的設施和裝潢建造的房子，也會因為樓層的不同，前後左右方位的不同而不同。因此，世界上不存在絕對相同的物業，這就形成了物業的個別性或獨特性。物業的這種性質，對物業管理行業來說，帶來管理上的區別性。如，在物業管理的維修中，處於不同位置的牆體其開裂、滲漏的原因可能不同，要求的處理也不同。再如，在物業的租賃工作中，由於物業的個別性，要求物業管理人員對所管轄的物業要仔細了解和分析，以便在租金的確定、營銷的策劃等問題上加強針對性，提高效率和效益。

2. 物業的經濟屬性

(1)商品性。中國大陸由於長期實行計畫經濟以及城市土地和房屋的國家所有，所以一直不承認房屋是商品，僅認為是一種國家分配的產品，一種由

國家提供的基本生活資料。這種計畫經濟的體制和模式，其結果不利於刺激國家、企業和個人的積極性；不利於使用經濟手段調節房屋的生產經營活動，使得城市房屋建設遠遠滿足不了城市居民的需要；也使得現有的房屋缺乏必要的資金進行適當的維護。同時，對於土地，也僅認為它是一種資源，而不是勞動的產物。因此認為它不具有價值的特性，也就不具有商品的特性。儘管在這些方面，理論界還有爭論。然而，現有的城市土地，透過大規模的基本建設，已凝聚了大量的人類勞動，即使是郊區農村的土地，也因為道路、交通等市政工程的建設，投入了大量的人類勞動而造成價值提升，這一點是無可非議的。即使從土地作為一種資源來考慮，它仍然具有使用價值和價格，並通過價格取得其商品的屬性。承認物業的商品性，不僅要求我們按照價值規律的要求，按照等價交換的原則，使物業的生產、經營、交換的過程商業化，而且，也要將物業的消費過程商品化。對物業管理行業來說，就是要貫徹有償服務的原則，貫徹等價交換原則。

(2) 稀少性。土地的稀少性可以分成絕對稀少和相對稀少。首先，土地的稀少性是絕對的，這是由於地球的表面積是有限的，因此土地也是有限的。另外，儘管在有些地方可以以較低的價格買到大量的土地（所有權或使用權），但是在另一些地方，土地卻是稀少的，或是昂貴的。這就是土地的相對稀少。土地的稀少性，特別是相對的稀少性，會帶來物業供應的稀少性，特別是有效供應的稀少性。這裡的有效供應指的是消費者想買、願意買、能夠買的供應。從這裡我們必須注意到，物業供應的稀少性是相對的，它會隨著經濟環境的變化，有效需求的變化而變化。供應的稀少性特點，要求對現有的物業進行良好的維護，增加它的使用壽命和經濟壽命。這既是物業行業存在的基礎，也是物業行業對社會做貢獻的義不容辭的義務。同時，物業的相對稀少性也要求物業管理人員在從事經營性物業管理時，要時時掌握市場的變化和發展趨勢，為委託人的物業能產生最好的經濟效益而努力。

(3) 保值增值性。物業的保值和增值性已為越來越多的人所認識。從第二次世界大戰以來，隨著恢復戰爭損壞建築的要求增多、人口的迅速不斷的增長

和人們生活水準的提高，通貨膨脹成了戰後世界經濟的主流。然而，在社會發展的進程中，人們發現，物業價格上漲的速度大大地超過了通貨膨脹的速度。美國的資料顯示，同一時期物業價值上漲速度是通貨膨脹速度的2倍。從中國大陸改革開放以來的實踐中也可以清楚地看到這種傾向。例如中國大陸各大城市的房屋的價格從20世紀的80年代至今已經上漲了20倍左右。而同時期糧食的上漲不到10倍。當然物價的上漲是一種長期的趨勢，但從短期來看，在某個地方，物業的價格會因當地經濟形勢及供需的變化而有升有降。

(4)固定投資性。這是物業的另一個重要的經濟特徵。對土地所做的絕大部分改良或開發是不能被移走的，而是需要數十年甚至更長的時間才能回收投資。建築或相關的設施一旦在土地上建成，就成了物業的一部分。這個經濟特徵使得土地投資的價值大大地依賴於特定地點經濟情勢的變化和人們喜好的變化。這也帶來了物業投資的高度風險性。固定投資性對於物業管理來說，需要在物業的租賃管理中注意定著物的認定。

(5)大量投資性。物業對於一個國家來說，或者對於一個家庭來說都是一筆巨大的財富，古今中外莫不如此。正因為其大量的投資性，所以，人們為了得到它，許多人需要向銀行貸款，並在隨後的幾十年中每月向銀行還款。人們將這種情況戲稱為「一輩子為銀行打工」。可見物業上所聚集財富數額之巨大。對於小家庭是如此，對於國家，也是如此。一個國家一個社會的最大財富之一也是物業。正因為如此，就需要對這數額巨大的財富加以維護，這也顯示了物業管理的重要性和必要性。

(6)地段性。「地段、地段、還是地段」這是房地產估價行業中的名言，物業地段的重要性可見一斑。物業的地段性是物業的重要的經濟特徵之一，類似的物業可能僅因為地段的不同而有極其不同的價值。這種差別主要是由人們兩種性質的喜好所引起的。一種是對自然性質的喜好如氣候、空氣品質、風景等；另一種是對人工因素的喜好，如學校、文化設施或就業地點等。這兩種喜好對物業的價值都有影響。另外一些條件的變化，如人口的變化或工業的增減都會引起土地價值極大的變動。

(7)社會經濟位置的可變性。物業的自然位置是不可變的，然而物業的社會經濟位置卻是可變的。物業的社會經濟位置指的是物業在社會經濟活動中所處的地位。很多情況下，物業的位置沒有改變，然而由於其所處的社會經濟位置變化了，物業的價值就會有很大的變化。例如，從大的方面來說，在中國數千年漫長的封建社會中，依賴黃色土地的「黃色經濟」占主導地位，則中國的中原就成了政治、經濟和文化的中心；而沿海地帶，則是夷蠻夷之地。到了近代，由於依賴海洋的「藍色經濟」的發展，使得東部沿海地區成了中國最發達、最富裕的地區。這種變化不可避免地會影響該地區的物業價值。從小的方面來說，一個城市的內部，也會有這樣的例子。比如上海的浦東新區，原先是「寧要浦西一張床，不要浦東一套房」的地方，自從中央實施浦東開發的策略以後，房價急劇上漲，最高可達每平方米萬元以上。又如，上海的不夜城地區，原先是破落骯髒的貧民區，由於將上海火車新站建在此處，就成了高價樓宇集中的不夜城地區。這樣的例子多不勝數。這一特性，對於從事經營性物業管理的物業管理人員來說，要時刻關注這種潛在的變化，及時預測並作出相應對策。使物業獲得最大的收益或將可能的損失儘可能降低。

3. 物業的法律屬性

(1)對政策法規的敏感性。物業由於上述的自然及經濟屬性，如久遠性、固定投資性、社會經濟位置的可變性等，使得它對政府的法律法規具有與其他商品或物品不同的敏感性。政策法規的變動，會對物業的價值產生意想不到的影響。例如，中國大陸從解放以後，透過一系列的社會主義改造，城市房地產的絕大多數是國有的。在1954年第一屆全國人大第一次會議上通過的新中國第一部憲法規定：城市土地歸國家所有，土地不得交易。這樣的房地產體制，使得房地產在市場上不能流通，也就呈現不出它們的價值。很多地方政府守著「金碗」──大量的土地，卻苦於缺乏資金進行城市改造和解決人們的居住問題。1988年4月12日，七屆全國人大第一次會議通過了憲法修正案，其中刪去了土地不得出租的規定，改為：「土地的使用權可以按照法律的規定轉讓。」就這一條文的更動，使得中國大陸

城市建設和房地產的發展起了翻天覆地的變化，以前幾十年解決不了的城市市政建設和居民住房難題得到迅速的解決，這一切主要歸功於憲法中這一規定的改變。

物業對政策法規的敏感性還可以舉以下的例子來說明。上海原先對過黃浦江的車輛，都要收過橋（隧道）費，為了進一步支持浦東新區的開發，上海市政府取消了這一項收費，結果，使得浦東的物業價值很快上升，浦東的土地很快從被人冷落變成開發商的搶手貨，土地的價值也一路攀升。物業對政策法規的敏感性，使得從事經營性物業管理的物業管理者，時刻關注這些方面可能產生的變化，未雨綢繆或掌握商機，為委託管理的業主的利益做出最大的努力。

(2) 「權利束」性。物業的權屬是由一系列權能組成。在中國大陸，物業的權屬包括四種：土地的所有權、土地的使用權和房屋所有權、房屋的使用權。每一種權屬都有各種不同的權能，譬如，占有、使用、收益、處分等形成了一個完整而抽象的權利體系。在這個體系中，各種權利既可以單獨行使，又可以組合行使。因此，物業本身難以合併和分割，但是，權利可以分割和合併。物業權屬的「權利束」性，對於物業管理者來說，在提供服務的時候，要注意物業權屬的狀況，並做好相應的管理和服務工作。

(3) 物業的相鄰性。與其他物品權屬的性質不一樣的是，物業權屬具有相鄰性。該性質也稱為相鄰關係。物業的相鄰關係依存於相鄰不動產所有權關係或使用權關係，其實質是相鄰不動產所有權或使用權的適當擴展或限制。在相鄰關係中，相鄰各方依法享有法律規定的相鄰權，同時亦依法承擔法律規定的義務。相鄰關係主要有相鄰環保關係，相鄰防災關係，相鄰用水關係，相鄰排水關係，相鄰通行、通風、採光等各種關係。根據法律，相鄰人必須相互給予便利或接受限制。這一特性，對於物業管理來說特別重要，因為，之所以需要物業管理，其中一個很重要的原因就是產權多元化後共用部分的管理，其中就包括了相鄰關係的處理。

(二)物業的分類

與任何事物的分類一樣，物業根據不同的標準就有不同的分類。

(1)按物業的基本構成可以分成：①土地；②建築物等土地改良物；③土地及其土地上的附著物。這三個部分均可成為獨立的物業並有各自的應用領域。

(2)按所有權的性質來可以分成：①公有物業，其中又可分成國有和集體所有；國有中又可分成國家直接所有和單位所有；②私有物業，包括外國獨資企業的物業，國內私人獨資企業的物業，私人銷售房屋，公有房舍售出，城市的老舊私人住宅以及農村住宅等；③公私合營物業。包括中外合資企業的物業，中外合作企業的物業等。

(3)按用途可以分成：①居住；②廠房及倉儲；③辦公樓；④商場；⑤賓館、餐飲、旅遊、服務；⑥文化、教育、科研；⑦體育、娛樂、休閒；⑧醫療衛生；⑨公路、橋樑、交通、市政設施；⑩郵政、通訊、廣播、電視等。

(4)按結構材料可以分成：①鋼結構；②鋼筋混凝土結構；③混合結構；④磚木結構；⑤其他結構。

(5)按完好程度可以分成：①完好房屋；②基本完好房屋；③一般損壞房屋；④嚴重損壞房屋；⑤危險房屋。

(6)按建築高度可分成：①超高層；②高層；③中高層；④多層；⑤低層。

(7)按物業管理的特性，國際上比較統一的分法為：①居住物業；②商業物業；③工業物業；④特殊物業。這種分類的理由是，每一類的物業有其不同的管理知識和技能的要求。

第二節　物業管理概述

一、物業管理的定義、特性和模式

(一)物業管理的定義

從上一節的分析來看，物業管理從本質上來說就是房地產管理，相應的英語

名稱為：real estate management, real property management 或 property management 等，而目前通用的有關物業管理的定義有多種，以下列舉幾例。

「物業管理是指物業管理經營人受物業所有人的委託，按照國家法律和管理標準行使管理權，運用現代管理科學和先進的維修養護技術，以經濟手段管理物業，從事對物業（包括物業周圍的環境）的養護、修繕、經營，並為使用人提供多方面的服務，使物業發揮最大的使用價值和經濟效益。」

「物業管理是由專門的機構和人員，按照契約，對已竣工驗收供人使用的各類房屋建築和附屬配套設施及場地，以經營的方式進行管理，同時對房屋區域周圍的環境、清潔衛生、安全防災、公共綠化、道路養護統一實施專業化管理，並向住用人提供多方面的綜合性服務。」

「物業管理是指物業管理企業受物業所有人或使用人的委託，依照物業管理委託契約，對房屋建築物及附屬設備設施、綠化、衛生、交通、治安和環境等管理項目進行維護、修繕和整治，並向物業所有人或使用人提供綜合性有償服務。」

除此之外，還有其他許多類似的定義，這些定義很長、很周全，可以說包羅萬象，面面俱到，但還是存在一些問題。

首先，物業管理的形式或模式有很多種，委託僅僅是其中的一種，有很多情況並不是委託形式，例如，物業管理的創始人，英國奧克維亞女士本身就是業主兼經理人。又如，中國大陸很多大型的企事業單位，他們自己擁有物業管理部門，這些物業管理部門或物業管理人員與單位的關係並不是委託關係。因此，在定義物業管理的時候，不能將這些情況排除在外。

其次，說物業管理「運用現代管理科學和先進的維修養護技術」，這可能將物業管理的要求提得太高了，並可能將物業管理的創始人排除在定義之外了。

最後，如同前面對物業定義一樣，將物業管理僅限於已建成的房屋及相關的土地，這樣做，從狹義上來說是可以的，但從廣義上來說，就不太適合了，就有可能限制物業管理行業的發展。因為，橋樑、隧道、高速公路、國家森林公園等應該都屬於物業。

如何來描述物業管理的定義比較合適呢？我們看一看物業管理發源地——英

國對此概念的有關解釋。

Property management: the operation of property as a business, including rental, rent collection, maintenance, etc.（物業管理就是以經營方式來管理物業，它包括物業的租賃、租金的收取、維修等內容。）（Jack P. Friedman, Jack C. Harris, J. Bruce Lindeman. Dictionary of Real Estate Terms.第 3 版，New York：Barron's Educational Series. Inc. 1993）

這個定義雖然很短，但我們認為它揭示了物業管理的真正本質：經營。既然將物業的運作作為一種經營，就必須考慮用經濟手段來管理物業，必然要根據國家的法律規定來操作，也必然要千方百計地為委託業主、雇主、租用人提供各種優質服務，從而在激烈的市場競爭中保持和擴展自己的業務。

在同一詞彙下，這本詞典還介紹了物業管理所包括的主要內容，值得我們參考：

① accounting and reporting（會計核算和報告）；

② leasing（物業的租賃）；

③ maintenance and repair（物業的保養和修理）；

④ paying taxes（依法納稅）；

⑤ provision of utilities and insurance（提供公用設施和購買保險）；

⑥ remodeling（物業的改造）；

⑦ rent rate setting and collection（租金標準的制訂和收取）。

(二)物業管理的特性

從以上的論述中，我們知道物業管理有很多模式，但最多見的是委託管理的模式。以下的介紹除有特殊說明之外，均以委託管理模式的物業管理公司為基礎。

1.社會化

在中國大陸，物業管理的社會化特性有以下三方面的含義。

第一是相對於企事業單位的內部管理來說。物業管理的內容涉及方面，在計畫經濟時代，中國的企事業單位包攬了幾乎全部的社會職能，每個單位「麻雀雖小，五臟俱全」，企事業內部自設各種部門，提供各種服

務，但效率低下、人浮於事。改革開放後引進了物業管理新模式，將分散的由各個單位提供的服務集中交由專業的物業管理公司來解決，這樣各企事業單位可以集中力量做好自己的工作，物業管理也能提高服務質量和專業化管理水準。

第二是相對於開發公司的自建自管模式來說。在房地產新舊體制交替的初期，由於建好的大量商品屋缺少管理，政府為了保障人民的權益，規定「誰開發誰管理」，將物業管理的責任落實到開發商身上，這是導致自建自管封閉模式的一個主要原因，從而導致了多個產權人、多個管理部門的多頭、多家管理。

第三是相對於承擔社會的功能來說。傳統的房地產管理，其主要功能是簡單的維修。而現代的物業管理，在內容或方式上都不同程度地承擔某些社會的功能，如消防、清掃、綠化、保全等，這都反映了物業管理的社會化特性。

2.專業化

物業管理的專業化特性指的是組織機構的專業化、管理人員的專業化、管理手段的專業化、管理技術和方法的專業化。組織機構的專業化一方面陳現在隨著社會、經濟以及技術的發展，使得社會分工進一步細分，形成了專業的組織機構來適應發展的需要；同時也陳現了物業管理組織機構設置的科學性和合理性。由於受託物業的規模、形式、設備、設施及建築材料等越來越先進、高級、複雜，人們的需求越來越高、越來越廣，這就需要有專門的人才、專門的管理方式才能完成這些任務。並要求物業管理組織機構要有科學、規範的管理制度和工作程序，有科學的管理理念以及先進的維修養護技術。

3.規範化

物業管理的規範化特性指的是物業管理從管理組織的設置到運作都有相應的規範，這既是專業物業管理產生的規範，也是物業管理走向現代化、科學化的模式。首先各級政府對物業管理組織的設立制訂了一系列的法律規定；其次對物業管理的運作也頒布了各種規章制度，例如竣工交屋

驗收，業主委員會的設立，物業管理契約的簽訂，物業管理收費標準的確定及收取，保全、保潔、綠化、消防，以及維修等都有嚴格的規定和要求。這使得物業管理具有規範化的特性。

4. 經營性

物業管理的經營性或稱商業化、市場化特性，指的是物業管理組織要將物業管理作為一項經營業務，要考慮成本、收益，要面對市場參與競爭，要實行有償服務，要確保物業的保值、增值，要實現物業管理的良性發展。

5. 契約化

物業管理涉及各方面，有著眾多的法律關係。如何做好這項工作，為委託人、雇主以及使用人提供優質的服務，就必須利用契約，將物業管理法律關係中各個主體的權利義務加以明確，以確保各方的利益。物業管理涉及的契約有：物業管理委託契約、業主公約、承包契約、僱傭契約、保險契約等。

(三)物業管理的模式

1. 業主自管型（僱傭型）

業主自管型（僱傭型）指的是由業主本身或業主僱傭的人員（部門）從事對業主物業的管理。在僱傭型的情況下，物業管理人員與業主的關係是僱傭關係，雙方一般通過僱傭契約規定雙方的權利義務關係，這些權利義務關係一般不涉及物業管理方面的具體內容。這種模式主要可分為以下幾種：

(1)國家自管型。這種類型主要指房地產行政管理部門直交屋理國家所有的物業的方式，這類物業又稱直管房屋。這是中國大陸立國以來，特別是完成城市社會主義改造以後房屋管理採用的主要模式。這個模式採用了行政性、福利性的管理機制，在建國初期，對促進廣大群眾生產積極性，恢復戰爭的創傷有相當的積極作用。國家自管型模式的優點包括：①有一整套較規範的管房制度；②有比較完整的房管資料；③有一支維修力量強、管

理業務嫻熟的管理隊伍；④與地方政府關係密切，有利於物業管理一體化的協調管理。但國家自管型模式也有其弱點為：①缺乏競爭機制，不利於優勢發揮；②缺少穩定的資金來源，難以滿足更高層次的物業管理的需要。目前，中國大陸許多省市，通過「政企分開」的改革，將原來的房管所拆成兩部分，一部分為實施行政管理的政府機構，另一部分轉制為物業管理公司，進行企業化運作，轉化成委託型管理模式。物業管理公司收取公有房舍租金的一部分作為物業管理費用。

(2)單位自管型。這種類型主要指由事業單位安排專門的人員或部門管理自己所屬物業的方式。這種模式管理的物業有相當的數量。一些特殊物業的管理通常都採用單位自管型模式，例如軍隊物業的管理。由國家所有的企事業單位管理的物業，又稱系統房。單位自管型模式的優勢：①管理對象單一；②管理經費相對有保障。其缺點為：①缺乏競爭機制；②管理經驗和人才相對缺乏；③管理手段和管理技術相對落後；④管理效益和效率較低。目前單位自管型的情況，除了一些特殊的物業、特殊的單位以外，許多單位都趨向於將物業委託給物業管理公司來管理。

(3)開發商自管型。這種類型從本質上來講是一種單位自管型，它是房地產商品化以後的產物。當房屋變成了商品以後，開發商就應運而生了。當大量的商品房被開發出來以後，為了加強管理，保護人民的利益、社會的財富不受損害，政府要求「誰開發誰管理」，這是產生開發商自管模式的主要原因。另外，考慮到開發公司多餘人員的安排、維修基金的占用、保修工作的便利，以及促進銷售等好處，所以開發商自管型模式在前些年非常流行。開發商自管型模式的優點有：①有利於開發、銷售、管理相結合，互相之間的關係容易協調；②有利於物業管理的早期介入；③售後服務中較少產生推諉現象。缺點有：①物業管理人員的立場主要站在開發商一邊，業主的利益容易受損；②管理獨立性差，表現在管理經費經常受開發商控制，不利於物業管理的正常進行；③競爭性差、管理效率低。開發商自管型模式從目前的趨勢來看，隨著政府對物業管理法律規定的健全，開發商自管型有向委託型發展的趨勢。

(4)業委會自管型。這種模式就是業主委員會（包括下設物業管理部門）直交屋理物業的模式。這種模式的優點有：①減少管理環節，能直接實現業主的意志；②節省管理成本；③管理的有效性強，親和力較好。缺點有：①專業化程度不高，規範性不夠，管理水準、管理能力較低；②管理的程度可能會因為顧及鄰里關係而減弱；③管理的範圍有限，僅適合於小規模的物業。中國大陸目前這種管理模式還不多，但對一些規模小，價位低的物業，為減少居民的物業管理費用，提高自治管理、民主管理的意識，還是一種值得一試的模式。

(5)個人自管型。個人自己管理自己的物業，這種現象可以見諸於城市中個人擁有的獨棟式房舍，農村中的農舍等。這些房子的設備設施多數較簡單，又沒有公共的產權部分，所以通常由業主自行解決物業管理（主要是維修）問題。但隨著農村的城鎮化，以及城市舊區更新的實施，個人自管型也將向業委會自管型、委託型模式轉化。

2.委託型

所謂委託型物業管理模式是指物業管理公司與物業業主之間的關係是一種委託代理關係。這種關係是一種平等的民事主體關係，是通過物業管理委託契約規定雙方在物業管理事務上的權利義務關係。他們不是「主僕關係」。委託型管理模式的優點有：(1)專業性強，能承擔大規模、複雜的綜合性物業管理；(2)責任清晰，雙方的權利義務有契約保證；(3)有嚴格的管理制度、規章和辦法；(4)能提供多種特約服務。缺點有：(1)管理的環節增加，業主的監督程度減弱；(2)管理成本較高，增加了業主的支出；(3)由於委託各方所擁有的資訊不對稱，物業管理公司處於強勢地位，會出現管理服務不到位，管理服務質價不符的情況，從而使業主的利益受損。

3.信託型

信託是指一個人或一個機構，以使信託人或第三方獲益為目的，將資產在法律上的所有權轉讓給受託人。獲益者可以是信託人本身，也可以是信託人的親友或其他機構如慈善機構等。受託人或機構通過信託契約擁有

了物業所有權，並承擔管理物業的責任。信託型的物業管理模式在西方國家不少見，但在我國卻幾乎沒有。但作為一種在世界上存在的物業管理模式，有必要在這裡提一下。

(四)物業管理與傳統房地產管理的區別

正如我們前面所說的，物業管理在狹義上也就是指房地產管理，那為什麼現在人們更喜歡用「物業管理」一詞，而不是「房地產管理」呢？原因並不是有些人所說的是「物業管理」一詞的意義範圍要比「房地產管理」一詞的意義範圍更廣，而是人們容易將房地產管理這個名詞和我國傳統的封閉型、行政型、福利型的房地產管理牽連起來。分析與弄清物業管理與傳統的房地產管理在概念、特徵、內容及要求等方面的區別，對我們更好地認識與理解物業管理是十分必要的，也是非常重要的。

首先，作為物業管理公司實施的物業管理是一種經營性管理行為，它集物業的經營、管理與服務為一體，物業管理的主體是一個具有法人資格的經濟實體，其管理過程是一種企業化行為；而傳統的房地產管理是一種行政型、福利型的管理行為，管理的主體是政府房地產管理的職能部門，如各市、區房管部門及其下屬單位，實施管理的主體是一個事業性單位，實質上是一種政府行為。

其次，物業管理的對象範圍要比傳統房地產管理的更為廣闊，是一種社會化的管理，不僅打破了部門和區域的條塊分割，跨越了部門管理的界限，形成了多元產權和不同使用性質的管理對象；而且是藉由面向社會，以市場機制開拓自己的經營業務。

再次，傳統的房地產管理是一種福利行為，實行無償服務，在低租金的基礎上實行「以租養房」。由於租金水準過低，國家為此不得不每年花費大量的行政補貼而背上了沉重的包袱，而且由於管理經費的不足而不能有效地開展房地產管理。而物業管理則是一種經濟性行為，實行有償服務，藉由向住戶收取管理費與多種經營，並透過有效的物業管理達到「以業養業」，以及經濟、社會和環境效益的統一。

最後，傳統的房地產管理是一種被動型的管理模式，其管理行為是消極而又

「單向」的，住戶始終處於被管的地位；而物業管理則是主動型的管理模式，其管理行為是積極而又「雙向」的，是管理雙方以契約方式確定的互惠互利行為。同時，由此決定了這兩種管理方式管理內容的明顯不同，傳統的房地產管理主要是房屋結構及其設施設備的保養與維修，管理內容單一；而物業管理則是一種全方位、多功能的管理行為，不僅涉及物業結構及設施設備的保養與維修，而且涉及物業的清掃保潔、防火保全、園林綠化、保險與綜合服務。

為了比較形象地表達傳統的房地產管理與物業管理的具體區別，表 1.1 提供了專業物業管理與傳統房地產管理的比較。

表 1.1　專業物業管理與傳統房地產管理的比較

內　　容	專業物業管理	傳統房地產管理
管理單位性質	企業	事業
物業產權形式	多元	單一
管理方式	經濟方式	行政方式
管理內容	保養、維修、租賃、保潔、保全、保險、綜合服務等	維修、保養
管理經費	管理費收入	低租金和大量財政補貼
管理特點	主動型管理	被動型管理
服務性質	有償服務	無償服務

二、物業管理的範圍和基本環節

(一)物業管理的範圍

物業管理的範圍，或者說物業管理的內容，包括了物業的維修管理，物業的綜合管理，物業的營銷管理和物業的相關服務。

1.物業的維修管理

物業的維修管理是物業管理最基本的內容，也是物業保值、增值的重要保證。物業的維修管理，從維修性質來說包括了維護和修理，從維修的

對象來說則包括了建築維修、設備維修和設施維修。

2.物業的綜合管理

物業綜合管理是指除物業本身的管理之外，對物業的所有人及使用人工作、生活的正常秩序和住用環境進行的系統、全面的管理。它的內涵為：(1)對物業的共用部分和物業環境，以及使用物業的人及物進行管理；(2)對物業及周圍環境中的突發性、災難性、傷害性的事件進行預防和處理。物業綜合管理可劃分為環境管理和安全管理兩大類。其中環境管理包括衛生管理和綠化管理；而安全管理包括了治安管理、消防管理、車輛管理和保險服務。

3.物業的營銷管理

物業的營銷管理，又稱為營租管理或租賃管理。物業租賃是物業交易或房地產交易中的一項主要活動，是房地產市場很大的一個組成部分，也是物業管理者的業務之一。對經營性物業來說，租賃業務的好壞是衡量物業管理者業績的最重要標準。因為對經營性物業來說，收益是首先要考慮的，物業管理者所承擔的其他責任，也要圍繞增加收益這個目標，並在這個目標上評估其他責任履行的好壞。營銷管理包括了營銷的規劃和實施、租賃管理以及租戶關係管理。

4.物業的相關服務

物業的相關服務包括特約服務和便民服務。特約服務就是接受業主或用戶的委託，提供物業管理公司所能及的服務，如用戶專用部分的維修、清潔，代訂送報刊雜志，代辦各種公用事業費，代購車船票，房屋代管代租，代聘家教、保姆、家庭護理等。物業管理公司在提供特約服務的同時，收取一定的費用。便民服務是指沒有特定的委託，物業管理公司根據用戶的需要，物業的特點和自己的能力提供的各種服務，如洗衣店、會議場所、販賣部等等。這些服務的特點是用人不多，貼近用戶，管理相對較簡單。

物業管理的範圍看起來是一件眾所周知的事情，其實不然。從不同的教材提供的定義各不相同可見一斑。有些是歸類或名稱不同，但所涉及的

內容還是相同的。但有些卻不是歸類或名稱的不同，而是將不屬於物業管理範圍的內容拉了進來。

例如，有些教材將設計、施工、仲介諮詢歸入物業管理多種經營，甚至有的將經營商場、餐飲、交通車、電影院，以及學校、托兒所、養老院等全部歸入物業管理的範圍。我們認為這種分類法有很多弊病：

(1)混淆了物業管理與其他行業的區別，「搶」了其他行業的「飯碗」；

(2)忽視、衝擊了自己的主業，物業管理究竟應該做什麼，如果有一點模糊，就會將人力、財力、物力作不適當的分配，結果會忽視、衝擊自己的主業；

(3)承擔了不恰當的責任，各行各業都有自己的行業要求和標準，如果物業管理公司將一些不該做、不能做、做不好的事情都攬為自己的責任，作了不恰當的承諾，則會產生一些不良後果，輕則業主委託人不滿意，影響物業公司的競爭力；重則將會引起法律糾紛，使物業公司在經濟、聲譽上遭受重大損失。

最後需要再次說明的是，我們要將物業管理的範圍與物業公司的經營範圍區別開來。物業管理的範圍就如上面所介紹的，但物業管理公司的經營範圍就不同了。只要物業管理公司的營業執照有核准的營業範圍，公司有這樣的人才、有相關的經驗和相應的物力財力，則物業管理公司就完全可以經營這些業務。但這些業務絕不是物業管理的內容，從事這些業務的人員也不是從事物業管理的人員，在經濟上也必須獨立核算，不能與物業管理混為一談。同時，最重要的是，在經營這些業務的時候，不能影響物業管理公司作為業主代理人應有的誠信原則（這一點，在以後的章節中將詳細敘述）。

(二)物業管理的基本環節

物業管理的基本環節是指在物業管理運作過程中所涉及各項基本的管理服務活動。這些基本環節會因物業管理公司所管理物業情況的不同而有所增減。這些基本環節如下：

1.物業管理的早期介入；

2.物業管理招／投標；

3.物業管理委託契約的簽訂；

4.物業的交屋；

5.租賃管理；

6.進住管理；

7.裝修搬遷管理；

8.維修管理；

9.綜合管理；

10.財務管理；

11.業主關係處理；

12.檔案資料管理；

13.公共關係管理。

三、物業管理的目標、宗旨和原則

(一)物業管理的目標

物業管理屬於管理型的服務行業，管理與服務並重，寓管理於服務之中，以服務來促進管理。作為物業管理企業來說，它與業主的關係是委託與被委託關係，物業管理企業生存的基礎就是為委託人所委託事物的最大利益服務。要想用戶之所想，急用戶之所急，從這個意義來講，物業管理的目標是透過有效的服務和管理，為業主和使用人提供一個優美整潔、舒適方便、安全文明的工作、生活環境；通過加強經營管理，為業主的物業獲得最大的收益；同時，完善物業的使用功能，提高物業的使用效率，延長物業的使用年限，促使物業的保值和增值。

(二)物業管理的宗旨

物業管理的宗旨或者說基本指導思想應該是：一切從物業住用者的利益出發，以滿足物業住用者的需要為宗旨，透過科學、有效的管理，為物業住用者的

生活、健康、方便和享受提供優質服務，讓物業住用者得到真正的實惠。這是物業管理的基本出發點和終極目標。

(三)物業管理的原則

物業管理要得到有效的實施，必須信守下述 5 項原則。

1.以人為本、服務第一原則

這是物業管理的根本原則和首要原則。這一原則要求物業管理企業和物業管理從業人員，要樹立以業主和非業主使用人的需求為中心的現代市場營銷的觀念。通過提供全面、優質、高效率的服務和管理，營造安全、舒適、便捷、健康、文明的工作、生活環境。物業管理的服務對象是人，物業管理的所有活動歸根究底都是為了服務於人。因此在物業管理的運作過程中，物業管理企業和物業管理從業人員決不能「只見物而不見人」，從而拋棄物業管理企業的立身之基，競爭之本。

2.企業化經營原則

這一原則主要是針對長期以來計畫經濟時代的行政型、福利型的房地產管理而提出的。企業化經營原則指的是：首先，物業管理企業要適應社會主義市場經濟體制對企業運行機制的要求，建立現代企業制度，努力做到產權清晰、權責明確、政企分開、管理科學；其次，物業管理企業在實施管理和提供服務時，必須遵循市場經濟規則，進行經濟核算，強調成本效益和利潤；必須以自己的經營能力和優質服務在市場上參與競爭和發展；實行有償服務，進行等價交換等。

3.統一管理、綜合經營原則

統一管理原則首先是由物業的系統性、完整性、不可分割性所決定的。物業的結構相連，以及設備設施的相互貫通的整體性、系統性和不可分割性，決定了只能透過統一管理才能使物業的各個方面更加協調，才能最大限度地實現物業的各項功能。其次，統一管理的原則也是現代物業的產權特性所要求的。多元化產權已是現代城市物業的普遍特徵。集體意志和各別意志的差異要求物業管理實施統一管理，以便向所有業主和非業主

使用人提供統一的、無差別和無歧視的管理及服務。

綜合經營指的是物業管理企業根據廣大業主和非業主使用人多元化、多層次的需求，透過公布服務項目和收費標準，由全體住用人進行選擇性購買或根據個別住用人的委託向其提供特約服務，以滿足其個性化的需求。

統一管理和綜合經營是現代物業管理相輔相成的兩個不可缺少的方面，信守這個原則，才能使物業管理更健康、更全面地滿足人們的需求。

4. 物業管理公司專業化管理與業主自治自律相結合原則

物業管理公司的專業化管理，我們在前面物業管理的特性中已作了介紹。業主自治指的是業主依法享有對自己物業的所有權的同時，也享有參加業主大會和業主委員會以及對物業的重大事項進行表決和監督的權利。業主自律指的是為了解決全體業主共同意志與個別業主個體意志的矛盾，全體業主經由民主程序制訂共同的行為規範，用以防止個體意志和利益衝擊、影響全體業主的共同意志和利益。現代物業的特點需要物業管理公司實施專業化的管理，但是物業管理的對象不僅是物，還有人和人的行為。而且這些人是物的主人，是物業管理公司的委託人和「衣食父母」。因此，物業管理公司要進行有效的專業化管理，離不開眾多業主的支持和配合，離不開與業主的自治自律相結合的原則。

5. 契約化原則

這個原則指的是依法通過各種契約、規章、條例對物業進行管理的原則。物業管理服務和管理的全部運作過程都建立在契約基礎上，從業主委員會的建立、委託管理，到維修、保全、清潔等工程的發包，以至租賃管理、風險管理，每項管理服務都必須以一系列的契約為保證和基礎，詳細規定雙方當事人的權利和義務，以保障物業管理的各項運作能健康、順利地進行，同時確保當事人的利益不受損害。

四、物業管理的運作程序

物業管理是一個開放式的管理系統，其與外界有著非常緊密的聯繫，包括物質與資訊的交換和交流，存在行政、契約、協調與監督等多種複雜關係，物業管理工作不僅涉及面廣，管理內容繁多，甚至管理的模式也具有多種模式。同時，物業管理工作是一個系統化的工作，整個工作的開展不僅涉及多個主體，如業主（住戶）、業主委員會、物業管理公司、專業服務公司及各專門機構等，而且涉及多個階段，包括管理公司或管理部門的成立、規章制度的建立、物業的驗收與交屋、物業的租賃與住戶進住，進行各項管理和服務工作等，同時整個管理服務又涉及諸多方面的內容。圖 1.1 提供了新建商品住宅物業管理的一般運作程序。

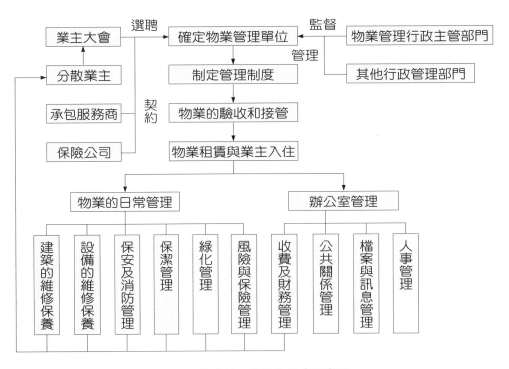

圖 1.1　物業管理的運作程序示意圖

1. 物業管理單位的確定

確定物業管理單位是開展物業管理工作的第一步，一般來講，物業管理公司（部門）越早進入，則其效果就越好。如果在物業開發的規劃設計階段就開始介入，則效果最佳，因為一個物業規劃設計效果的好壞，會影響物業本身的價值和增值能力。一般，規劃設計人員比較會從技術角度考慮，往往會忽視物業的功能和環境的改變。不合理或不科學的規劃不僅會嚴重影響物業使用功能，同時也會給以後的物業管理帶來很大的影響。當然物業管理者的早期介入，並不要求整個物業管理機構的整體參與，而只需主要的物業管理經理或對應的專業人員參與即可。

2. 規章制度的建立

物業管理工作的開展涉及多個方面，其間關係錯綜複雜。作為一個物業管理工作的執行者，不僅要保證物業管理符合法律規章的制約，保證物業正常的使用功能，而且要處理好與物業管理相關的行政關係、業主與物業管理者的關係、業主與租（住）戶的關係、業主與業主的關係、物業管理者與各專業承包商的關係等。而要真正處理好以上各種關係，建立科學、合理的規章制度是非常必要的。

物業管理的規章制度是主要用於規範物業業主、住戶、使用者及物業管理者的行為規則，也是物業管理工作的準繩和依據。科學地建立各種規章制度，對於順利開展物業管理工作，維持物業的良好使用性能及環境是十分重要的。

一般物業管理制度主要包括物業公共契約（住宅社區管理辦法）、業主委員會章程、住戶手冊、管理者與管理公司的職責及公共設施的使用守則，如電梯使用守則、康樂設施（如健身房、游泳池等）使用守則，等等。

新建物業管理制度的制訂主要是由物業管理者與發展商共同商定，根據法律及各項行政規章的要求，結合物業實際情況，並根據物業管理的要求和一般物業管理的經驗及標準建立起來的。

3.物業的驗收與交屋

　　所謂物業交屋是指物業管理者從開發商手中取得物業管理權的過程。而物業管理者在交屋物業以前，一般需參加物業的驗收工作。所謂的物業驗收是指驗收者根據國家或地方有關工程、設備的技術和品質標準，對竣工完成或已經存在的物業進行綜合檢驗，並對檢驗合格的物業交屋。物業驗收是指建設單位對施工單位竣工物業的竣工驗收，或指物業管理者對開發商或業主移交的物業進行的交屋驗收。

　　物業驗收合格後的交屋是物業轉移的標誌，對於竣工物業驗收合格方能投入正常使用。

4.行政管理部門的監督、指導與管理

　　由於物業管理的主體廣泛性，以及國家干預性等特徵，所以，由國家行政部門對物業管理企業實施監督、指導與管理。這包括直交屋理和間交屋理。直交屋理的行政管理部門是國家和地方的房地產行政主管部門；間交屋理的行政管理部門及有關機構有規劃、環境、環衛、治安、區域、市政、水、電、瓦斯等各部門。

5.業主選聘物業管理單位

　　分散業主藉由組成自治團體——業主大會並選舉業主委員會實施對物業的管理。由業主大會確定實際執行管理的物業管理企業，透過簽訂物業管理委託服務的契約，規定雙方的權利和義務，由物業管理企業執行實際的管理。

第三節　物業管理的產生與發展

一、物業管理的產生

　　物業管理從一定意義上講，應該是與私有制的產生相伴隨的。當人們有了私有的土地以及建築在其上的房屋，即有了物業，也就產生了物業管理，但那都是

一家一戶，一般是由業主本身完成的管理工作。這裡說的物業管理，嚴格說是專業的物業管理，無論在規模、內容，還是在目的、手段上，它與原始的物業管理都是完全不同的，它是社會、經濟和技術等方面發展到一定程度的必然需要。

(一)專業物業管理的產生

專業物業管理的產生時間最早可以追溯到 19 世紀 60 年代英國的 Octavia Hill 女士在其擁有的出租物業開始推行物業管理工作。當時的英國正是工業革命的輝煌時期，大量的農業人口離開農村到各工業城市尋找工作，因其遷移速度過快，超出了城市建設的發展速度，從而產生了各種社會問題，特別是工人的生活環境與品質問題最為嚴重。當時一些投資者興建了一些集合住宅或大樓，以低廉的租金租給工人及其家庭居住。由於當時沒有對應的法律，大多數工人又缺乏對應的公德教育，所以在這些租屋或大樓中產生了嚴重的衛生、治安及積欠租金問題。一方面使工人的生活環境得不到保障，另一方面也使這些住宅或大樓的投資者的利益得不到保障。Octavia Hill 女士針對這種情況，就在她擁有的物業中制訂了一系列的規章制度，要求租戶嚴格遵守，結果使得居住環境得到極大的改善，租賃雙方的利益得到了較好的保障。由於她的工作成效卓著，所以物業管理在英國逐漸被業主們及政府所重視，並得到迅速發展。此後，英國全面推行專業物業管理，從業人員也建立了一個英國皇家特許的專業學會「英國屋宇經理學會」，不僅會員分布於世界的各地，而且在國際上的地位與影響也越來越大。

(二)城市房地產性質的變化加強了對專業物業管理的需求

專業物業管理的需求從 19 世紀末開始不斷地增長，其原因主要在於城市房地產的性質發生了根本性的變化，這種性質的變化主要是由以下三方面的發展所導致的。

1.高層建築的產生

第一個變化是鋼結構建築的產生與電梯的發明促使了高層建築的產生。在鋼結構建築產生以前，一般建築的高度都有限，這主要受到建築材料以及垂直輸送能力的限制，而鋼結構的優勢，加上 19 世紀末電梯的發

明，使房屋的建築有了突破性的發展，數十層乃至上百層的高樓大廈拔地而起。這種大樓的規模以及各種設備和設施的複雜性，要求有專業化的物業管理來維持其正常運行。

2. 公寓大樓的建造

第二個變化是人們居住觀念和居住形式的變化。在 19 世紀以前，人們一般都是一家一戶分開居住的，即一個家庭住一個獨戶式住房（Single-Family Home），這樣的住房一般都是由業主或住戶自行管理。但由於資本主義經濟的發展，加速了城市的集約化過程，城市土地以及建築材料、人工等方面成本的迅速提高，使得很多人難以承擔獨棟式房屋的購置費用，因此多戶公寓大樓應運而生了。這種公寓大樓與辦公大樓不僅有類似的設備與設施複雜性問題，而且還有更為複雜的管理內容，因為它要解決與數十至數百戶住戶生活密切相關的問題，這個新的發展趨勢也召喚了專業化的物業管理。

3. 城市郊區的開發

第三個變化是城市郊區化的傾向。第二次世界大戰以後，由於城市公共交通設施的發展，特別是家庭私人小汽車的擁有，使得許多人搬到他們買得起房屋的郊區。由於人口大量向郊區遷移，使得大規模的購物中心（Shopping Center）產生了；類似地，為了接近勞動力市場，許多辦公樓以及輕工業也搬到了郊區，以至形成了商業園區（Business Park）和工業園區（Industry Park）。不管是購物中心，還是商業園區，都有他們各自特殊的物業管理問題，都要求實行有效的專業物業管理。

(三)信貸機構介入房地產，進一步加強了物業管理的專業地位

20 世紀 30 年代資本主義的經濟大蕭條，對正在發展的專業物業管理產生了長遠的影響，當時由於大量的房地產投資者破產，造成不計其數的抵押房地產的贖回權被取消，使得大量的房地產集中到一批信貸機構手裡，如信託公司、保險公司、銀行等。很多信貸機構紛紛設立了他們自己的物業管理部門來管理這些物業。在管理過程中他們很快發現，作為一個物業管理者所要完成的工作不僅是尋

找承租戶和收取租金，其中有許多法律、經濟、廣告、營銷甚至公共關係等方面的工作要完成，需要多方面的專業知識。而在當時不僅缺少這方面的研究，而且缺少這方面的專門機構來培訓這些物業管理的專業人員，當客觀環境需要更高級的物業管理專業人才時，物業管理的專業地位就越來越顯著。

二、物業管理專業組織的發展和從業人員的資格要求

隨著房地產業的發展和物業管理的客觀需求，也促使物業管理的從業人員建立自己的專業組織，設立一些培訓機構，從而使物業管理在一個更高的層次上發展。

(一)物業管理專業組織的產生

最早的物業管理專業組織產生於美國。20 世紀初，在美國芝加哥市有一個名叫 Geoge A. Holt 的人，他擁有並管理一幢 16 層的大樓，在工作中，他認識到物業管理經理需要經常見面，並互相探討和交流訊息。於是他就經常邀請他的同業們參加會議晚餐，邊吃飯邊交流各自的經驗體會，探討一些共同感興趣的問題。後來，為了使這種形式更正規和經常化，他們就建立了芝加哥大樓管理經理人組織（The Chicago Building Managers Organization）。這個組織在 1908 年舉行了第一次全國會議，有 75 人出席，接下來的會議分別是 1909 年的底特律會議，1910 年的華盛頓特區會議，1911 年的 Cleveland 會議。與此同時，全國性的大樓業主組織也成立了，到 1921 年，在美國的很多大城市都相繼成立物業管理經理人組織和大樓業主組織的基礎上，成立了全國性大樓業主和經理人協會（The Building Owners and Managers Association, BOMA）。隨後，在加拿大、英國、南非、日本和澳大利亞也相繼成立了協會分會後，名稱就改為國際大樓業主和經理人協會。從 1922 年起，協會連續發表了許多專業文章，從 1924 年起，每年出版一本《經驗交流報告》。早期的大多數 BOMA 成員都是辦公大樓的經理和少數的公寓或倉庫大樓經理。從 20 世紀 30 年代開始，住宅公寓的業主和經理在大多數城市中成立了他們自己的協會，而到 40 年代則成立了全國性的公寓業主協會。

(二)從業人員的資格要求

1933 年在美國，一批物業管理公司共同發起成立了房地產管理協會（Institute of Real Estate Management, IREM），並作為全國房地產行業協會的分會（National Association of Realtors, NAR），剛開始他們只接受團體會員，從 1938 年起他們就只收個人會員。現在個人要參加這個協會，必須滿足這個協會規定的教育和經驗方面的要求，然後必須經由這個協會組織的考試。考試合格將被授予註冊物業管理經理資格證書（Certified Property Manager, CPM），承認他們物業管理經理的專業地位並接受作為 IREM 的會員。這個協會還授予合格的管理公司「註冊管理組織」的資格證書（Accredited Management Organization, AMO）。

國際大樓業主和經理人協會資助了物業業主與經理的教育培訓計畫，這個計畫是由獨立的「大樓業主和經理人研究會」於 1970 年設立的，個人只要有數年這個領域裡的經驗和通過這個教育培訓計畫的七堂課，就可以得到「物業管理師」資格（Real Property Administrator, RPA），大多數 RPA 成員的專業領域是辦公大樓的管理。為了培養大樓維修人員和設備經理，這個研究會還設置了「系統維護管理師」（Systems Maintenance Administrators, SMA）和「設施管理師」（Facility Management Administrators, FMA）課程。同時，為了促進零售商業物業管理這個特殊領域的專業化，「國際購物中心理事會」（The International Council of Shopping Centers, ICSC）辦理了一個系列培訓計畫，包括有 3 堂課，完成這個系列培訓計畫，就可以得到「購物中心經理」資格證書（Certified Shopping Center Manager, CSM）。

當前，作為一個專業物業經理，必須很好地了解房地產市場中發生作用的經濟力量；能夠按照物業的經營收益與效用，對物業現在與將來的價值進行估價；能夠建立一個反映業主目標的管理計畫，這個計畫要保留一定的靈活性以適應將來市場的變化，有效實施物業的各項管理服務工作；同時，一個物業經理還必須熟悉房地產營銷、管理心理學，房地產法律、物業維修，以及財務會計等方面的知識，所有這些對物業從業人員的資格都提出了越來越高的要求。

三、中國大陸物業管理的形成與發展

到目前為止，中國大陸物業管理行業的形成與發展大體經歷了三個階段。

(一)起步階段

1840 年的鴉片戰爭後，滿清政府在 1842 年與大英帝國主義簽訂的不平等條約《南京條約》中，除了割讓香港和賠款以外，還被迫開放廣州、上海等五個通商口岸，從此各帝國主義、殖民主義國家開始進入中國經商、辦廠。與此同時，中國的民族資本主義也開始發展起來，大量的農業人口湧向這些城市。這一系列因素，促使了中國城市房地產的發展。在最早開放的沿海大城市中，建造了大量的工廠、辦公樓、居民住宅。到抗戰前夕，中國的許多城市已建立起許多八九層高的建築物和民宅。特別是上海，出現了 28 座 10 層以上的大廈和民宅。在當時的房地產市場上，就出現了代理租賃、清潔衛生、住屋裝潢、服務管理等商業性的專業公司。這就是中國專業物業管理的起步。

(二)休眠階段

中華人民共和國成立後，中國大陸在很長一段時間裡，否定了房地產的商品屬性，片面地強調房地產的社會福利性，所以國家用行政手段完全限制了房屋的建設和管理，這種方法在初期對國民經濟的發展以及解決人民的居住問題有一定的積極作用。但是這種方法違背了房地產的商品屬性，國家在住宅建設上只有投資，沒有獲利，建成分配使用後，還要對房屋的管理維修進行補貼，因此，住宅建設一直是國家一個極大的包袱，國家缺少資金建造房舍，住屋困難戶逐年增多。在這種情況下，房屋管理也只能維持在一個簡單的低水準維修層次上。

(三)復甦與發展階段

中國大陸十一屆三中全會以後，隨著經濟體制的改革，特別是城市土地有償

使用和住屋商品化改革目標的提出與實施，使得房地產業從長期萎縮狀態得以復甦，並迅速崛起。據統計，中國從 1979 年至 1993 年 14 年間，全國新建城鎮 20 多億平方米，人均居住面積從 1979 年的 3.6 平方米提到 7.5 平方米；全國農村住宅 93 億平方米，人均建築面積由原來的 10.7 平方米提高到 21.4 平方米；全國新建成 5 萬平方米以上的住宅社區 3000 多個，並建造大批商業、辦公、別墅、文化娛樂等物業。

房地產業的迅速發展，一方面促進了國民經濟的發展，改善了人民的居住水準，但隨之而來也產生了許多問題，其中較突出的問題之一是物業的管理問題。由於相關管理條例未能及時建立，管理機構不健全，管理經費不落實，管理工作無法確實執行等問題一直未能得到較好的解決，使得許多物業、住宅社區出現「一年新，兩年舊，三年破」的無人管理現象，又陷入了以往福利型房屋管理的現象，寶貴的社會財富成了各級政府、各個單位的包袱，社會資源浪費現象極為嚴重，有許多涉外物業不得已，只得聘請國外、港澳地區的物業管理組織來管理。

中國大陸從 20 世紀 80 年代開始倡導專業化的物業管理，逐漸被人們所接受。其中最早成立的專業的物業管理公司是深圳市物業管理公司，成立於 1981 年 3 月 10 日，隸屬於深圳特區房地產公司。該公司從成立之初，就勇於開拓創新，破除傳統模式，借鏡香港的屋村管理經驗，結合深圳特區的實際需求，確定了一種嶄新的管理模式——專業化物業管理。該公司實行社會化、專業化、科學化、制度化的管理原則，建立了經濟獨立、自負盈虧的「自我運轉、自我發展、自我完善」的運作機制，從過去的行政型、福利型房地產管理走向了有償的專業化物業管理服務。

之後，在南方一些沿海城市，專業物業管理公司也相繼成立，如上海，截至 2003 年底，經上海市房屋土地資源管理局資格審查合格、工商局登記註冊的有 2,563 家物業管理公司。1993 年，深圳市物業管理協會正式成立，顯示中國大陸的物業管理進入了一個新的發展階段。

同時，中國大陸建設部也適時地展開物業管理的普及和提升工作，在 1990 年推動了全國住宅社區管理的試辦工作，全國共有 17 個城市的 28 個社區參加。根據全國文明住宅社區標準、全國城市文明住宅社區考評實施細則、全國城市文明

住宅社區考評辦法（試行），1992 年首次進行了全國文明住宅社區評比工作，並授予廣州五羊村等八個社區「全國模範文明住宅社區」的稱號。為了推動我國物業管理的穩健發展，建設部在房地產業司專門設立物業管理處的同時，提出了「積極推進、正確引導、加強管理」的發展物業管理的指導思想，積極提倡包括全民、集體、個體、中外合資、合作及獨資等多種形式的物業管理，並於 1994 年 4 月頒布了「城市新建住宅社區管理辦法」，使中國大陸的住宅社區的物業管理開始納入法制的軌道。各地區也相應制訂了物業管理的相關法規，如上海市從 1995 年開始就相繼頒布了上海市公有住宅售後管理暫行辦法，上海市物業管理企業品質等級管理暫行辦法，上海市居住物業管理條例等一系列法規。2003 年 5 月 28 日國務院第 9 次常務會議通過物業管理條例，並於 2003 年 9 月 1 日起施行。所有這些，對促進物業管理健康發展產生很好的保證作用。

複習思考題

1. 物業的含義是什麼？現有的某些物業的含義的缺陷是什麼？
2. 物業的性質有哪些？它們各自對物業管理有什麼意義？
3. 物業管理的特點是什麼？
4. 物業管理的模式是如何分類的？
5. 物業管理的範圍和基本環節是什麼？
6. 物業管理的原則是什麼？
7. 物業管理的運作程序是什麼？
8. 專業物業管理興起與發展的原因有哪些？

第二章
物業管理的法律基礎

第一節　物業管理法律基礎知識

物業管理是房地產業的一個重要組成部分，涉及眾多的法律關係和法律規範。物業管理提供的主要產品——服務，不像一般商品那樣靠物質實體在當事人之間交割完成，而是依靠法律、法規和契約來完成。同時，物業管理活動涉及面廣，幾乎影響所有的組織和人的利益，也關係到社會的最大財富，所以，國家為此制訂了許多相關的法律法規。因此，學習物業管理，必須了解與物業管理有關的法律知識。

一、物業管理法律規範

(一)物業管理法律規範的含義

法律規範是由國家指定或認可，反映統治階級意志，並以國家強制力保證其實施的社會行為規範。物業管理法律規範是法律規範的一種，是適用於物業管理領域中的法律規範。社會行為規範是調整人與人之間關係的行為準則，它有很多種，如道德規範、宗教規範、工作規範、學生守則等，這些都是調整人與人之間關係的行為準則，但只有法律規範是由國家指定或認可，並以國家強制力保證其實施的。例如義務人不繳物業管理費或故意損壞公共設施又拒絕賠償或修復時，則物業管理經營者可以申請司法部門強制義務人履行自己的義務或承擔法律責任。

法律規範是法的最基本的構成要件，法律規範的總和就是廣義的法律。一套法律制度是由若干個法律規範組合構成的，而各種法律制度最後又構成了一個國家的整個法律體系。因此，學習物業管理的法律知識，必須掌握法律規範原理，以便對物業管理的法律要件全面、準確地理解和掌握。

(二)物業管理法律規範的結構

物業管理法律規範的邏輯結構由下列三部分組成：假定、處理和制裁。以下分別解釋。

1. 假定

假定就是物業管理法律規範中指出的適用該規範的條件或情況。只有符合這些條件或情況，才適用該規範。例如，上海市居住物業管理條例第五十四條規定「業主、使用人違反業主公約、住宅使用公約，應當承擔相應的民事責任。對違反業主公約、住宅使用公約的，業主委員會或者相關的業主、使用人可以向人民法院提起民事訴訟。」其中的「業主、使用人違反業主公約、住宅使用公約的」就是該法律規範的假定部分，出現這種情況時，這種行為就受這項法律的規範。

2. 處理

處理就是物業管理法律規範中提出的行為規則，就是允許做什麼，不允許做什麼或要求做什麼，要求不做什麼。這是物業管理法律規範中的最基本部分。上面例子中「業主委員會或者相關的業主、使用人可以向人民法院提起民事訴訟」，就是指符合這種假定的情況出現後，允許有關當事人採取行動。

3. 制裁

制裁就是違反物業管理法律規範時要承擔的法律後果。例如，上海市居住物業管理條例第 54 條還指出「物業管理企業違反物業管理服務契約的約定，應當承擔相應的違約責任；造成業主、使用人損失的，應當承擔賠償責任。」這就是國家強制力的具體體現，也是法律規範作為一種特殊的社會行為規範的威懾力所在。但需要說明的是，制裁部分在法律規範中的具體形式不盡相同，有的是在某一法規中單列一章法律責任，有的是與假定、處理寫在同一條文中，也有的是分寫在幾個條文甚至在不同的法規文件當中。

應當指出的是，法律規範不等同於法律條文，法律規範是法學理論對這一特殊社會行為規則的統稱，而法律條文是法律規範的文字表述。所以一項法律條文不一定完全包括法律規範的三個組成部分。一個法律規範可以表述在幾個法律條文甚至不同的法規文件中。

(三)物業管理法律規範的形式及體系

中國大陸現行的物業管理立法體制是一個以國家立法權為核心，兩級（中央和省）並重、多類結合的立法體制。因此與立法體制相適應，物業管理法律規章的形式也是多樣的。這些形式形成了以下的法律體系。

1.憲法

憲法是國家的根本大法，它經特別程序制訂，具有最高的法律效力。一切法律、行政規章、地方性法規等，都必須根據憲法所規定的基本原則制訂，不得與憲法的規定相牴觸，否則無效。

憲法中關於保護公民的房屋和其他合法財產權，以及社會主義的公共財產、公民的人身自由和住宅不受侵犯，國家保護和改善生活環境與生態環境，防止污染和其他公害，公民必須愛護公共財產、遵守公共秩序、遵守社會道德，公民在行使自由和權利時不得損害國家的、社會的、集體的利益和其他公民的合法的自由和權利等規定，是制訂物業管理法規和從事物業管理活動必須遵守的準則。

2.法律

中國大陸通用的法律有兩種，一種是由全國人民代表大會制訂、修改的基本法律，另一種是由全國人大常委會制訂、修改的普通法律。其法律效力僅次於憲法。目前中國還未制訂物業管理法，但與物業管理有關的法律有民法通則、契約法、城市房地產管理法、城市規劃法、環境保護法、消防法等。這些法律都有適用物業管理活動和糾紛處理的法律規範。

3.行政法規

行政法規是中國國務院根據憲法和法律制訂並發布的規範性文件。目前有關物業管理行政法規有 1983 年 12 月 17 日發布的城市私有房屋管理條例，2003 年 5 月 28 日經國務院第 9 次常務會議通過物業管理條例等。行政法規的效力次於法律。

4.地方性法規

地方性法規是由省、自治區、直轄市或全國人大常委會特別授權的較大城市的人民代表大會及其常委會制訂和發布的，實施於當地的規範性文

件。由於物業管理行業的特殊性（與人們的生活、工作休戚相關），所以各省、自治區、直轄市均先後頒布了物業管理的相關地方性法規。如上海市於 1997 年 5 月 28 日經上海市第十屆人民代表大會常務委員會會議通過的上海市居住物業管理條例就是一例。

5. 行政規章

行政規章是國務院主管部門、縣以上各級人民政府依照法律規定的職權制訂和發布的規範性文件，包括規定、辦法、章程、通知、命令等。涉及到物業管理的行政規章是比較多的，如建設部 1994 年頒布的城市公有房屋管理規定、城市新建住宅社區管理辦法、上海市房屋土地管理局頒布的上海市物業管理企業品質等級管理暫行辦法，深圳市政府頒布的住宅裝修管理規定等。

6. 立法解釋、司法解釋

立法機關、行政機關對自己所制訂的規範性文件中涉及物業管理內容的規定所作出的立法解釋、行政解釋，以及最高人民法院發布的對地方各級人民法院有約束力的指導性文件和關於某些適用法律的函復中與物業管理相關的司法解釋，也是物業管理法規的一種形式。

物業管理在中國大陸還是一個新興的行業，政府對物業管理涉及得各方面的關係與問題尚需實踐和探討，因此，物業管理法律規範還沒有形成明確、完整的體系，有些規範性文件之間還存在不協調的現象，需要進一步的改善，物業管理法律規範的等級也需進一步地提高。

(四)物業管理法律規範的實施和監督

1. 物業管理法律規定的實施

物業管理法規的實施包括三個方面：(1)行政機關執行物業管理法規的行為；(2)司法機關適用物業管理法規的行為；(3)社會各階層遵守物業管理法規的行為。

(1)物業管理的行政執法體制。物業管理的行政執法是指行政機關及其公職人員在法定職權範圍內，依法對物業管理行政事務進行組織和管理的活動，

簡稱為執法。執法既是國家機關的權利，也是國家機關的義務。

物業管理的行政執法機關有兩種，①管理主辦機關，②分工管理機關。根據城市新建住宅社區管理辦法規定，房地產行政主管部門負責物業管理的主辦工作，建設、規劃、市政、公用、綠化、環境、衛生、交通、治安、稅務、供氣、供熱、郵電、電業、物價等行政主管部門和物業所在地人民政府按職責分工，負責物業管理中各相關工作的監督和指導。

(2)物業管理的司法體制。物業管理的司法體制是指司法機關及其工作人員依照法定的職權和程序，運用法律規定審理案件的專門活動。所謂「司法」是指當物業管理活動中發生涉法糾紛和違法犯罪時，由司法機關根據物業管理法規及有關法律對案件當事人各方作出裁決的行為。司法又稱法律適用，它具有嚴格的程序性、強制性及被動性（任何案件的審理都必須以一定的訴訟或仲裁請求為前提）特徵。仲裁機構的仲裁是一種準司法活動。法律適用是以法律責任方式來抑制違法和犯罪行為的產生。

(3)物業管理法規的遵守。物業管理法規的遵守是指自然人、法人或其他社會組織依照物業管理法規規定享用法律權利和履行法律義務的行為。任何人不能只享用權利而不履行義務，也不能濫用權利而損害他人的合法權益和公共財產。

物業管理法規的遵守有兩種態度，一種是消極守法，另一種是積極守法。所謂消極守法是指物業管理法規的相對人只是依法履行自己的義務，而對自己的合法權利卻不能充分地行使或享用。這些消極守法的人有的是由於不了解法律規定，而有的是由於缺乏民主意識或存在「搭便車」的想法。在物業管理事務中，這種消極守法的現象相當普遍，在一定程度上影響物業管理的有效性。所謂積極守法是指物業管理法規的相對人除了嚴格履行法律義務外，還能充分有效地行使法規所賦予的各項權利。這樣，藉由人們的積極互動作用，可以使物業管理法規得到最有效的實施，確保了物業管理活動的健康發展。

2.物業管理法律的監督

物業管理的法律監督有廣義和狹義兩種。狹義的法律監督是指由法定

的國家機關實行的，保證法律統一執行與普遍遵守的一項法律制度；廣義的法律監督包括社會的自然人、法人及各種組織，為保證法制的實施，對法律的制訂、執行、適用和遵守進行的監察和督促活動。

物業管理的法律監督如同一般法律監督一樣可分成三大類：執政黨監督、國家監督和社會監督。例如，物價局對物業管理收費的監督就是一種國家監督。但是，物業管理因為涉及廣大群眾，所以更強調社會的監督，特別是業主委員會、物業管理企業、物業管理產業公會、消費者協會、業主、使用人，以及物業管理企業員工的監督作用。

二、物業管理法律關係

(一)物業管理法律關係的含義

法律關係是指法律規範在調整人們行為過程中形成的一種特殊的社會關係──法律上的權利和義務關係。物業管理法律關係是法律關係的一種，是法律規範在調整人們物業管理行為的過程中形成的權利和義務關係。人與人之間物業管理法律關係存在的前提是必須要存在規定和調整這種社會關係的法律規範。如果沒有相應的法律規範，就不可能形成人與人之間的法律關係。

(二)物業管理法律關係的構成

物業管理法律關係的構成與其他法律關係構成一樣，是由法律關係的主體、客體和內容三要素構成的。

1.主體

物業管理法律關係的主體就是法律所規定的物業管理法律關係的參與者或當事人，具體如物業管理者、物業業主或使用人、政府行政主管部門以及相關的單位和個人等。法律關係反映的是人與人之間的關係，必須有人參與才能形成法律關係。因此，主體是構成物業管理法律關係的一個不可缺少的要素。

物業管理法律關係的主體可以分為自然人、團體人和國家，其中團體

人是指法人或非法人的其他組織。

2. 客體

物業管理法律關係的客體是指物業管理法律關係主體的權利和義務所指向的對象。物業管理法律關係的客體一般包括物、非物質財富（精神財富）以及行為。物的含義比較清楚，即是物業，包含建築、附屬的設備設施以及相關的場地。非物質財富包括人身自由、人格尊嚴、住宅安全、精神文明稱號化等。行為是物業管理法律關係主體在物業管理活動中的所作所為（即「作為」和「不作為」）。

3. 內容

物業管理法律關係的內容是指物業管理法律關係主體依據法律（法定）或契約（約定）享有的權利和承擔的義務。

物業管理的權利是指物業管理法律規定或物業管理契約約定的、物業管理主體所享有的本身「作為」和「不作為」的權利或要求他人「作為」和「不作為」的權利。例如，業主可以合法地使用公共配套設施，業主也可以要求管理單位不得在休息時間維修施工。

物業管理的義務是指物業管理法律規定或物業管理契約約定的，物業管理主體所承擔的某種行為的必要性或責任。它或者表現為負有義務的人必須按照有合法權利的人的要求作出一定的行為，如按時交納管理費；或者表現為負有義務的人必須抑制自己的某種行為，如不得損壞房屋及公共設施等。

在物業管理法律關係中的權利和義務關係中，權利主體一般是特定的，如管理者、業主、主管部門等；但義務主體卻有時特定，有時不特定，如繳管理費者就是特定的，維護公共衛生、愛護綠化、保持環境安寧等義務者是不特定的，凡是有可能違反這些要求的行為人都是義務的承擔者。

由於物業管理法律關係的交錯，權利主體和義務主體經常處於交叉狀態。如住戶在享有使用物業權利的同時，又負有維護物業完好的義務；物業管理單位在行使法定或約定的權利的同時，又負有不侵害住戶合法權利

的義務。

(三)物業管理法律關係的特徵

1. 主體的廣泛性

物業是人們生產生活的基本物質條件。任何組織和個人都離不開物業，都會因物業而產生人與人之間的各種社會關係。因此，物業管理法律關係的主體是非常廣泛的。

2. 權屬的基礎性

物業管理法律關係中權屬的基礎性主要呈現在：(1)物業管理的委託是由產權人即業主或業主團體基於產權而產生的權利；(2)業主團體的組成及決策機制也是基於產權的份額；(3)物業管理的實施中很大部分涉及產權的歸屬，即判斷是專有所有權還是共有所有權；(4)業主的物業管理責任和義務也是按照權屬的大小來分擔的。

3. 國家的干預性

物業的價值、物業的環境對於業主、城市生活和城市景觀以致對經濟活動都有重大的影響。另外，土地上的房屋和其他定著物的管理狀況對土地價值的影響也很大，這直接影響到國家作為土地所有者擁有資產的價值。因此，為保持社會的穩定，為促進居住環境、城市建設和投資環境永續發展，必然要透過法律規章對物業管理市場和物業管理的運作實施必要的干預，並以此引導物業管理行業的成長發展。

4. 成立、變更、終止的程序性和要式性

物業管理法律關係的產生、變更、終止有嚴格的程序性。例如，業主團體的組成、業主公約的制訂、物業管理企業的選聘、物業管理權的交接等都要按法規規定的程序和行為規則進行。除了嚴格的程序性以外，一些重要法律關係的成立、變更、終止還需要特定的形式或辦理一定的手續，即它的要式性。例如，業主委員會的成立就必須到房地產行政主管部門進行登記。又如，物業管理委託契約必須採用書面形式等。

三、物業管理法律事實

(一)物業管理法律事實的含義

物業管理法律事實是指物業管理法規所規定或認可的，能引起物業管理法律關係產生、變更、終止的客觀現象或條件。

本書前面說過，物業管理法律關係產生的前提是物業管理法規的存在，但是，物業管理法規的存在並不能在當事人之間發生具體的物業管理法律關係。只有法律事實的出現，才能在當事人之間發生一定的法律關係或使原來的法律關係變更或終止。也就是說，物業管理法律關係的產生、變更、終止是以一定法律事實的出現和存在為根據的。

在物業管理法律事實的認定上一定要注意它的客觀性和法定性。客觀性是指該事實一定是現實生活中已經出現的情況，而不是主觀臆想出來的情況；法定性就是只有符合物業管理法規規定的客觀情況出現，才是物業管理的法律事實，才能引起物業管理法律關係的變化。

(二)物業管理法律事實的分類

物業管理法律事實根據其發生是否與物業管理法律關係主體的意志有關而劃分成法律事件和法律行為兩大類。

1.法律事件

法律事件是指法律規定的，不以物業管理法律關係主體的意志為轉移而能引起物業管理法律關係變化的客觀情況。法律事件主要有：

(1)不可抗力事件和社會意外事件。不可抗力事件是指人們不可預見，對其發生和後果不可避免、不可克服的事件。這類事件的發生會引起物業管理法律關係變化的當事人違約責任免除的法律後果。社會意外事件也具有不以當事人的意志為轉移的性質，但並不免除受該事件影響而違約的法律責任，違約方仍要擔負合理補償責任。

(2)自然人業主死亡的事實。該事件將引起法律關係主體資格的終止，其所有

的物業和業主身份的繼承關係的發生。這一切也不以業主（已死亡）的意志為轉移。

(3)法人的物業管理公司解散或破產的事實。這事件的出現能引起物業公司參與的物業管理委託契約的法律關係的終止。

(4)時間經過的法律事實。物業管理當事人對服務的提供和報酬的支付時間上有約定，法律對訴訟時效和權利的排除有時間持續限制的規定，因此，時間經過的法律事實可以引起一定的物業管理服務債權的請求權的發生或終止。

2.法律行為

　　法律行為是指物業管理法律關係主體的自覺意志所作出的能夠引起物業管理法律關係變化的人的活動的客觀事實。人的活動即行為包括作為和不作為。法律行為包括了合法行為和違法行為。

(1)合法行為。物業管理合法行為是指行為的內容和方式都符合物業管理法規的要求。如物業管理公司服務收費按規定明確標價的行為，物業業主進行裝修時不破壞承載牆的行為等都是合法行為。

(2)違法行為。違法行為是實施了物業管理法規所禁止的行為或不實施物業管理法規所要求的行為，是具有某種社會危害性、有過錯或依法應承擔法律責任的行為。構成違法行為必須具備以下四個要素：

①違法性。是指違法行為的客體，其實施的行為確實違反了物業管理法規規章或有關政策的規定。例如違章搭建等。

②危害性。是指違法行為的客觀方面，即違法行為在客觀上對社會具有危害性。這種危害性可分成兩種情況：一種是對社會已造成實際上的損害；另一種是對社會存在危害的風險。例如，物業管理公司對轄區內已枯死將傾倒的大樹不採取措施的不作為，也對轄區的居民產生危害的風險。

③主體適格性。是指違法行為的主體是具有行為能力或責任能力的自然人、法人或其他社會組織。

④主觀過錯性。是指法律一般要求違法行為人在主觀上有過錯，這過錯包

括故意或過失。故意是指明知自己的行為會發生危害社會的結果卻希望或放任這種結果的發生；過失是指違法行為人應當預見自己的行為可能發生危害社會的後果，因疏忽大意而沒有預見，或已預見到而輕信能夠避免，以至發生危害後果而構成違法。如果客觀上造成危害結果，但行為人主觀上沒有過錯，則一般不構成違法。但屬法律規定應承擔無過錯責任或嚴格責任的行為，則不管行為人主觀上有無過錯，只要依法確定行為人必須承擔某種法律責任，就可推定其行為有違法成分。

(三)研究物業管理法律事實應注意事項

1.法律規範、法律事實、法律關係之間的關係

法律規範是確定法律事實的依據，其本身並不能產生法律關係；法律事實是引起法律關係變化的原因，法律關係是法律事實引起的結果。

2.物業管理法律事實的結合

無論法定還是約定，一個法律關係的變化需要兩個以上的法律事實時，則只有這些法律事實的結合才能產生相應的法律後果的，成為物業管理法律事實的結合。例如，物業管理公司要能合法營業必須獲得房地產行政主管部門的資格審查核准，同時又要獲得工商局的營業執照。類似這樣的例子在物業管理中比比皆是。

四、物業管理的法律責任

(一)物業管理法律責任的概念和特徵

1.物業管理法律責任的概念

物業管理法律責任是指由於違反物業管理法律規範行為而應當承擔的法律後果。違法行為是法律責任的前提，法律制裁是法律責任的必然結果。國家工作人員、公民或法人拒不執行法律義務或作出法律所禁止的行為，並具備違法行為的四個構成要素，便應承擔這種違法行為所引起的法律後果，國家依法給予相應的法律制裁。

2.物業管理法律責任的特徵

物業管理法律責任的主要特徵有三項。

(1)法定責任與約定責任結合。法律責任除了是直接違反法律法規而引起的法定法律責任以外，還有因違反當事人雙方的協議、合同的約定而引起的法律責任，我們稱之為約定責任。協議、契約的法律效力來源於國家對當事人之間契約、協議的認同並予以國家強制力的保護。因此，物業管理中發生的法律責任除了依據法律規章，還要以契約、協議的約定為依據。

(2)技術規範所確定的責任。物業管理本身是社會化、專業化的產物，物業管理中的各項活動涉及大量的技術問題。這些技術問題，有的是國家制訂了相關的技術標準和技術規範，也有的是物業管理雙方當事人約定的技術要求或標準。這些技術標準、規範、要求成了確定物業管理法律責任的重要且大量的依據。

(3)法律責任的複雜性和複合性。物業管理法律責任的種類繁多，有民事責任、行政責任以及刑事責任。而且，這些責任在一項物業管理的違法行為中往往會合併存在，出現法律責任複合的現象。這種物業管理法律責任的複雜性決定了在確定物業管理法律責任時，要全面考慮相關的法律規章對某種違法行為從不同的角度所設定的法律責任。對物業管理的當事人來說，也要謹慎自己的行為，因為，某種違法行為導致的結果不只是賠償損失的民事責任，也有可能導致判刑的刑事責任。

(二)物業管理法律責任的分類

物業管理法律責任按照不同的標準有不同的分類。例如，按照主體過失情況可分成過失責任、無過失責任和公平責任。但根據物業管理違法行為的性質、程度的不同，法律責任可分成民事法律責任、行政法律責任和刑事法律責任。各種法律責任可單獨發生，也可能與其他的法律責任同時發生。

1.民事法律責任

它是指民事主體違反民事法律義務而按照民法（包括契約法）規定必須承擔的法律後果。民事法律責任主要表現為一種財產責任，而且民事責

任可以由當事人自行約定。民事法律責任可分成違約責任和侵權責任。違約責任是指當事人一方不履行契約義務或履行契約義務不符合約定的，依法應當承擔的法律責任。而侵權責任是指當事人因違法實施侵犯國家、集體、公民的財產權和公民、法人的人身權的行為而依法應承擔的法律責任。民事法律責任的方式有以下十種：停止侵害、排除妨礙、消除危險、返還財產、恢復原狀、賠償損失、支付違約金、修復或更換、消除影響、恢復名譽、賠禮道歉。

2.行政法律責任

它是指行政主體或行政相對人的行為違反行政法律法規而依法必須承擔的法律後果。行政違法責任根據違法主體的不同分成兩類：一類是由於行政機關及其工作人員違法失職行為而應承擔的違法行政責任；另一類是行政相對人的行為違反行政管理法規而應承擔的行政違法責任。行政法律責任的方式有三類：(1)行政處罰，包括警告、罰鍰、沒收違法所得、沒收非法財物、責令停工停業、暫扣或吊銷許可證或執照、行政拘留及法律法規規定的其他行政處罰；(2)行政處分，包括警告、記過、降職、降薪、撤職、留用察看、開除等；(3)勞動教育，是一種有輕微違法行為，但不構成刑事處分的違法行為人實行強制性教育改造的一種行政措施。

3.刑事法律責任

它是指行為人的違法行為違反刑事法律應承擔的法律後果。這種違法行為稱之為犯罪，是違法行為中最嚴厲的一種制裁。刑事法律責任分為兩類：一是主刑，包括管制拘役、有期徒刑、無期徒刑和死刑；二是附加刑，包括罰金、沒收財產和褫奪公權。

第二節　物業管理的產權理論

一、產權和建築物區分所有權的概念與特徵

(一)產權的概念及特徵

1.產權的概念

產權的概念有狹義和廣義兩種解釋。狹義上的，產權就是財產權；廣義上的，產權就是指傳統民法中的物權，即是民事主體依法直接支配物，並享有該物的利益、排除他人干涉的權利。民法中的物權主要包括所有權、使用權、占有、抵押權、留置權、典權及相鄰關係等。

2.物權的特徵

一事物的特徵，即它的質的規定性，是它區別於其他事物而獨立存在的基礎。而要考察一事物的特徵，又需要將它與類似的其他事物相比較才能發現。物權與其他財產權比較，特別是與它聯繫最為密切的債權比較，具有以下特徵。

(1)物權是對物的支配權。物權是權利主體對物進行直接支配的權利，這是物權在作用方面的特徵。這裡所說的物，是指人身以外，為人力所能支配，並且有一定使用價值的物質資料。除物質資料外，其他的事物，包括行為和精神產品，均不能作為物權的客體。這是物權區別於債權、知識產權的一個特徵。

(2)物權具有排他性。這是物權的效力特徵。物權的排他性具體表現在兩個方面：一方面物權具有排除他人侵害、干涉、妨礙的性質；另一方面，內容相同的物權之間具有相互排斥的性質，即統一物上不容兩個以上相同內容的物權存在，也即一物一權原則。

(3)物權是對世權。這是物權效力範圍方面的特徵。物權對世上任何人都有約束力，某人對某物享有物權時，其他一切人都成為義務人，因此物權的義

務人是不特定的。

⑷物權是絕對權。這是物權實現方式方面的特徵。物權的實現不需要義務人進行協助，而以權利人對標的物進行合法支配為唯一條件。

⑸物權是法定權。這是物權在設立方面的特徵。物權的內容、效力等均為民法上強制性規範所規定。因此，物權須依法設立並經法定登記認可。

3. 產權的形態

產權的形態即產權的持有形式，它是指財產法律關係主體的產權，特別是所有權的持有方式。根據主體的社會性質、人數規模和持有特點的不同，可以將產權持有形式主要分成 3 類：

⑴獨有。即一個人單獨持有的某項產權。

⑵共有。即兩人以上的若干人共同持有的某項產權。共有包括公民之間的共有、法人之間的共有，以及公民與法人之間的共有。共有又可以分成按份共有、共同共有以及建築物區分所有等。按份共有是各共有人按確定的份額對共有財產分享權利和分擔義務。共同共有是指共有人對全部公有財產不分份額地享受權利和承擔義務。建築物區分所有的具體概念在下面將詳細敘述。

⑶公有。即一定的非家庭式的社會經濟組織範圍內的全體成員共同持有的某項產權。它又可分為集體所有、國家所有、社會所有等。社會所有一般指無成員在內，以一定的捐贈財產為基礎成立的法律上擬制人持有的財產權。如中國希望工程基金會就是這種社會所有的一個例子。

(二)建築物區分所有權概念和特徵

1. 建築物區分所有權的概念

有關建築物區分所有權概念的論述，各國立法的表述不盡相同，至今沒有一個統一的說法。例如，瑞士稱為「樓層所有權」，美國稱為「共管所有權」，法國稱為「區分各階層不動產之共有」，日本稱為「建築物區分所有」等。中國大陸法律沒有建築物區分所有的定義，但有一個類似的說法，即 1989 年國家建設部以 5 號令發布了城市異產毗連房屋管理暫行規

定中提出的「異產毗連房屋」概念，不管各個國家如何表述，其實質內容都是相同的，都是城市房地產性質改變所帶來的在建築物擁有形式的改變，即從獨戶住宅變成了多戶住宅，從單一的產權變成了一種較為複雜的建築物擁有形式。

中國大陸學者當前多數傾向於「建築物區分所有權」這種說法。即建築物區分所有權是指多個區分所有權人共同擁有一棟區分所有建築物時，各區分所有權人對建築物專有部分所享有的專有所有權、對建築物共有部分所享有的持分權，以及因區分所有人之間的共有關係所產生的成員權之總稱。

2.建築物區分所有權的特徵

建築物區分所有權具有以下特徵：

⑴複合性。複合性是指建築物區分所有權由專有所有權、持分權和成員權複合而成。而獨戶住宅的所有權是單一的。

⑵專有所有權的主導性。建築物區分所有權的三種權利中，專有所有權是處於主導地位的。這種主導性表現在三個方面：首先，建築物區分所有權人只有取得專有所有權，才取得持分權和成員權；其次，專有所有權的大小決定了持分權和成員權的大小；最後，專有所有權需要登記，而持分權和成員權無需登記。

⑶一體性。專有所有權、持分權和成員權具有一體性，即這些權利是不可獨立存在的。也就是說，其中任何一項權利都不能進行獨立的房地產交易。

⑷登記的公示性。建築物區分所有權是不動產的一種形式，必須進行房地產權屬的登記，以此公示於世。

⑸權利主體身份的多重性。由於建築物區分所有權是由專有所有權、持分權和成員權所組成，因此，建築物區分所有權人的身份具有多重性，即既是專有所有權人、持分權人，又是成員權人。

二、建築物區分所有權的內容

(一)專有所有權

1. 專有所有權的概念

專有所有權是指建築物區分所有權人按照自己的意志對其擁有的建築物的專有部分占有、使用、收益及處分的權利。

2. 專有部分的範圍

專有部分的範圍劃分，可以從定性或定量或者說粗略地或詳細地進行劃分。定性或粗略地劃分是，凡專有部分是指作為區分所有權標的的建築物部分，具有構造上和利用上的獨立性。所謂標的部分就是指在房地產交易過程中在交易契約的標的部分明確標出的部分，或在房地產行政主管部門進行登記公示的部分。構造上的獨立性是指四周具有確定的遮蔽性，或從觀念上與其他部分可以區分，並有固定的界限標示的部分。利用上的獨立性是指可供用戶獨立使用的部分。它的特徵是具有獨立的出入口和專用的設備設施。日本的丸山英氣提出以下五項判斷標準：(1)境界的明確性；(2)空間的遮斷性；(3)通行的直接性；(4)專有設備的存在；(5)共用設備的不存在。

定量或詳細地劃分是指專有部分的空間尺寸究竟達到何處。這是因為建築物的專有部分的分隔牆體一般都是有厚度的，因此，專有部分的界定直接影響到區分所有權人自由使用、改良的權利，也間接影響到對何種可能產生的有損建築物安全的行為禁止問題。對專有部分的範圍，目前多數學者採用了壁心和最後粉刷表層說。該說法從內部關係和外部關係分別對專有部分的範圍進行界定。從內部關係上，也即從區分所有人相互間，尤其建築物的維持、管理關係上，專有部分僅包含壁、柱、地板、天花板等境界部分的粉刷表層；但在外部關係上，尤其是對第三人（如買賣、保險、稅金等）關係上，專有部分則包含了壁、柱、地板、天花板等境界部分厚度的中心線。這一說法解決了其他學說存在的一些矛盾，例如，「中

心說」將專有部分的範圍擴展到境界的中心線。雖然，這種說法符合房地產交易中面積測量的通常做法，但對建築物整體的維持與管理不利。因為專有部分的境界往往是承重結構，同時還埋設許多管線。「空間說」認為專有部分是構成境界的建築材料所圍成的空間，而境界本身為共有部分。這樣產生的問題是區分所有權人即使僅僅粉刷牆壁或釘釘掛畫也需其他共有所有權人同意，這是難以實施的做法；「最後粉刷層說」是指專有部分包含至壁、柱等境界部分表層所粉刷的部分，而境界其餘的本體部分屬於共用部分。這種說法的缺點就是與現實的交易習慣中以壁心為中心的情況不符。

3.專有所有權的內容

專有所有權的內容就是專有所有權人所應享有的權利和承擔的義務。

⑴權利。專有所有權人的權利有以下兩種：

①所有權。專有所有權是指專有所有權人在法律許可的範圍內，有自由地占有、使用、收益、處分自己的專有部分。

②相鄰使用權。相鄰使用權是指專有所有權人為保證自己的專有部分合法地使用、維護以及必要的改良，有權使用相鄰區分所有權人的專有部分的權利。

⑵義務。專有所有權人的義務有以下四項：

①不得違背全體區分所有權人的共同利益的義務；

②維護建築物的義務；

③不得隨意更改共用管線的義務；

④維護公共環境的秩序、安全和衛生的義務。

㈡共用部分持分權

1.持分權的概念

持分權是一種共有所有權，它是指區分所有權人對區分所有建築物的共用部分所享有的使用和收益的權利。

2.持分權的範圍

持分權的對象是共用部分，持分權的範圍是指共用部分的範圍。共用部分的概念可定義為：由區分所有權人全體或部分所共同擁有的，不屬於專有部分的建築物部分。共用部分可包括法定共用部分和約定共用部分。法定共用部分是指構造上、利用上沒有獨立性的建築物部分；約定共用部分是指構造上、利用上雖然有獨立性，但按照區分所有權人之間的規約成為共用部分。因此，很顯然，先有專有部分的確定，然後才有共用部分的確定。也就是說，持分權的範圍就是除了專有部分建築物的剩餘部分。具體的可分為共用部位和共用設施。共用部位是指建築的結構承重部分、戶外牆面、門廳、樓梯間、走廊、通道等；共用設施設備是指樓內共用的上下水道、水箱、加壓水泵、電梯、天線、供電線路、照明、鍋爐、暖氣管道、瓦斯管道、消防設施、綠地、道路、路燈、溝渠、池、井、非商業性的車庫、車場、公益性的文化、體育設施和共用設施設備使用的房屋等。

3.共用部分持分權的內容

共用部分持分權的內容是指建築物區分所有權人作為共用部分的持分權人所享有的權利和承擔的義務。

⑴權利。包括三項：①對共用部分的使用權；②對共用部分的收益權；③對共用部分的單純的修繕改良權。

⑵義務。區分所有人作為共用部分持分權人，其義務包括兩項：①按共用部分的本來用途使用共用部分的義務。即是按照共用部分原來規劃設計的用途或全體區分所有人之間的約定用途使用共用部分。②分擔共同費用的義務即共用部位的管理、維護、修繕、改良的費用，由享用這些共用部分的區分所有人共同分擔。例如，社區綠地的維護費用將由整個社區的區分所有權人共同分擔；而一棟樓電梯的更換費用，將由這棟樓的全體區分所有權人分擔。

(三)成員權

1.成員權的概念

成員權也稱構成員權，即指區分所有權人作為基於他們的不可分離的產權關係所產生的團體組織的成員而享有的權利和承擔的義務。

不可分離的產權關係體現在以下這些方面：

(1)各區分所有權人的專有部分均通過共用境界而相互連接，結構上密不可分；

(2)各區分所有權人在使用其專有部分時，必須使用共用部分；

(3)各區分所有權人在使用其專有部分時，必要時需用到相鄰區分所有權人的專有部分；

(4)各區分所有權人在行使專有部分權利時，一般不得妨礙其他區分所有權人對其專有部分的使用，不得違背全體區分所有權人的共同利益。

2.成員權的內容

成員權的內容是指建築物區分所有權人作為成員權人所享有的權利和義務。

(1)權利。包括：①表決權；②參與制訂規約權；③選聘與解聘管理者的權利；④請求權。

(2)義務。包括：①執行團體決議的義務；②遵守管理規約的義務；③接受管理者管理的義務。

第三節　物業管理的委託—代理理論

一、代理的概念和特徵

(一)代理的概念

代理是一種民事法律關係，是代理人在代理權範圍內，以被代理人的名義獨立與第三人為法律行為，由此產生的法律效果直接歸屬於被代理人的法律制度。

代理關係涉及三方當事人：被代理人、代理人、第三人。被代理人，又稱本人，是代理人所代表的人，也是承擔代理人行為法律後果的人；代理人，有權代表他人為一定法律行為並使被代表人承受代理行為法律後果的人；第三人，亦稱交易相對人，是代理行為連結的對象，這種對象可能是確定的，也可能是不確定的。

代理人的使命，在於代他人為法律行為，最為常見的代他人為的法律行為是契約行為。當代理人代他人為契約行為時，必然涉及兩個契約、三種關係。兩個契約是被代理人與代理人之間的委託契約以及代理人與第三人之間的契約。三種關係：一是被代理人與代理人之間的關係；二是代理人與第三人之間的關係；三是被代理人與第三人之間的關係。第一種關係是代理的內部關係；第二、第三種關係是代理的外部關係。

(二)代理的特徵

1.代理人以為意思表示為使命

代理人應以自己的技能為被代理人的利益獨立為意思表示，意思表示是法律行為的基本要素，因此，代理人的使命就是代他人為法律行為，如訂立契約、履行債務、請求損害賠償等行為。不為意思表示的行為，不得成立代理。由此是代理行為區別於其他委託行為，如代人保管物品、照看兒童等事實行為。這些行為儘管也出於他人的委託，但受託人不必對第三人為意思表示，因而不是代理行為。

2.代理人一般以被代理人的名義進行活動

代理有狹義和廣義之分，狹義的代理僅指直接代理，即以被代理人的名義所進行的代理行為。廣義的代理不僅包括直接代理，還包括間接代理。所謂間接代理，就是受託人以自己的名義代他人為法律行為。在間接代理中，代理人只是代表被代理人的利益，而不是代表被代理人的意志。間接代理人有權獨立作出自己的意思表示，獨立地表達自己的意見。中國大陸的外貿代理就是一種間接代理。

在中國大陸，民法通則第63條採用直接代理概念，規定代理人在代理

權限內以被代理人的名義實施法律行為。因此,中國大陸民事生活中的代理,原則上均屬於直接代理。但是,這種專指受託人以被代理人名義從事的受託行為的狹義代理,一般被放在表意性(意思表示)法律行為的民法中來規範,而不是契約法規範的主要對象之一。

中國的契約法中沒有明確規定代理行為或代理契約,但明確規定了委託契約,從其第 396 條對委託契約的定義來看,只要受託人為委託人處理對委託人具有法律意義的事務(包括事實行為和法律行為),就可以形成委託關係,受委託契約規範調整,這就突破了傳統觀念中委託對應的只是代理、受託行為即是代理行為的侷限。另外,從契約法的第 402 條和第 403 條來看,契約法也突破了民法通則關於代理必須以委託人(被代理人)名義從事代理行為的限制,認可了大陸法的間接代理。

3. 代理行為的法律效果歸屬於被代理人

被代理人利用代理人的目的是增進自己的利益,因此,代理行為的法律效果歸屬於被代理人,為代理制度的題中之義。由於代理有直接代理和間接代理,因此代理行為的法律效果有直接歸屬於被代理人或間接歸屬於被代理人之分。

(三)代理制度的意義

1. 加強民事主體從事民事活動的能力

代理制度能使民事主體不僅可利用自己的能力和知識參加民事活動,而且也可利用他人的能力和知識進行民事活動,從而使民事主體從事民事活動的能力得到了極大的加強。代理制度基於民事活動的複雜性和社會分工的必要性而產生,它可彌補被代理人精力、知識的不足,拓展其活動空間,提高其辦事效率。

2. 有助於降低交易成本

如果要由被代理人事必躬親地從事任何交易活動,則不勝其煩,且交易成本將上升。由於被代理人知識、經驗的侷限性,在交易活動中,需要投入很大的精力去做一件其實對代理人來說是輕而易舉的事情,這本身就

增加了交易成本；另外，被代理人在交易中由於對市場行情的不熟，談判或討價還價經驗的缺乏，因此，很難獲得一個對自己有利又符合市場價值的結果。因而造成經濟上的損失，從另一方面提高了交易的成本。

㈣代理的種類

代理的種類有三種：委託代理、法定代理及指定代理。

1.委託代理

委託代理是基於被代理人的委託授權而發生的代理，是最常見、最廣泛應用的代理形式。

2.法定代理

法定代理是指基於法律的直接規定而發生的代理。這是法律為了保護處於特定情況下的民事主體的利益或為了維護交易的安全而作出的規定。例如，監護人是被監護人的法定代理人，工會在特定的情況下是其會員的法定代理人，可代理會員簽訂集體勞動契約，參加與勞動爭議有關的訴訟等。

3.指定代理

指定代理是指基於法院或有關機關的指定行為發生的代理。有關機關是指對被代理人的合法權益負有保護義務的組織。法院為失竊人的財產指定代管人，為民事訴訟的當事人指定訴訟代理人，皆屬於指定代理。法定代理人的代理事務比較廣泛，而指定代理人的代理事務比較專門、特定。

4.委託契約和委託授權行為

委託契約是受託人以委託人的名義和費用在委託權限內為委託人辦理委託事務的協議。委託授權行為是被代理人以委託的意思表示將代理權授予代理人的行為。委託契約與委託授權行為皆為委託代理權的發生原因，但兩者也存在區別。

(1)委託契約是委託代理的基礎關係，委託授權行為是委託代理產生的直接依據，委託契約的成立和生效並不當然產生代理權。委託代理人取得代理權，通常要以委託契約和委託授權行為兩個法律事實為前提。例如，一個

律師受聘為某法人的法律顧問，這是一個委託契約。法律顧問的職能之一是為委託人處理訴訟事務，但該律師代理法人參與訴訟時，他還須取得法人的特別授權。所以委託契約是委託授權行為的基礎。

(2)委託契約是雙向的，委託授權行為是單方的法律關係。委託契約是雙向的法律行為，必須經雙方當事人協商一致才可成立；而委託授權行為是單方的法律行為，以委託人單方的意思表示即可成立。

(3)委託授權行為具有獨立性。這是指當委託契約無效或被撤銷後，只要未取消委託授權行為，代理人的代理權並不消滅。這是為了保障交易的安全，因為第三人無從知道代理內部關係發生的變化。因此，被代理人在撤銷委託契約時，必須同時撤銷委託授權行為。

二、代理權的行使

(一)代理人的義務

由於代理權的特殊性質，代理權的行使就是代理人的義務之履行。藉由履行自己的義務，代理人就實現了被代理人設立代理的目的。代理人有如下義務：

1. 為被代理人的利益實施代理行為的義務。代理制度本身是為了被代理人的利益而設的，被代理人委託代理的目的就是為了利用代理人的知識和技能實現自己的利益。因此代理人的代理行為，應從被代理人的利益出發，而不是從他自己的利益出發，處理好被代理人的事務。

2. 親自代理的義務。由於委託代理的特定性和特指性，即被代理人基於對特定人員的知識、技能、信用的信任，才授予其代理權的。因此，代理人必須親自實施代理行為。除非經被代理人同意或有不得已的情況發生，不得將代理事務轉委託他人處理。

3. 報告義務。代理人應將處理代理事務的一切重要情況向被代理人報告，以使被代理人知道事務的進展，以及自己利益的損益情況。報告要求是忠實的。事務處理完畢，還需向被代理人報告經過和結果，並提交必要的文件資料。

4. 保密義務。代理人在執行代理事務過程中所了解的被代理人的個人秘密及商業秘密，不得向外洩漏，或利用這些秘密與被代理人進行不正當的競爭。

(二)代理權的限制

代理人違反義務進行代理行為，即損害了被代理人的利益。因此，應對代理權設立若干限制以維護被代理人的利益。

1. 自己代理的禁止

所謂自己代理是指代理人在代理權限內與自己為法律行為。代理人同時成為代理關係中的代理人和第三人。本來是雙方的交易行為變成了一方的行為。由於交易的雙方都是為了追求自身的最大利益，自己代理的出現就很可能代理人為了自己的利益而犧牲被代理人的利益。

2. 雙方代理的禁止

雙方代理又稱同時代理，是指一個代理人同時代理雙方當事人為法律行為的情況。就如上面所說交易的雙方都是要追求自己最大利益的，這種衝突只有通過討價還價，才能最大限度地獲得各自的最大利益。被代理人設立代理的目的就是利用代理人的能力來追求最大利益。而雙方代理就違背了設立代理的本意。

3. 代理人懈怠行為與詐欺行為之禁止

懈怠行為是指代理人不履行勤勉義務而疏於處理或未處理代理事務，使被代理人設定的代理目標落空，並使其蒙受損失的行為。詐欺行為是指代理人與第三人惡意串通，損害被代理人利益的行為。這種行為違背了代理關係的誠信原則。根據民法通則規定，因懈怠行為造成的被代理人損失由代理人負責賠償；因詐欺行為造成的被代理人損失，由代理人和第三人負連帶賠償。

(三)複代理

1.複代理的概念

複代理又稱再代理，是代理人為了實施代理權限內的全部或部分行為，以自己的名義選定他人擔任被代理人的代理人，該他人稱為複代理人，其代理行為產生的法律效果直接歸屬於被代理人。

根據前面所說的親自代理的義務，一般情況是不允許複代理的。但在發生緊急情況時，代理人不能親自處理代理事務，而情況的持續將進一步損害被代理人的利益，法律允許複代理的發生。另外，如果事先得到被代理人的同意或事後得到其認可的情況下，法律也允許複代理的產生。

2.複代理人與被代理人的關係

在直接代理的情況下，複代理人也是被代理人的代理人，而不是代理人的代理人，其行為產生的法律效果直接歸屬於被代理人。在間接代理的情況下，其行為產生的法律效果最終也將歸屬於被代理人。

3.複代理人與代理人的關係

複代理人並不取代代理人，只是分擔了代理人的部分職責。代理人的代理權並沒有讓與複代理人。因此，代理人仍可繼續執行代理權。另外，複代理人的行為受代理人的監督，代理人對複代理人還享有解任權。

三、無權代理

(一)無權代理的概念和分類

無權代理是指代理人不具有代理權所實施的代理行為。無權代理可分成三類：

1. 未經授權的代理。是指代理人根本未獲得被代理人的授權而實施代理行為。其中，又可以分成兩種，一種是明知道未授權；另一種是誤以為被代理人已授權。

2. 超越代理權的代理。代理人已獲授權，但他所實施的代理行為，超出了被代理人的授權範圍，其超出授權範圍的部分就成了無權代理。

3. 代理權已終止的代理。是指代理人在代理授權規定的期限屆滿後繼續實施的代理行為。其超過代理權存續期限後實施的代理行為，稱為無權代理。

(二)無權代理的法律效果

對無權代理應採取區別對待的方針。

1. 在無權代理行為造成被代理人損害的情況下，則無權代理對被代理人不生效，由無權代理人對被代理人和第三人負有賠償責任。

2. 當無權代理行為有利於被代理人，或被代理人對無權行為的發生可能負有責任時，無權代理行為的效力處於不確定狀態，具體由被代理人選擇是否有效。

3. 當無權代理損害第三方的利益時，法律會考慮保護善意第三方的利益和交易的安全。

(三)無權代理的生效

無權代理可通過被代理人的追認而轉化為有權代理。被代理人的追認可分成：事實上的追認和擬制的追認。

1. 被代理人事實的追認。是指被代理人對無權行為於事後以積極的意思表示予以承認的單方法律行為。追認的意思表示可向第三人作出，也可向無權代理人作出。一旦作出追認，無權代理即與有權代理具有同等的法律效力。

2. 被代理人擬制的追認。是指被代理人對於無權代理行為，於第三人已行使催告權後，仍不作出是否追認的意思表示，法律對被代理人的沉默，視為是對無權代理行為的追認。

　　無權代理行為經擬制的追認以後，就與有權代理行為有同樣的效力，其法律效果直接歸屬於被代理人。

四、代理關係的消滅

(一)代理關係消滅的原因（委託代理）

1. 代理期限屆滿或代理事務完成；
2. 被代理人取消委託或代理人辭去委託；
3. 被代理人或代理人死亡；
4. 代理人失去行為能力；
5. 被代理人或代理人為法人時，因法人消滅而使代理關係消滅。

(二)代理關係消滅的效果

1. 代理權歸於消滅；
2. 代理人在必要和可能的情況下，應向被代理人或其繼承人、遺囑執行人、清算人、新代理人等，就其代理事務及有關財產事宜作出報告和移交；
3. 委託代理人應向被代理人交回代理證書及其他證明代理權的憑證。

五、物業管理委託代理的法律思考

(一)物業管理公司受託處理的行為既包括法律行為又包括事實行為

按照民法，代理人的代理行為只是法律行為，不能包括事實行為，而受託人受託處理的行為可以包括法律行為和事實行為。法律行為是指旨在設立、變更和終止民事權利和義務的意思表示行為；事實行為是指不涉及意思表示的一般性事務，即提供一種勞務和專業服務。受託人從事法律行為將使委託人與第三人建立直接的契約關係或產生債權債務關係。否則，受託人從事的就是事實行為。按照物業管理契約，物業管理公司受託處理的行為既有法律行為，又有事實行為。法律行為如，物業管理公司可以與物業管理的專業服務公司（如維修公司）簽訂契約，所產生的費用由業主來承擔。事實行為包括代業主交公共事業費、送報、提

供各種具體的服務等，都屬於事實行為。

(二)物業管理中的委託代理主要是間接代理

物業管理公司運作過程中，其受託代理的性質主要是間接代理。因為，物業管理公司與各種承包商、服務商簽訂契約時，儘管有些需要物業管理契約中給予授權（如將保全轉包出去），有些需要業主事先或事後的同意，但一般都是以物業管理公司的名義簽的，而不是由業主或業主委員會簽的。因此，從這一點看，物業管理公司受託代理的性質主要是間接代理。

(三)物業管理事務的委託方式是一種概括委託

根據中國大陸契約法的規定，委託人委託事務有概括委託和特別委託兩種方式。特別委託是指委託的每項特定的事務已不可能、不宜或沒有必要再對其內容作進一步的細分，同時受託人沒有自由處置的餘地，只能在特定的權限範圍內處理事務。概括委託是指所委託的是與委託事務相關的、沒有具體細分的、一切可能發生的事項，同時沒有明確其處理或代理權限。對這些事項具體內容的處理，不需要委託人另行同意或授權而使受託人的權限不特定。受託人能根據事務的處理需要自主地處理事務，其結果對委託人都有拘束力。特別委託與概括委託的區分在實務中有重要的意義。如果沒有約定事務的範圍、處理權限或約定不明確的，那麼法律上即推定為概括委託，只要受託人的事務處理被認為是在「合理」的範圍內，那麼，委託人必須接受其事務執行結果並承擔由此引起的責任。因此，在可能的情況下，委託人在作出委託時儘量將委託事務及委託權限明確化，避免因不明確而帶來的風險。

物業管理事務是一個籠統的概念，其包括的內容很多，因此，物業管理委託基本上屬於概括委託。但是，概括委託一般不包括物業的處分行為。所以，業主如果有涉及物業的處分（如租賃等），必須給予特別委託，物業公司也不能違反概括委託的法理，擅自進行受託管理物業的處分。

㈣物業管理委託事務的界定

從法學角度分析，物業管理委託契約中委託給物業管理公司的事務，是指對特定範圍內的物業進行特定經營管理的事務。這種事務不包括非物業性的有償服務，例如，物業管理公司提供的非物業性的有償服務，則不屬於物業管理事務，只是物業管理公司的自營業務。這種自營業務，只要屬於物業管理公司的營業執照規定的經營範圍，該公司又有這樣的人才、經驗和財力，則無可異議地該公司可以從事此營業，並且從中獲得收益。需要指出的是，這些收益是物業管理公司的收益，不是物業管理委託事務的收益，因此應歸屬於物業管理公司，而不是用來貼補物業管理費的不足。

㈤在委託代理關係中物業管理公司的法律責任

按照中國大陸的契約法規定，受託人在委託權限內所實施的行為，等同於委託人自己的行為。因此，物業管理公司在行使委託事務的過程中所產生的合法行為和違法行為的法律後果，都將由委託的業主方（業主委員會）來承擔。但是，根據委託代理的誠信原則，要求有償契約的受託——物業管理公司盡善良管理人的注意義務。如果受託人沒有盡到注意義務，給委託人造成損失的，委託人可以要求賠償損失。受託人超越權限給委託人造成損失，也要賠償損失。

六、委託代理的經濟學含義及在物業管理中的應用

㈠委託代理的經濟學含義

經濟學「委託代理」理論中的委託人與代理人的概念是一個比法律意義鬆散得多的概念。這是由資訊的不對稱所引起的。當資訊不對稱影響到當時雙方的利益分配時，就會出現經濟學意義上的委託代理關係：對某項任務的完成擁有相對完整資訊的一方為代理人，而擁有較少資訊一方為委託方。在這種情況下，契約是不可能完備的，所以以契約直接控制的方式是行不通的，這時就出現一個「控制」和「激勵」的比重問題。

委託代理經濟學上的理論就是解決資訊不完備情況下的激勵方式，也稱為激勵理論。

(二)經濟學意義上的物業管理委託代理問題

從以上委託代理的經濟學含義中可以知道，經濟學上的委託代理是資訊不對稱引起的，而這種不對稱的問題將導致委託當事人制訂的契約是不可能完備的，也就是說，企圖完全用制訂詳細的契約條款來控制代理人是不可行的。在這種情況下，就必須使用激勵原則。這種情況同樣也會發生在物業管理的委託代理事務中。

1. 物業管理委託代理的特點

(1)物業管理委託代理的實現是若干個連續合約、連續委託。物業管理委託代理的實現是經過若干個連續合約，如業主委託業主委員會，業委會委託物業管理公司，物業公司將管理任務委託給管理處或外包給專業服務公司，管理處或專業服務公司又將任務下達給班組，班組又將任務落實到員工，其中通過委託契約、業委會章程、分包契約、勞動契約等各種形式的合約或委託。這一特性會使得最初的委託人意志在長距離、多層次的委託過程中得不到完全的體現。甚至監督和激勵的措施，也會因這種特性而使實際的效果打折扣。

(2)物業管理委託代理的實現有一個長持續期。物業管理的委託不是一件事的委託，而是一個時期內整個物業管理事務的委託。而且，物業管理從交屋到走上正常的運行軌道，是需要一段時間的，物業管理公司在初期的高投入，也需要通過一段時間的收益回報。因此，一般物業管理委託合同的簽約期至少是兩年，這就使得物業管理委託代理的實現有一個較長的持續期。這種特性，雖使得物業管理公司的管理有相對的穩定性、長遠性，但也會帶來一定的弊病，即糾正的措施難以及時實行。如果一個物業管理公司工作不積極但也沒有大的違反契約的錯誤，經多次督促也依然故我，則業主委員會很難及時地實施終止契約而另行聘用新的物業管理公司，因為這需要花很多的精力和財力。因此，如果聘用的物業管理公司不好，多數

情況下使得業主必須忍受至少兩年的不佳服務。

(3)物業管理委託人的監督和激勵的有效性，決定代理人的工作動機和行為。由於上述兩個特徵，需要求物業管理委託人實行有效的監督和激勵手段，克服連續委託、長持續期帶來的負面影響，使得最初委託人的意志、目的、利益得以有效的實現。因此，監督和激勵手段是否有力、有效，將決定代理人的工作動機和行為。

(4)最終代理人的工作動機和行為，決定物業管理的實際成效。物業管理提供的產品是服務，不管這種服務是對物還是對人，這些服務絕大多數是由最終代理人——實際的作業人員完成的。因此，不管「委託鏈」前面環節人員的思想認識、工作態度、努力程度有多好，但最終都要實現在最終代理人的工作動機和行為上。如果最終代理人出了問題，則前面所有的好處都落空。因此，很多物業管理公司非常重視對員工的全面、全員培訓，並從精神到物質，重視對員工的激勵，不僅包括正向激勵，還包括負向激勵如開除等。以此來保證優質高效的物業管理。

2.涉及物業管理效率和效益的幾個問題

(1)產權利益上的「搭便車」問題。在委託代理關係中，對代理人進行監督或激勵的原動力來自委託人對產權利益的追求，包括業主在自用時對使用效益的追求，在經營時對租金收益的追求或出讓時對價值的追求。在物業管理中，如果委託人是多元產權所構成的利益共同體，由於每個個體在其中所占的份額很少，因此「搭便車」的傾向就會出現。因而委託人監督的積極性就會下降。

(2)監督距離過長造成監督強度縮水問題。從上述物業管理的特性來看，由於委託代理是一個連續性的委託及合約，因此從初始委託人到最終代理人有一個很長的監督距離。致使初始委託人基於產權利益的監督積極性和強度每經過一個中間層就會有一次「縮水」。監督的距離越長，中間層越多，監督的積極性和力度的縮水量就越大。

(3)激勵手段上的乏力。我們知道，由於資訊不對稱所造成的物業管理契約的不完備，使得物業管理委託人完全依靠合同實施對物業管理公司提供的物

業管理服務的品質控制是難以做到的。必須使用激勵手段。「激勵」作為心理學術語，指的是持續激發人的動機的心理過程。人的行為是由動機支配的，而動機則是由需要引起的。因此如何針對物業管理公司的需要，採取相應的措施，以激勵物業管理公司不斷提高自己的物業管理服務水準，是物業管理委託人所應該關注的。物業管理公司最大的需要是通過提供自己的管理服務，獲得企業的最大利益，既包括物質利益，又包括精神利益，如榮譽稱號等。物業管理委託人，就是要通過激勵手段，刺激代理人的工作動機，從而獲得自己最大的產權利益。激勵手段有兩類：正向激勵和負向激勵。正向激勵在心理學上又稱正向強化，物業管理中合約期滿後的續約、評定優秀管理社區都屬於正向強化；而物業管理中的終止合約等「替代威脅」，都屬於激勵手段中的負向強化。由於目前的管理體制及法律規範不健全，在替代威脅手段的應用上還存在一定的難度，特別在一些原先為房管單位所管理的社區中，這種情況更為普遍。

(4)當事人的行為能力較弱問題。在中國大陸，由於物業管理推廣時間不長，法制還不健全，所以物業管理當事人的行為能力還不強。具體表現在：在業主方面，首先缺乏合適的業委會成員，特別是缺乏有經驗、有能力又熱衷於公共事業的業委會主任；其次，業主團體及業委會的法律地位還不明確，也不統一，還存在種種分歧，以致業主團體的行為能力受限；另外，業委會成員的主動性如何提高，在激勵手段方面，特別是在經濟上如何補償，法律上沒有一個明確的規定，這在一定程度上影響了業委會成員的積極性。在物業管理公司方面，由於現有的地方性法律規範相對比較原則性，條款缺乏明細化，物業管理公司在制止違規行為方面究竟有多大權限，還不明確。致使物業管理公司面對這些行為，除了勸說以外，很難有強有力的手段來處理這些問題。

第四節　物業管理的民事法律行為與訴訟

一、民事法律行為

(一)民事法律行為的概念和特徵

1.民事法律行為的概念

民事法律行為是公民或法人設立、變更、終止民事權利和義務的合法行為。

2.民事法律行為的特徵

(1)民事法律行為是人為的法律事實。在民事法律關係發生的原因中，包括事件和行為兩大類，前者與人的意志無關，後者包括了人的意志因素。法律行為屬於行為的範疇，因為其包含了人的意志，因而是人為的法律事實。

(2)民事法律行為是一種表意行為。表意行為指的是行為人具有導致一定法律效果發生的意圖。與之相對的是非表意行為，又稱事實行為，指的是行為人主觀上並無產生法律效果的意圖，但行為客觀上引起了某種法律效果的產生。如發現埋藏物、拾得遺失物等行為，皆屬於事實行為。

(3)民事法律行為以意思表示為要素。確認了民事法律行為是一種表意行為，則法律行為含有意思表示就順理成章了。所謂意思表示，指的是表意人將其期望發生的某種法律效果的內在意圖以一定方式表現於外部的過程。由於法律行為不過是私人願望的法律表達方式，意思表示是法律行為不可或缺的內容，因此意思表示就成為法律行為最基本的要素。

(4)民事法律行為是合法的行為。民事法律行為從本質上講應當是一種合法行為。因為只有合法的民事法律行為才能得到國家法律的確認和保障，從而才能產生行為人所追求的民事法律後果。

(二)民事法律行為的分類

1.單方、雙方和多方法律行為

(1)單方法律行為。是根據一方當事人的意思表示就可以成立的法律行為。如訂立遺囑、撤銷委託代理、追認無權代理等。

(2)雙方法律行為。是指當事人雙方相應的意思表示達成一致才可成立的法律行為。如契約行為等。

(3)多方法律行為。又稱協定行為，是二個以上當事人的意思表示達成一致才可成立的法律行為。兩個以上的合夥人訂立的合夥契約就是多方法律行為。

2.有償和無償法律行為

(1)有償法律行為。是指行為當事人承擔互為給付義務的，是有償法律行為。

(2)無償法律行為。是指一方當事人承擔給付義務，另一方不承擔的，是無償法律行為。

3.諾成和實踐法律行為

(1)諾成法律行為。是指僅以意思表示為成立要件的法律行為。

(2)實踐法律行為。是指除意思表示以外，還須交付實物才可成立的法律行為。

4.要式和非要式法律行為

(1)要式法律行為。是指按法律規定，必須採取一定的行為或履行一定程序才可成立的法律行為。要式法律行為，主要適用於標的重要或標的數額大的民事法律關係。

(2)不要式法律行為。是指法律不要求採用特定的形式，當事人可自由選擇一種形式即能成立的法律行為。

5.主和從法律行為

(1)主法律行為。是指不需要其他法律行為的存在就可以獨立成立的法律行為。

(2)從法律行為。是指從屬於其他法律行為而存在的法律行為。

6. 獨立和輔助法律行為

(1)獨立法律行為。是指行為人藉由自己的意思表示即可成立的法律行為。有完全行為能力的民事主體所為的法律行為，皆為獨立的法律行為。

(2)輔助法律行為。是指行為人的意思表示須在他人意思表示的輔助下才能成立為法律行為時，該他人的意思表示即為輔助的法律行為。

7. 物權和債權行為

(1)物權行為。是指引起物權關係發生、變更和終止的行為。轉移所有權、共有財產的分割等均屬於物權行為。

(2)債權行為。是指一件債權關係發生的法律行為。例如，契約行為就是債權行為。

8. 財產和身份行為

(1)財產行為。是指導致財產關係發生變動的法律行為。

(2)身份行為。是指導致身份關係發生變動的法律行為，如結婚、收養等。

9. 有因和無因行為

(1)有因行為。是指以給付原因為要件的財產行為，給付原因的欠缺，將影響財產行為的成立和有效。

(2)無因行為。是指不以給付原因為要件的財產行為，給付原因的欠缺，不影響由此發生的財產行為的成立和有效。例如，票據行為是典型的無因行為。

10. 生前和死因行為

(1)生前行為。是指行為人生前發生效力的法律行為。

(2)死因行為。是指以行為人的死亡為生效條件的法律行為，如遺囑。

(三)民事法律行為的形式

1. 口頭形式

是指以談話形式所進行的意思表示。口頭形式的法律行為，具有簡便迅速的優點，但同時也有因缺乏客觀記載，一旦發生糾紛就難以取證的缺點。

2.書面形式

是指用書面文字所進行的意思表示。書面形式的法律行為，具有明確並有據可查。有助於預防和處理爭議。

3.視聽資料形式

是指以錄音、錄像等視聽資料所進行的意思表示。如有兩個無利害關係的人作證或者有其他證據證明該民事行為符合民法通則第 55 條的規定，則這種視聽資料形式可以認為有效。

4.推定形式

是指當事人透過有目的、有意義的積極行為將其內在意思表現於外部，使他人可以推斷當事人的內在意思，從而使法律行為成立。

5.沉默形式

是指既無語言表示又無行為表示的消極行為，在法律有特別規定的情況下，視為當事人的沉默已構成意思表示，由此使法律行為成立。通常情況下，沉默不是意思表示，不能成立法律行為。只有在法律有特別規定時，當事人的消極行為才被賦予一定的表示意義，並產生成立法律行為的效果。

㈣民事法律行為有效的條件

1.行為人具有相應的行為能力

法律行為以當事人的意思表示為基本要素，而當事人具有健全的理智是作出合乎法律要求的意思表示的基礎。因此，行為人必須具有相應的行為能力。無民事行為能力或限制民事行為能力人未經法定代理人同意進行超過其年齡、智力的活動，便不能產生預期的法律後果。

2.當事人意思表示真實

是指當事人在意志自由，能認識到自己意思表示的法律效果的前提下，內心意圖與外部表達相一致的狀態。只有意思表達是自願、真實的法律行為，才具有法律效力。

3.不違法和社會公共利益

法律行為要取得法律效力，必須以符合法律的規定為前提，否則只能成為無效的或可撤銷的民事行為。同時，社會公共利益也是法律所維護的，所以民事活動不得損害社會公共利益。

(五)無效民事行為

1.無效民事行為概念

是指行為人設立、變更和終止民事法律關係的意思表示不能發生民事法律行為效力的民事行為。

無效民事行為也能產生一定的法律後果，但因其不符合法律規定的有效條件，法律對其採取否定的效力評價，因此，它造成的法律效果並不符合行為人的願望或甚至完全與之相反。

2.無效民事行為分類

(1)行為人不具有相應的行為能力的行為。

(2)意思表示不真實的行為。意思表示不真實，並非法律行為無效的必然原因，相反，對於因主觀原因造成的意思表示不真實，法律在一定條件下強令其生效，以懲戒不負責任的表意人。但對因欺詐、脅迫，以及處於危難境地導致的意思表示不真實，法律則採取令其無效的立場。

(3)違反法律或社會公共利益的法律行為。其中包括了惡意串通，損害國家、集體或者第三人利益的法律行為和以合法形式掩蓋非法目的的民事行為等。

(六)可變更和可撤銷的民事行為

1.可撤銷民事行為的概念

可撤銷民事行為是因為法律行為欠缺合法性，根據法律享有撤銷權的法律行為當事人，可依其自主意思使法律行為的效力歸於消滅的民事行為。

可撤銷的民事行為，只是相對無效，不同於無效民事行為的絕對無

效。有效與否，取決於當事人的意志。

2. 可撤銷民事行為的種類

⑴行為人對行為內容有重大誤解的民事行為。是指法律行為的當事人在作出意思表示時，對涉及法律行為、法律效果的重要事項存在認識上的顯著缺陷，在此基礎上而實施的法律行為。

⑵顯失公平的民事行為。是指出於非自願的原因，對一方當事人過分有利、對他方當事人過分不利的法律行為。

㈦無效或可撤銷民事行為的後果

1. 財產返還

　　法律行為自成立、生效至確認無效或被撤銷的期間，當事人可能已根據該法律行為取得對方的財產。民事行為被確認無效或被撤銷後，當事人取得財產的依據喪失，交付財產的一方可基於所有權的效力，請求受領財產的一方返還財產。

2. 賠償損失

　　民事行為被確認無效或被撤銷，由一方過失造成的，由過失的一方向無過失的一方賠償因此民事行為造成的損失。雙方均有過失的，則各自承擔相應的責任。

3. 其他法律後果

　　在當事人雙方惡意串通、實施民事行為損害國家、集體、第三人利益時，追繳雙方所取得的財產，收歸國家、集體所有或返還給第三人。

二、訴訟時效制度

㈠訴訟時效的概念和種類

1. 訴訟時效的概念

　　訴訟時效是指權利人在法定期間內不行使權利就喪失請求人民法院保護其民事權利的法律制度。

2.訴訟時效的種類

(1)普通訴訟時效。是指由民事基本法統一規定的，普遍適用於法律沒有作特殊訴訟時效規定的各種民事法律關係的時效。民法通則第 135 條規定了普通訴訟時效的期間為 2 年。

(2)特別訴訟時效。是指由民事基本法或特別法就某些民事法律關係規定的短於或長於普通訴訟時效期間的時效。民法通則第 136 條規定下列訴訟時效為 1 年：

①身體受到傷害要求賠償的；

②出售品質不合格的商品未聲明的；

③延付或者拒付租金的；

④寄存財物被丟失或者損毀的。

(3)權利的最長保護期限。從權利被侵害之日起超過 20 年的，法院不予保護。

(二)訴訟時效的起算、中止、中斷和延長

1.訴訟時效的起算

民法通則第 137 條規定，訴訟時效期間從知道或者應當知道權利被侵害時起計算。

2.訴訟時效的中止

在訴訟時效期間的最後 6 個月內，因不可抗力或者其他障礙不能行使請求權，訴訟時效中止。從中止時效的原因消除之日起，訴訟時效期限繼續計算。

3.訴訟時效的中斷

訴訟時效因權利人提起訴訟、當事人一方提出要求或者同意履行義務而中斷。

4.中止與中斷的區別

(1)發生的時間不同。中止只能發生在時效期間的最後 6 個月內；中斷可發生於時效期間內的任何時間。

(2)發生的事由不同。中止的法定事由出自當事人的主觀意志所不能決定的事

實；中斷的法定事由為當事人主觀意志能左右的事實。

(3)法律效果不同。中止的法律效果為不將中止事由發生的時間計入時效期間，中止事由發生前後經過的時效期間合併計算為總的時效時間。而中斷的法律效果是在中斷事由發生後，已經經過的時效期間全部作廢，重新開始計算時效時間。

5.訴訟時效的延長

民法通則第 137 條規定：有特殊情況的，法院可以延長時效期間。以便保護特殊情況下權利人由於特殊原因未能及時行使的權利，避免造成不公平之結果。

復習思考題

1. 簡述物業管理法律規範的含義、結構、形式及實施和監督的方法。
2. 物業管理法律關係的含義、構成和特徵是什麼？
3. 物業管理法律事實的含義、分類和應用時應注意事項是什麼？
4. 簡述物業管理法律責任的概念、特徵和分類。
5. 產權的概念及特徵是什麼？
6. 建築物區分所有權的概念和特徵是什麼？
7. 簡述專有所有權的概念、範圍和內容。
8. 簡述業主自治管理的概念和必要性。
9. 業主自治管理的組織、方式和規約有哪些？
10. 代理的概念和特徵是什麼？
11. 簡述委託契約和委託授權行為的關係。
12. 簡述中國物業管理委託代理的法律特點。
13. 經濟學意義上的物業管理委託代理的特點是什麼？
14. 民事法律行為有效條件有哪些？
15. 簡述訴訟時效的概念和種類。

第三章
物業管理公司

第一節　物業管理公司的設立

一、物業管理公司的概念和特徵

(一)物業管理公司的概念

物業管理公司是指依合法程序成立，並具備相應資格條件，經營物業管理業務，具有法人地位的經濟實體。這個概念包含以下內容：

1.依合法程序成立

即物業管理公司必須按照公司法等有關法律所規定的程序和要求，經工商行政管理部門核准並獲取營業執照。

2.具有行業資格

根據物業管理行業管理的要求，從事物業管理經營業務的專營公司，必須要獲得物業管理行政管理部門頒發的資格證書。

3.具有法人地位的經濟實體

從事物業管理業務，有各種各樣的模式，其中有業主自行管理的，有企事業單位自行管理的，也有開發公司下屬的部門或分公司進行管理的。這裡指的物業管理公司，必須是獨立的企業法人。

(二)物業管理公司的特徵

物業管理公司作為獨立的企業法人，除了具有符合法律規定的企業法人一般特徵，如依法成立，有必要的財產和經費，有確定的名稱、機構、場所，能獨立承擔民事責任等外，還具有以下的特徵：

1.服務性

指物業管理公司是屬於第三產業中的服務行業，物業管理公司提供的是服務，而不是有形的產品。

2.商業性

這是指物業管理公司提供的是有償的商業服務，獲取利潤是物業管理公司存在的理由和動力。這是有別於傳統的房管所管理的行政和福利性質的。

3.專業性

指物業管理公司是一個專業組織，它有專業的人員、專門的設備和設施、專門的機構以及專業的管理手段或方法等。這種專業性集中實現在物業管理公司必須具有相應的資格等級。

4.平等性

指物業管理公司與業主的法律地位是平等的，雙方是平等的民事主體，雙方的關係是等價交換關係。雙方對是否建立服務契約關係均具有自主選擇權。這有別於傳統的以行政區劃來劃分管理範圍，以管理者與被管理者來確定隸屬關係的依附性、不可替代性和不平等性。

二、物業管理公司的類別

物業管理公司按照不同的標準有不同的劃分類別。

㈠按股東出資形式，可劃分為有限責任合同、股份有限公司、股份合作公司等。

㈡按投資主體的經濟成分，可分成國有經濟和集體經濟、聯營經濟、股份經濟、私營經濟、港澳經濟、外商經濟和其他經濟等。

㈢按經營服務方式，可分為單純服務型、租賃經營型等公司。

三、物業管理公司的建立

㈠物業管理公司的建立步驟

物業管理公司的建立步驟為：可行性研究、公司章程等文件準備、人才儲備、公司註冊登記、資格審查和備案。

1. 可行性研究

　　所謂可行性研究，是一種分析、計算和評價各種技術方案、建設方案和生產經營方案的經濟效益和社會效益的科學方法。物業管理公司作為一個經營型的企業，它是要自負盈虧並獲取必要的利潤的。因此，只有當設立物業管理公司既有必要又有可能的情況下，才可以設立物業管理公司。所以，投資者必須在正式申請以前，進行可行性研究，以確認公司面臨的市場、本身條件、經濟的可行性。可行性研究的主要步驟如下：

(1)市場調查。市場調查的內容主要有三個方面：①需求情況，②供應情況，③相關的政策法規。建立一個物業管理公司首先就要了解物業管理市場的需求，包括現有物業的總量、每年增加的量，以及今後增加的趨勢。這種物業需求量的調查，還要根據投資者本身擅長或意欲涉及的物業類型，進行有針對性的調查。其次要調查物業管理的供給情況，包括現有物業管理公司的數量、規模和經營狀況。同樣，調查也要有針對性。最後必須了解國家特別是當地政府對設立物業管理公司有哪些法律規定及政策。這是必不可少的步驟，否則，投資者花了很多的時間和精力，卻因不符合國家或地方政府的要求而前功盡棄。

(2)綜合分析。綜合分析就是將市場調查得到的材料進行加工分析並得出相應的結論。分析可以包括市場分析、本身條件分析以及經濟分析。市場分析主要看供需狀況，是供大於求還是供不應求。在這方面要對供需狀況進行細分，要了解投資者所關心的特定物業市場。只有供不應求，或能提供合格服務的有效供應不足（例如，有些物業管理公司不是市場所選定的，而是由開發商或政府的關係所指定的，而其服務能力和水準達不到客戶的要求），物業公司的設立從市場的角度才是可行的。本身條件是指投資者對本身是否具有國家規定的註冊條件以及本身優勢的分析。註冊條件是必須要符合的，這是基本的要求。真正確定公司應否成立的是投資者本身的條件能否在市場競爭中占有優勢地位。最後，經濟分析是對公司成立以後一段時期的收入和支出進行估算，指出公司設立後的盈利預測。經濟分析是綜合分析中最重要的內容，市場的可行性和公司本身條件的可行性最終還

是集中反映在其經濟的可行性上。

(3)報告撰寫。在前面綜合分析的基礎上，就可以撰寫可行性報告了。可行性報告的主要內容有：需求調查及預測研究，競爭企業的調查分析，本身所具備的條件分析，公司設立的前景預測，經濟效益分析，結論等。

2.公司章程等文件準備

按照企業登記的有關規定，在登記註冊時必須提交有關文件，如公司章程、登記申請書、股東委託代理人證明等，其中公司章程是最重要的文件。公司法第 11 條第一款中規定：「成立公司必須依照本法制訂公司章程。公司章程是記載有關公司組織和行動基本規則的文件，它對公司、股東、董事、監事都具有拘束力。」公司章程的內容主要包括公司的名稱和住所、經營目的和範圍、註冊資本、法定代表人以及股東的權利和義務等。公司章程一旦經有關部門核准，即產生法律效力。

3.人才儲備

按照有關規定，物業管理公司的成立需要一定數量的具備相應專業管理技術的人員。例如，建設部和國家勞動人事部要求，所有從事物業管理的經理、部門經理必須通過培訓、考試而獲得國家頒發的物業管理經理、部門經理的資格證書；又如，上海市關於設立物業管理企業登記和備案工作的通知中規定：凡設立各類物業管理企業應具備企業法人登記的條件：其中⋯⋯中級以上專業技術人員不少於 3 人，等等。所以，在物業管理公司籌備期間，可通過人才招聘或現有人員的培訓，做好人才的儲備工作。一旦公司開始運作，各類人員，特別是幹部力量應能夠迅速到位。

4.繳納出資

按照公司法的要求，公司註冊資本必須達到法定限額。所謂註冊資本就是在公司登記機關登記的全體股東實繳的出資額。出資的形式有貨幣、實物、工業產權和非專利技術、土地使用權。股東出資必須實際繳納，必須經過法定驗資機構進行驗資並出具相應證明。

5.註冊登記

根據公司法的要求，成立公司必須向當地的工商行政管理部門申請註

冊登記。組建物業管理公司的類型不同，接受公司登記的機關級別及所要求遞交的文件也不同。設立有限責任公司所需提交的主要文件有：(1)登記申請書；(2)董事會委託代理的證明；(3)公司章程；(4)驗資證明；(5)股東的法人資格或自然人身份證明；(6)董事、監事、經理名單及相關證明；(7)公司法定代表人任職文件和身份證明；(8)企業名稱預核通知書；(9)公司住所證明。

公司登記機關收到申請人提交的符合規定的文件後，發給登記受理通知書，並於 30 日之內作出核准登記或者不予登記的決定。對於核准登記的，自核准登記之日的 15 日內通知申請人，並發給企業法人營業執照。

6.資質審查

當物業管理公司經過登記註冊，領取營業執照以後，還應到當地的房地產行政主管部門進行資格審查和登記。建設部關於物業管理企業資格審核的規章中規定：新設立的物業管理企業應按有關規定到當地縣級以上人民政府物業管理行政主管部門申請領取《臨時資格證書》。只有在取得工商行政管理部門的營業執照和物業管理行政主管部門的資格證書後，物業管理公司才可開始從事物業管理經營服務。

(二)物業管理公司章程

1.公司章程的含義

公司章程簡單地說就是指用書面形式規定公司的組織及其他重要事項的文件。公司章程明確地規定了企業的宗旨、性質、資金、業務、經營規模、經營方向和組織機構，以及利益分配原則、債權債務處理方式、內部管理制度等規範。它對公司、股東、董事、經理、公司內部員工都具有約束力。

2.公司章程的作用

公司章程有以下作用：

(1)公司章程是公司設立的最主要的條件。企業法人登記條例明確規定，組織章程是申請企業法人登記的單位必備的條件之一。審批及登記機關要對公

司的章程進行審查，以決定是否給予核准或給予登記。

(2)公司章程是確定公司權力義務關係的基本法律文件。公司章程一經有關部門的核准和給予登記即具有法律效力。公司依據章程的各項規定，享有各種權利並承擔各種義務。公司在經營運作過程中，符合公司章程的行為將受到國家法律的保護，違反章程的行為將受到有關行政管理部門的干預或處罰。

(3)公司章程是公司對外進行經營交往的基本法律依據。由於公司章程規定了公司的經營範圍、財產狀況、權利和義務關係等重要事項，並在法律上生效，因此，這就為投資者、債權人或第三人與該公司進行經濟交往提供了法律依據，並因此得到有效的法律保護。

正因為公司章程有如此重要的作用，所以公司的股東或發起人在制訂公司章程的時候，必須謹慎，儘可能地考慮全面、明確和詳細，以免以後發生不必要的糾紛。

3.公司章程的內容

(1)有限責任公司的章程內容。公司的名稱和住所；公司的經營範圍；公司的註冊資本；股東的姓名或名稱；股東的權利和義務；股東的出資方式和出資額；股東轉讓出資的條件；公司的機構及產生辦法、職權、議事規則；公司法定代表人；公司解散事由和清算辦法；股東認為需要規定的其他事項。

(2)股份有限公司的章程內容。除上述有限責任公司的有關事項以外，股份有限公司章程的內容還應包括以下事項：公司設立的方式；公司股份總數、每股的金額；發起人的姓名或者名稱及認購的股份數；董事會的組成、職權、任期和議事規則；公司利潤分配方法；公司的通知和公告辦法；股東大會認為需要規定的其他事項。

(3)股份合作制公司的章程內容。除上述有限責任公司的有關事項以外，股份合作制公司的章程還包括以下事項：企業類型；股東和非股東在職職工的權利和義務；股份取得、轉讓的條件和程序；企業法定代表人的產生、任職期限及職權；財務管理制度；股東認為需要的其他事項。

(4)聯營企業的章程內容。聯營企業章程還應包括：聯營各方出資方式、數額和投資期限；聯營各方的權利和義務；參加和退出的條件、程序；組織管理機構的產生、形式、職權及決策程序；主要負責人任期。

(三)物業管理公司的資質等級管理

1.資質等級管理的含義

資格等級管理是指對那些政府認為有必要加強監控行業的某類公司的經營服務能力的認定管理。物業管理行業由於其特殊性，是屬於實施資格等級管理的行業。對物業管理公司的資格等級管理的目的就是通過對這類公司的資金數量、專業人員素質以及經營規模的查驗，確定該企業的綜合實力，從而加強對不同規模、不同經營能力的物業管理公司的管理，促進物業管理有序發展，提高物業管理的整體水準。

2.資格等級的劃分

關於物業管理企業資格等級的劃分，建設部 2004 年 3 月 17 日頒布了物業管理企業資格管理辦法（以下簡稱辦法），要求從 2004 年 5 月 1 日起實施。辦法規定，物業管理企業資格等級分為一、二、三級。一級、二級、三級企業的資質標準如下：

(1)一級資格

①註冊資本 500 萬元以上；

②物業管理專業人員以及工程、管理、經濟等相關專業類的專職管理和技術人員不少於 30 人。其中，具有中級以上職稱的人員不少於 20 人，工程、財務等業務負責人具有相應專業中級以上職稱；

③物業管理專業人員按照國家有關規定取得職業資格證書；

④管理兩種類型以上物業，並且管理各類物業的房屋建築面積分別占下列相應計算基數的百分比之和不低於 100%：

a.多層住宅 200 萬平方米；

b.高層住宅 100 萬平方米；

c.獨立式住宅（別墅）15 萬平方米；

d.辦公樓、工業廠房及其他物業 50 萬平方米；

⑤建立並嚴格執行服務品質、服務收費等企業管理制度和標準，建立企業信用檔案系統，有優良的經營管理業績。

(2)二級資格

①註冊資本人民幣 300 萬元以上；

②物業管理專業人員以及工程、管理、經濟等相關專業類的專職管理和技術人員不少於 20 人。其中，具有中級以上職稱的人員不少於 10 人，工程、財務等業務負責人具有相應專業中級以上職稱；

③物業管理專業人員按照國家有關規定取得職業資格證書；

④管理兩種類型以上物業，並且管理各類物業的房屋建築面積分別占下列相應計算基數的百分比之和不低於 100%；

a.多層住宅 100 萬平方米；

b.高層住宅 50 萬平方米；

c.獨立式住宅（別墅）8 萬平方米；

d.辦公樓、工業廠房及其他物業 20 萬平方米。

⑤建立並嚴格執行服務品質、服務收費等企業管理制度和標準，建立企業信用檔案系統，有良好的經營管理業績。

(3)三級資格

①註冊資本人民幣 50 萬元以上；

②物業管理專業人員以及工程、管理、經濟等相關專業類的專職管理和技術人員不少於 10 人。其中，具有中級以上職稱的人員不少於 5 人，工程、財務等業務負責人具有相應專業中級以上職稱；

③物業管理專業人員按照國家有關規定取得職業資格證書；

④有委託的物業管理項目；

⑤建立並嚴格執行服務質量、服務收費等企業管理制度和標準，建立企業信用檔案系統。

3.資質等級的審核

(1)物業管理企業的資格管理實行分級審核制度。

國務院建設主管部門負責一級物業管理企業資格證書的頒發和管理；省、自治區人民政府建設主管部門負責二級物業管理企業資格證書的頒發和管理，直轄市人民政府房地產主管部門負責二級和三級物業管理企業資格證書的頒發和管理，並接受國務院建設主管部門的指導和監督；設區的市的人民政府房地產主管部門負責三級物業管理企業資格證書的頒發和管理，並接受省、自治區人民政府建設主管部門的指導和監督。

資格審核部門對符合相應資格等級條件的企業核發資格證書（一級資格審批前，應當由省、自治區人民政府建設主管部門或者直轄市人民政府房地產主管部門審查）。資質證書分為正本和副本，由國務院建設主管部門統一印刷。

一級資格物業管理企業可以承接各種物業管理項目；二級資格物業管理企業可以承接 30 萬平方米以下的住宅項目和 5 萬平方米以下的非住宅項目的物業管理業務；三級資質物業管理企業可以承接 20 萬平方米以下住宅項目和 5 萬平方米以下的非住宅項目的物業管理業務。

(2)申請核定資格等級的物業管理企業，應當提交下列資料：

　　①企業資格等級申報表；

　　②營業執照；

　　③企業資格證書正、副本；

　　④物業管理專業人員的職業資格證書和勞動契約，管理和技術人員的職稱證書和勞動契約，工程、財務負責人的職稱證書和勞動契約；

　　⑤物業服務契約影印本；

　　⑥物業管理業績資料。

4.日常資格管理

　　　物業管理企業資格實行年檢制度。各資格等級物業管理企業的年檢由相應資格審核部門負責。物業管理企業的資格年檢結論為不合格，原資格審核部門應當註銷其資質證書，由相應資格審核部門重新核定其資格等級。資格審核部門每年將物業管理企業資格年檢結果向社會公布。

第二節　物業管理公司的機構設置與人員培訓

一、物業管理公司機構設置原則

物業管理公司的經營管理服務主要由職能機構實施。物業管理公司組織機構的設置是組建物業管理公司時的一項重要工作，也是物業管理的計畫、組織、指揮、協調、控制等職能的要求。因此，物業管理公司機構設置是否合理，將直接影響到物業管理公司統一、暢通、健康、高效運轉。物業管理公司設置機構時一般應遵循以下基本原則：

(一)目標任務原則

這個原則要求物業管理公司機構的設置必須從目標任務出發，按實際需要配置部門和人員，也要根據目標任務的變動及時地變動機構。沒有適用一切情況的組織形式，也沒有一成不變的組織形式。

(二)統一領導與分層管理相結合的原則

這個原則是管理層次與權限劃分的一條行之有效的重要原則，目的是為了統一指揮，逐級負責，有效管理幅度適中和集權與分權相結合。

(三)合理分工

與密切協作相統一的原則。這一原則要求在機構的設置中要使各部門有明確的分工和合作。分工就是把公司的目標任務進行層層分解落實到每個部門和員工。分工要合理，既不能造成勞逸不均，又不能造成工作重疊或無人負責的現象。在分工的同時，必須強調合作。合作就是要求各部門要有公司一盤棋的思想，對任

何其他部門的工作要視同本部門的工作一樣，要密切配合。分工是合作的基礎，合理的分工有利於明確職責，提高管理的專業化程度。合作是分工的必需，只有密切的協調配合，才能充分發揮分工的優點，達到提高工作效率的目的。

㈣人事相宜與責權統一原則

這一原則要求在人事配置與職權劃分的過程中必須注意因事設職、因職選人、人事相宜；同時，對於一定的責任賦予相應的權利，使得人人明確自己的權責，能負責、敢負責，充分發揮每一名員工的主觀潛能，提高工作效率。

㈤精幹、高效、經濟原則

這是物業管理企業機構設置的經濟性原則。作為企業來說，不僅要將事完成好，而且更重要的是，要以最小的代價，最小的成本來完成。這將是一個企業能否在激烈的市場上站穩腳步，不斷發展壯大的關鍵之一。隨著社會的發展和科技的進步，人員的工資將占企業成本中的很大一塊。因此，組織機構的設置應力求精簡。這方面有兩個途徑：一是精簡機構，減少層次；二是實行一人多職，一專多能。

二、物業管理公司的組織形式

物業管理公司的組織形式按照不同的分類標準有不同的形式。按照公司是否包括作業層來分，物業管理公司可以分成實體型和管理型兩種類型的公司。實體型物業管理公司一般包括三個層次：決策層、管理層和作業層。決策層是公司總部，它對重大問題進行研究決策。管理層指的是管理處，根據公司的決策和部署，具體地實施轄區的管理和服務。作業層指的是專業服務隊（組），實施各項服務的操作。如綠化組、保全隊、維修組等。而管理型的物業管理公司主要由管理層（包括決策功能）組成。而作業層的工作發包給社會上各專業公司進行，使專業化的管理與社會化的服務相結合，提高了效率和效益。

物業管理公司組織形式按照管理權限實施方式的不同，可以分成：直線制、

直線職能制及事業部制等形式。下面就這些形式逐一作介紹：

(一)直線制

直線制是一種按垂直方向自上而下建立起來的管理機構組織形式，是最早的一種企業管理組織形式。其特點是各級職能由各級主管人員實施，不設專門的職能部門。其優點是機構精簡、指揮統一、決策迅速、易於管理。缺點是主管人員難於應付複雜的管理；主管人員容易獨斷專行、造成指揮失誤。這種形式適用於管理種類少、管理範圍小、管理業務較為簡單的小型物業管理公司（圖 3.1）。

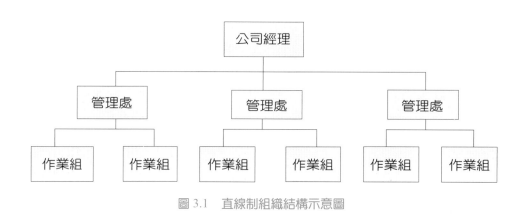

圖 3.1　直線制組織結構示意圖

(二)直線職能制

直線職能制是以直線制為基礎，在各級主管人員的領導下，按專業分工設置相應的職能部門，實行主管人員統一指揮和職能部門專業指導相結合的組織形式。其特點是各級主管人員直接指揮，職能機構是直線行政主管的參謀。職能機構對下面直線部門一般不能下達指揮命令和工作指示，只有行業務指導和監督作用。它的主要優點是加強了專業管理的職能，適應涉及面廣、技術複雜、服務多樣化、管理綜合性強的物業管理企業。其缺點是機構人員過多，成本較高；橫向協調困難，容易造成推諉，降低工作效率。這種組織形式是目前物業管理機構設置中普遍採用的一種形式（圖 3.2）。

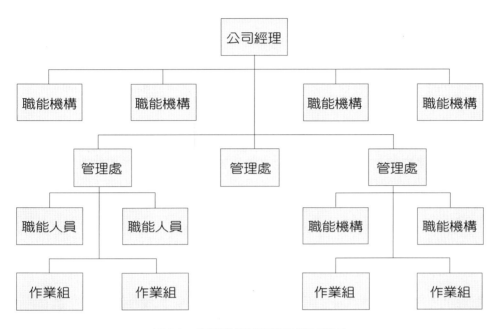

圖 3.2　直線職能制組織結構示意圖

(三)事業部制

　　事業部制是較為現代的一種組織形式,是管理產品種類複雜、產品差別很大的大型集團公司所採用的一種組織形式。這些集團公司按產品、地區或市場分成相對獨立的單位,稱之為事業部。其主要特點是:1.實行分權管理,將政策制訂和行政管理分開;2.每個事業部都是一個利潤中心,實行獨立核算和自負盈虧。其優點:1.強化了決策機制,使公司最高領導擺脫了繁雜的行政事務,著重於公司重大事情的決策;2.能促進各事業部門的積極性、責任性和主動性,增強了企業的活力;3.促進了內部的競爭,提高了公司的效率和效益;四是有利於複合型人才的考核培養,便於優秀人才脫穎而出。其缺點是事業部之間的協調困難,機構重疊,人員過多。這種形式一般由規模大、物業種類繁多、經營業務複雜多樣的大型綜合型物業管理公司可以借鏡採用(圖 3.3)。

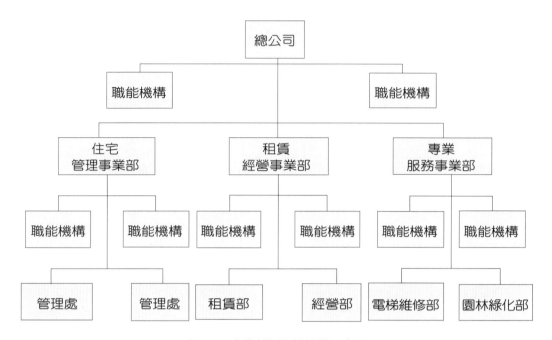

圖 3.3　事業部制組織結構示意圖

　　從以上的介紹可以看出，沒有適用一切企業的標準模式。所以在選擇企業模式時，要從實際出發，一般要考慮以下因素：一是企業的規模和經營的類型。企業的規模大，經營的類型多，一般可以考慮直線職能制或事業部制；規模小、經營類型單一就可以考慮直線制。二是企業的經營方式和管理業務的複雜程度。如果企業所接受的委託業務的社會化程度高，業務複雜則需加強管理職能，提高市場的適應能力和決策能力，這樣一般不宜採用直線制形式。三是企業的管理手段的先進性和管理人員的素質和能力。一般來說，管理手段越現代化，人員的素質和能力越高，則管理層次越少，管理機構越精簡，有效管理幅度越大。

三、物業管理公司的主要職能機構

　　物業管理公司職能機構的設置主要根據公司的規模、經營內容、經營模式的不同而有不同的配置。一般來說，可以分成以下幾個部門：行政人事部，財務部、工程部、管理部。根據需要，還可增加市場部、人員培訓部、綜合經營部等。以

下就各部門的職能作簡單介紹。

(一)行政人事部

負責人員的招聘、解聘、工資管理、人員培訓、往來文件管理、檔案管理、後勤管理、辦公用品管理、對外聯絡與接待等

(二)財務部

參與企業的經營管理，負責會計核算、財務運行以及管理費的收繳工作。

(三)工程部

負責房屋及設備維修計畫的制訂及實施、物業及設備的養護及維修、監督裝修管理、維修工程的外派及監管等。

(四)管理部

負責交屋物業的具體工作及進住管理，接待業戶的來訪投訴並督促解決問題，組織協調各專業服務機構（組），如清潔、保全、綠化、消防等工作，管理業戶的檔案資料。

(五)市場部

市場部主要負責市場的調研、市場的開拓、投標、物業委託契約的簽訂等工作。

(六)綜合經營部

負責開展多種經營與提供各類服務的經營性部門。主要職能是制訂經營計畫、開拓經營項目並管理，開展代辦服務，管理轄區內的商業用屋等。

四、物業管理公司的員工培訓

(一)員工培訓的意義

1. 員工培訓是物業管理企業參與市場競爭的「核心軟體」

在實行市場經濟的社會中，人力資源已經成為企業發展的決定性因素之一。市場競爭歸根結底是人才的競爭。由於物業管理行業是一個新興的行業，又是一個發展迅速的行業，勢必造成物業管理專業人才的缺乏，同時科學技術的發展和人們對高質量生活的追求，也要求現有的人才要不斷學習提高，以適應市場的需求。因此，物業管理企業不能等待社會人才的輸送，而是積極主動地利用各種資源，為自己培養適應企業需要的各種人才，以增強企業的競爭力。

2. 員工培訓是物業管理企業向客戶提供全面優質服務的可靠保證

物業管理企業要獲得市場，向客戶提供優質服務，就必須建立品質管理系統。而品質管理系統的貫徹，必須落實到每一個環節、每一個細節，也就是要落實到每一位員工。客戶接受的服務，絕大多數最終是由最基層的員工來實現的。員工的一言一行、一舉一動都反映了公司的管理水準和形象。所以，只有進行全員培訓，企業的全面優質服務才有最可靠的保證。

3. 員工培訓是實現物業管理企業經營戰略的重要條件

物業管理企業要實現自己的經營戰略，必須走規模化及多種經營的道路。而這一切都離不開掌握各種知識的人才。從目前社會經濟技術發展的速度來看，物業管理人員正面臨包括法律、公共關係、資訊技術在內的各類專業知識的挑戰。因此，要實現公司的經營策略，必須把員工培訓作為重要的基礎條件。

4. 員工培訓是物業管理企業實現現代化的基礎環節

物業管理行業雖然在我國發展時間不長，但迎頭趕上世界先進水準的進度很快。現代的管理理念、管理形式、管理手段、管理方法、管理工具等，正在不斷地衝擊著我國的物業管理企業，推動著它們向現代化進展。

而要實現現代化，離不開掌握現代科學技術、先進思想理念、現代手段工具的專業人才。從此意義上說，只有人才的現代化，才有企業的現代化。所以員工的培訓是企業實現現代化的基礎環節。

(二)員工培訓計畫的制訂

1. 培訓需求分析

在制訂培訓計畫以前，首先要進行培訓需求分析，以避免盲目性和保證培訓的有效性。培訓需求分析主要分成 3 個層次：

(1)組織分析。組織分析主要是了解哪些部門需要培訓；

(2)任務分析。任務分析主要是完成某項任務要求個人掌握什麼才能；

(3)個人分析。個人分析主要是確定誰需要培訓和需要哪一類培訓。

三種培訓需求的調查分析，具體可以採用以下六種方法：觀察法、問卷調查法、約見面談法、會議調查法、工作表現評估法和報告審評法。

2. 培訓計畫的制訂

(1)培訓計畫的類型。培訓需求的了解，對培訓目標的確定奠定了基礎。而將目標具體化、可操作化，就需要通過制訂培訓計畫來達到。培訓計畫可分成長期計畫和短期計畫。長期計畫是立足於企業的發展和目標，從企業的長遠發展來制訂培訓計畫和編制預算。短期計畫則主要是針對每個特定的培訓項目，對培訓內容、活動進行具體的安排。

(2)培訓計畫的內容。培訓計畫根據不同的需求有不同的具體的內容，但一個培訓計畫要做到基本全面，就必須包括以下內容。這些內容可以用國際上流行的「5W2H 法」來規劃。所謂「5W2H 法」，即 Why（目的性，必要性）、What（目標）、Who（主體和客體）、Where（地點）、When（時間）、How（方式方法）、How much（many）（經費）。具體有：

Why：為什麼要培訓，培訓的目的是什麼。

What：培訓什麼，要達到什麼目標。

Who：培訓對象是誰，講師是誰。

Where：培訓的地點安排在什麼地方。

When：何時開始培訓，歷經多長時間。

How to：採用什麼方式培訓。

How much：預算經費為多少。

(三)員工培訓的類型

員工培訓的類型根據不同的標準有不同的分類。

1.按培訓對象的不同層次分

(1)決策管理層的培訓。指對物業管理企業的正副總經理、部門正副經理的培訓。

(2)督導級管理層培訓。指對部門經理以下的督導（總領班）、領班或班組長的培訓。

(3)基層操作層培訓。指對企業的實際操作人員包括清潔員、保全員、維修工、操作工及勤雜人員的培訓。

2.按實施培訓的不同階段分

(1)職前培訓。指員工在就職前進行的就業培訓。

(2)在職培訓。指員工不脫離工作崗位接受的培訓。

(3)職外培訓。指員工以公假或半公假參加培訓。

3.按培訓的不同內容和性質分

(1)迎新培訓。指公司對新員工進行的在職培訓。

(2)員工職業素質培訓。指公司為提高員工職業素質進行的各種培訓課程。

(3)物業管理基礎知識和操作技能培訓。指公司為員工適應工作崗位技術要求開展的業務訓練。

(4)部門專業實務培訓。指各部門在人事部門指導下，對本部門的員工進行改進工作方法、提高工作效率的在職培訓。

(5)外語培訓。指企業為適應涉外物業管理的需要對員工進行的實用外語培訓。

(6)管理技巧專題培訓。指為提高企業整體形象和管理水準進行的有針對性的強化訓練。

(7)外出考察、參觀、進修、實習培訓。指企業組織員工外出進行的業務培訓活動。

第三節　物業管理公司制度與內部管理機制

一、物業管理公司制度的分類

　　物業管理公司的制度可以分成兩類：一類是對內，一類是對外的。對內的制度是物業管理公司為提高管理服務的質量和工作效率，對企業內部的各部門、各職位的責任加以明確並對全體員工的行為進行規範的制度。企業內部的制度大致可以分為：領導管理制度、職能管理制度、職位責任制度、綜合管理制度和管理程序制度（圖 3.4）。對外的制度是用於界定物業管理參與者權利與義務、規範物業管理過程中各方的行為、協調相關各方關係的規定。對外的制度一般有以下幾類：物業交屋驗收制度、進住手續、搬遷裝修規定、房屋使用管理制度、治安消防制度、電梯（設備）運行制度等。

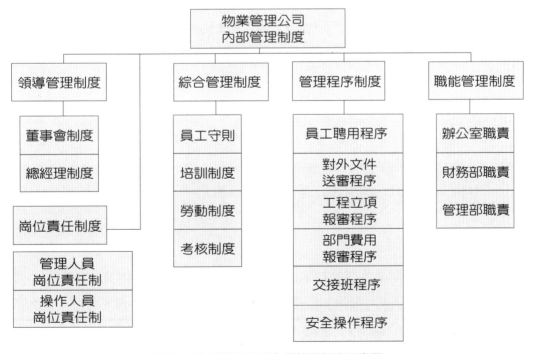

圖 3.4　物業管理公司內部管理制度示意圖

二、物業管理公司制度建立的原則

(一)實事求是原則

實事求是原則是指公司根據企業的實際情況，包括企業目標、業主要求、物業情況、員工現狀以及政府對本企業的要求等，制訂通過努力確實能執行的制度。在這方面過高或過低的要求均會影響公司制度的有效實施。

(二)責任利相結合原則

這是充分調動員工積極性，充分顯示公司活力的重要原則。每一位員工只有明確自己的職責、權利以及相應的報酬，才能充分發揮自己的積極性、主動性、創造性和最大的潛能。

(三)定性與定量相結合原則

規章制度的制訂如果只有定性要求而無定量要求，則檢查考核缺乏令人信服的尺度和依據；只有定量要求而無定性要求，會使檢查考核無法準確定位。只有兩者真正有機結合，才能確立一個完整的制度。

(四)簡明扼要原則

規章制度是給人看了要執行的，因此其表述一定要簡明扼要，通俗易懂。

三、物業管理公司制度制訂應注意的事項

(一)規範化

規章制度對於物業管理公司來說就是企業內部的法規，因此它的制訂、頒布、執行、檢查、修改、廢除都應當規範化，要履行必要的手續和程序。就如質量管理體系ISO 9000標準所要求的，在任何部門、任何時刻都要保證現場執行的

全是有效文件。

(二)相對穩定性

規章制度不能隨意變動，要保持相對的穩定性。制訂時必須慎重，使之能夠得到有效的執行。變動時同樣要慎重，即使在實施過程中發現一些問題，也要仔細研究是否需要修改。修改方案必須要經企業最高領導層討論通過。

(三)執行的關鍵在考核

規章制度要達到預計的效果，必須結合考核，並與員工的工資、職級、獎金等實際利益通盤檢討。考核必須規範化，應有考核細則，考核的標準、方式、人員、時間等必須明確規定。

四、物業管理企業的內部管理機制

(一)法規與制度相結合的規範管理機制

物業管理企業在物業管理過程中依據有關法律、法規制訂管理規章制度、公約、守則、契約、收費標準等各項管理規定，然後通過這些規定實施管理。管理制度依法而生，使得管理機制的確立有法律依據和保障，企業在管理過程中做到有章可循、有法可依，真正實現規範化管理。

(二)質量管理機制

質量是企業的生命，管理及服務的質量關係到物業管理企業的生存和發展。因此，物業管理企業必須建立合理的質量管理機制。物業管理企業推行 ISO 9000 質量體系認證就是較為有效的方法之一。通過 ISO 9000 質量認證，可將企業的管理目標、水準和方法用文件的形式使其規範化、程序化、法規化和制度化，確保企業能穩定地向用戶提供高質量的服務。

(三)激勵機制

由於物業管理企業的委託代理性質,所以物業管理企業員工的行為不可能完全通過規章制度就能規範。因此需要激勵機制,其中特別要強調正向激勵。這就要堅持以人為中心,尊重人、理解人、關心人、培養人,以此激勵員工的上進心,讓員工在完成本職工作的同時實現自身價值。企業要倡導和營造既相互尊敬、相互信任,又有明確的行為規則、和諧有序的舒暢環境,以有效地實現企業的管理目標。企業激勵機制的主要手段有:目標激勵,職位激勵,效益激勵。企業通過運用各種激勵手段,充分挖掘員工自身的潛力,激發員工的工作熱情,有效地實現企業總體目標。

(四)監督和自我約束機制

沒有監督的權力是腐敗的根源,沒有監督的管理是瀆職的溫床。物業管理企業必須建立監督和自我約束機制,使每一個部門、每一位員工都處於嚴格的監督之中,並自覺地約束自己的行為,謹慎從事,取信於業主。目前行之有效的監督約束機制有:設立投訴電話、投訴信箱,所有員工工作時掛職銜,各項管理服務活動的監督、追蹤、回饋制度,向業委會定期報告工作制度,工作巡查檢查制度,員工考核淘汰制度和工程項目審計制度等。

復習思考題

1. 物業管理公司的概念是什麼?

2. 物業管理公司的特徵有哪些?

3. 物業管理公司的類別有哪些?

4. 物業管理公司建立的步驟有哪些?

5. 公司章程的含義及作用是什麼?

6. 資格等級管理的含義和目的是什麼?

7. 物業管理公司機構設置原則是什麼？

8. 物業管理公司的組織形式有哪些？

9. 選擇物業管理企業模式時，一般要考慮哪些因素？

10. 物業管理公司員工培訓的意義是什麼？

11. 培訓需求分析主要分成哪幾個層次？

12. 員工培訓計畫的內容是什麼？

13. 員工培訓的類型是什麼？

14. 物業管理公司制度如何分類？

15. 物業管理公司制度建立的原則是什麼？

16. 物業管理公司制度制訂應注意的事項有哪些？

17. 物業管理企業的內部管理機制是什麼？

第四章
業主自治管理

第一節　業主自治管理的基本概念

一、住戶與業主的含義

　　根據中國公寓大廈管理條例第一章第三條規定，住戶之定義是指：公寓大廈之區分所有權人、承租人或其他經區分所有權人同意而為專有部分之使用者或業經取得停車空間建築物所有權者而言。但中國大陸則以業主來定義物業的所有權人。以中國香港地區的多層大廈（業主立案法團）條例中的業主為例，是指在土地註冊處現有記錄登記為擁有大廈所占屋地中一份不可分割的屋地業權的業主，以及享有此份業權的註冊承抵押人。本章將以中國公寓大廈管理條例所規定的住戶（業主）相關條文來探討自治管理，但後續幾章仍將以「業主」名詞來代表物業的所有權人。

　　在法律上，只有辦理了產權過戶手續，在房地產行政主管部門進行了產權人登記的才可成為業主。因此，已經辦理了預售屋買賣契約的購屋者，還不能算是業主。因此，這裡的業主不僅包括註冊登記的房地產的產權人，還包括經登記註冊的房地產抵押權人。中國大陸對此沒有詳細解釋，但從業主的定義與房地產產權的關係來看，抵押權人作為業主，從理論上是完全成立的，但在實際操作中，特別目前在物業管理領域，還沒有將抵押權人作為業主對待。

　　在介紹公寓大廈管理條例關於住戶的權利和義務之前，先將條例中的用辭定義如下：

　(一)公寓大廈：指構造上或使用上或在建築執照設計圖樣標有明確界線，得區分為數部分之建築物及其基地。

　(二)區分所有：指數人區分一建築物而各有其專有部分，並就其共用部分按其應有部分有所有權。

　(三)專有部分：指公寓大廈之一部分，具有使用上之獨立性，且為區分所有之標的者。

(四)共用部分：指公寓大廈專有部分以外之其他部分及不屬專有之附屬建築物，而供共同使用者。

(五)約定專用部分：公寓大廈共用部分經約定供特定區分所有權人使用者。

(六)約定共用部分：指公寓大廈專有部分經約定供共同使用者。

(七)區分所有權人會議：指區分所有權人為共同事務及涉及權利義務之有關事項，召集全體區分所有權人所舉行之會議。

(八)住戶：指公寓大廈之區分所有權人、承租人或其他經區分所有權人同意而為專有部分之使用者或業經取得停車空間建築物所有權者。

(九)管理委員會：指為執行區分所有權人會議決議事項及公寓大廈管理維護工作，由區分所有權人選任住戶若干人為管理委員所設立之組織。

(十)管理負責人：指未成立管理委員會，由區分所有權人推選住戶一人或依第 28 條第 3 項、第 29 條第 6 項規定為負責管理公寓大廈事務者。

(十一)管理服務人：指由區分所有權人會議決議或管理負責人或管理委員會僱傭或委任而執行建築物管理維護事務之公寓大廈管理服務人員或管理維護公司。

(十二)規約：公寓大廈區分所有權人為增進共同利益，確保良好生活環境，經區分所有權人會議決議之共同遵守事項。

二、住戶的權利和義務

住戶在物業管理活動中，享有以下的權利和義務。

(一)住戶的權利

1. 公寓大廈建築物所有權登記之區分所有權人達半數以上及其區分所有權比例合計半數以上時，起造人應於三個月內召集區分所有權人召開區分所有權人會議，成立管理委員會或推選管理負責人，並向直轄市、縣（市）主管機關報備；
2. 每年至少應召開區分所有權人會議一次，並就物業管理的有關事項提出建議；

3.區分所有權人會議應作成會議紀錄，載明開會經過及決議事項，由主席簽名，於會後十五日內送達各區分所有權人並公告之；

4.無管理負責人或管理委員會，或無區分所有權人擔任管理負責人、主任委員或管理委員時，由區分所有權人互推一人為召集人；召集人任期依區分所有權人會議或依規約規定，任期一至二年，連選得連任一次。但區分所有權人會議或規約未規定者，任期一年，連選得連任一次；

5.監督管理委員會的工作；

6.區分所有權人對專有部分之利用，不得有妨害建築物之正常使用及違反區分所有權人共同利益之行為。

7.法律、法規規定的其他權利。

(二)住戶的義務

住戶應遵守下列事項：

1.於維護、修繕專有部分、約定專用部分或行使其權利時，不得妨害其他住戶之安寧、安全及衛生。

2.他住戶因維護、修繕專有部分、約定專用部分或設置管線，必須進入或使用其專有部分或約定專用部分時，不得拒絕。

3.管理負責人或管理委員會因維護、修繕共用部分或設置管線，必須進入或使用其專有部分或約定專用部分時，不得拒絕。

4.於維護、修繕專有部分、約定專用部分或設置管線，必須使用共用部分時，應經管理負責人或管理委員會之同意後為之。

5.其他法令或規約規定事項。

前項第二款至第四款之進入或使用，應擇其損害最少之處所及方法為之，並應修復或補償所生損害。

住戶違反第一項規定，經協調仍不履行時，住戶、管理負責人或管理委員會得按其性質請求各該主管機關或訴請法院為必要之處置。

三、住戶自治管理的概念和必要性

(一)住戶自治管理的概念

住戶自治管理的概念有廣義和狹義兩種。住戶自治管理的廣義概念是指特定物業的區分所有權人,一方面根據個體利益和自主意志對自己私有部分進行自主性管理,另一方面組成住戶團體藉由行使持分權和成員權對公用部分的共同事務進行統一管理,形成了住戶個體自治管理和住戶團體自治管理相結合的一種物業管理方式和制度。住戶自治管理的狹義概念僅是指住戶團體對公用部分的統一管理。我們這裡講的住戶自治管理實際上指的是住戶團體的自治管理。

(二)住戶自治管理的必要性

住戶自治管理的產生有其深刻的社會原因,是社會發展的必然產物。住戶自治管理的必要性如下:

1.產權利益協調的需要

由於區分所有權建築物的特點,即其產權的不可分離性或互相關聯性,使得這類建築物的區分所有權人之間,由於私有部分或公用部分在使用、維護、管理上會產生利益衝突。而這些衝突不是傳統的財產所有權主體個人所能解決的。必須通過協調主體間的關係才能解決這些利益衝突。因此,這就需要住戶們自願地結成團體,實行自律,強調合作,通過民主協商來協調產權利益衝突,維護全體區分所有權人的共同利益。也就是需要實施住戶團體的自治管理。

2.民主發展的需要

現代社會要求人民在國家政治事務、經濟事務、文化事務、社會事務等方面當家作主。物業管理特別是住宅社區的管理,幾乎涉及城市所有的居民。讓群眾自己通過自治管理團體來鍛煉和培養民主意識、民主能力和民主作風,肯定會極大地促進民主事業的建設。並且,這種民主自治方式能更有效地維護社會公共利益和住戶們的共同利益。

四、住戶團體自治管理的原則

住戶團體自治管理原則應貫穿於住戶團體自治管理的全過程，是住戶團體應當遵循的基本行為準則，也是判斷住戶團體自治管理行為有效性的根本依據。根據我國相應法律法規的規定，住戶團體自治管理有以下原則：

(一)依法自治原則

自治意味著自治組織在處理其內部的經濟、社會和文化事務方面享有高度自由，可自行決策和實施。但住戶自治團體在行使自治權利時，受到國家法律法規限制的。

(二)積極自治原則

我們在第二章講到法規的遵守，就提到積極遵守和消極遵守。對自治團體來說，除了履行法規的義務以外，還要積極地行使自治權利。如果做不到這一點，則自治權就形同虛設，也就違背了設置自治權的本意。

(三)規範自治原則

所謂規範自治是指住戶自治團體在開展各項活動中，按照法規的要求，結合本自治團體轄區的實際情況制訂一系列的公約、制度等規範性文件，並在自治團體運行中嚴格執行。

(四)民主管理原則

所謂民主管理原則是指住戶自治團體在議事決策過程中應遵循的原則，即必須在充分發揚民主的基礎上，採取少數服從多數的原則。這就要求堅持民主議事、民主決策、民主執行、民主管理、民主監督。民主的理想方式是通過一定的程序進行充分的協商（商量、諒解、讓步和協調），得出一致的意見。只有在不能協

商一致的情況下，才採取多數裁定的表決。

(五)接受督導原則

此原則是指住戶自治團體在運作過程中必須接受政府主管部門的監督和管理。所以，管理委員會的首次成立由當地政府的物業管理行政主管部門負責召集組織；管理委員會和住戶委員會的名單要報政府物業管理行政部門備案；住戶自治團體的負責人要接受政府主管部門的培訓等。

(六)公益優先原則

此原則是指住戶自治團體中，當住戶的私人利益與住戶團體的共同利益發生衝突時，應當優先保障共同利益的實現。這個原則與住戶自治團體設立的目的是相一致的，即是為了實現住戶們對物業共用部分和轄區公共事務管理所追求的共同利益。

第二節　住戶自治組織的形式、管理規約及其設立

一、住戶自治組織的形式和自治管理方式

(一)住戶自治組織的形式

住戶自治管理組織是指區分所有物業上的全體區分所有權人，為進行建築物及其基地、附屬設施的管理而結成的管理團體。我國物業管理業主自治管理組織的形式如下：

1. 區分所有權人會議：是指區分所有權人為共同事務及涉及權利義務之有關事項，召集全體區分所有權人而結成的管理團體。

2. 管理委員會：是指為執行區分所有權人會議決議事項及公寓大廈管理維護

工作，由區分所有權人選任住戶若干人為管理委員所設立之組織。

(二)住戶自治管理的方式

住戶自治管理的方式主要有兩種：一種是自主管理方式，另一種是委託管理方式。

1.自主管理方式

自主管理方式是指，區分所有權人自行管理或成立一個管理團體來進行管理。一般當區分所有權人人數較少時，可實行自行管理或直交屋理；而當區分所有權人人數較多時，則可成立一個管理團體進行管理。不管自行管理還是成立管理團體管理，都可以根據需要聘請管理人進行管理。管理人與區分所有權人的關係是僱傭關係，他獲得的是工資。因此，聘請管理人管理從本質上是屬於自主管理方式。管理人可以從外面聘請，也可從區分所有權人管理團體內部自行推選。

2.委託管理方式

委託管理方式是指區分所有權人將物業管理業務委託給管理服務人或第三方而執行建築物管理維護事務。委託雙方通過委託合約形成委託關係，來規定雙方的權利和義務。委託與僱用的差別是受託人獲取的是傭金，而受僱人獲得的是工資。委託管理根據委託業務內容的不同，又可分成全部委託和部分委託。

二、住戶自治管理規約

(一)管理規約的含義

住戶自治管理規約是指全體區分所有權人，為增進共同利益，確保良好生活環境，經區分所有權人會議決議之共同遵守事項。根據中國公寓大廈管理條例第23條規定，有關公寓大廈、基地或附屬設施之管理使用及其他住戶間相互關係，除法令另有規定外，得以規約定之。

(二)管理規約的特點

1. 規約的主體是全體住戶。即訂約人必須是該物業管理區域內的產權所有者，而不是其他任何人和部門。
2. 規約的客體是有關物業使用、維修和其他管理等方面的行為，即基於物權而產生的行為，即可以做什麼，不可以做什麼，應該怎樣做等。
3. 規約的內容是有關物業使用、維護和管理等方面的權利和義務的規定，其中既有法律規範的內容，也有社會公共道德的內容。
4. 規約的有效性即效力範圍。管理規約經住戶簽約或管理委員會審議通過而生效；規約對物業管理區域內的全體住戶和非住戶使用人都有約束力。
5. 規約的立足點是建立在訂約主體的自我意識與行為的把握。

(三)管理規約的設定、變更及廢止

管理規約的設定、變更及廢止，各國立法和實務不盡相同。但從設定上來講，歸納起來有兩種途徑：1.由區分所有權人會議制訂；2.由開發商或房屋出售單位預先制訂，由購屋人在購屋的同時，達成認可此規約的協定。根據中國公寓大廈管理條例第56條規定，公寓大廈之起造人於申請建造執照時，應檢附專有部分、共用部分、約定專用部分、約定共用部分標示之詳細圖說及規約草約。前項規約草約經承受人簽署同意後，於區分所有權人會議訂定規約前，視為規約。管理規約的設定、變更及廢止通常要求區分所有權人過半數書面同意，及全體區分所有權人會議決議。

(四)管理規約的內容

管理規約除應載明專有部分及共用部分範圍外，下列各款事項，非經載明於規約者，不生效力：

1. 約定專用部分、約定共用部分之範圍及使用主體。
2. 各區分所有權人對建築物共用部分及其基地之使用收益權及住戶對共用部分使用之特別約定。

3.禁止住戶飼養動物之特別約定。

4.違反義務之處理方式。

5.財務運作之監督規定。

6.區分所有權人會議決議有出席及同意之區分所有權人人數及其區分所有權比例之特別約定。

7.糾紛之協調程序。

三、住戶自治組織的設立

(一)區分所有權人會議

由全體區分所有權人組成，每年至少應召開定期會議一次。有下列情形之一者，應召開臨時會議：

1.發生重大事故有及時處理之必要，經管理負責人或管理委員會請求者。

2.經區分所有權人五分之一以上及其區分所有權比例合計五分之一以上，以書面載明召集之目的及理由請求召集者。

3.區分所有權人會議由具區分所有權人身分之管理負責人、管理委員會主任委員或管理委員為召集人；管理負責人、管理委員會主任委員或管理委員喪失區分所有權人資格日起，視同解任。

4.無管理負責人或管理委員會，或無區分所有權人擔任管理負責人、主任委員或管理委員時，由區分所有權人互推一人為召集人；召集人任期依區分所有權人會議或依規約規定，任期一至二年，連選得連任一次。但區分所有權人會議或規約未規定者，任期一年，連選得連任一次。

5.召集人無法依前項規定互推產生時，各區分所有權人得申請直轄市、縣（市）主管機關指定臨時召集人，區分所有權人不申請指定時，直轄市、縣（市）主管機關得視實際需要指定區分所有權人一人為臨時召集人，或依規約輪流擔任，其任期至互推召集人為止。

(二)管理委員會設立基本原則

1. 管理委員會是由物業管理區域內的全體住戶組成。

2. 管理委員會應當代表和維護物業管理區域內全體住戶在物業管理活動中的合法權益。

3. 一個物業管理區域成立一個管理委員會。物業管理區域的劃分應當考慮物業的公用設施設備、建築物規模、社區建設等因素,具體辦法由直轄市、縣(市)主管機關制訂。

4. 同一個物業管理區域內的住戶,應當在物業所在地的直轄市、縣(市)主管機關指導下成立管理委員會。

(三)管理委員會設立程序

1. 住戶籌備成立管理委員會,應當在物業所在地的直轄市、縣(市)主管機關指導下,由住戶代表、起造人組成管理委員會籌備小組,負責管理委員會籌備工作。籌備小組名單確定後,以書面形式在物業管理區域內公告。

2. 籌備小組應當做好下列籌備工作:

　(1)確定首次管理委員會會議召開的時間、地點、形式和內容;

　(2)參照政府主管部門制訂的示範文本,擬定管理委員會議事規則草案和管理規約草案;

　(3)確認住戶身份,確定住戶在首次管理委員會會議上的投票權數;

　(4)確定管理委員會委員候選人產生辦法及名單;

　(5)做好召開首次管理委員會會議的其他準備工作。

　　前款(1)、(2)、(3)、(4)項的內容應當在首次業主大會會議召開前10日前以書面形式在物業管理區域內公告。公告期間不得少於二日。管理委員之選任事項,應在前項開會通知中載明並公告之,不得以臨時動議提出。

3. 住戶在首次管理委員會會議上的投票權,根據住戶擁有物業的建築面積、住宅套數等因素確定,具體辦法由物業所在地的直轄市、縣(市)主管機關制訂。

4. 公寓大廈建築物所有權登記之區分所有權人達半數以上及其區分所有權比

例合計半數以上時，起造人應於三個月內召集區分所有權人召開區分所有權人會議，成立管理委員會或推選管理負責人，並向直轄市、縣（市）主管機關報備。

5. 區分所有權人會議之決議，除規約另有規定外，應有區分所有權人三分之二以上及其區分所有權比例合計三分之二以上出席，以出席人數四分之三以上及其區分所有權比例占出席人數區分所有權四分之三以上之同意行之。

6. 區分所有權人會議依前條規定未獲致決議、出席區分所有權人之人數或其區分所有權比例合計未達前條定額者，召集人得就同一議案重新召集會議；其開議除規約另有規定出席人數外，應有區分所有權人三人並五分之一以上及其區分所有權比例合計五分之一以上出席，以出席人數過半數及其區分所有權比例占出席人數區分所有權合計過半數之同意作成決議。

前項決議之會議紀錄依第三十四條第一項規定送達各區分所有權人後，各區分所有權人得於七日內以書面表示反對意見。書面反對意見未超過全體區分所有權人及其區分所有權比例合計半數時，該決議視為成立。第一項會議主席應於會議決議成立後十日內以書面送達全體區分所有權人並公告之。

第三節　住戶自治組織的運作

一、管理委員會的運作

(一)管理委員會的職責

管理委員會履行以下職責：

1. 區分所有權人會議決議事項之執行。
2. 共有及共用部分之清潔、維護、修繕及一般改良。
3. 公寓大廈及其周圍之安全及環境維護事項。

4. 住戶共同事務應興革事項之建議。

5. 住戶違規情事之制止及相關資料之提供。

6. 住戶違反第 6 條第 1 項規定之協調。

7. 收益、公共基金及其他經費之收支、保管及運用。

8. 規約、會議紀錄、使用執照謄本、竣工圖說、水電、消防、機械設施、管線圖說、會計憑證、會計帳簿、財務報表、公共安全檢查及消防安全設備檢修之申報文件、印鑑及有關文件之保管。

9. 管理服務人之委任、僱傭及監督。

10. 會計報告、結算報告及其他管理事項之提出及公告。

11. 共用部分、約定共用部分及其附屬設施設備之點收及保管。

12. 依規定應由管理委員會申報之公共安全檢查與消防安全設備檢修之申報及改善之執行。

(二)管理委員會的運作規定

1. 管理委員會會議分為定期會議和臨時會議。定期會議應當按照管理委員會議事規則的規定由住戶委員會組織召開。

2. 有下列情況之一的，管理委員會應當及時組織召開區分所有權人臨時會議：

   (1)發生重大事故有及時處理之必要，經管理負責人或管理委員會請求者。

   (2)經區分所有權人五分之一以上及其區分所有權比例合計五分之一以上，以書面載明召集之目的及理由請求召集者。

3. 公寓大廈之水電、機械設施、消防設施及各類管線不能通過檢測，或其功能有明顯缺陷者，管理委員會或管理負責人得報請主管機關處理，其歸責起造人者，主管機關命起造人負責修復改善，並於一個月內，起造人再會同管理委員會或管理負責人辦理移交手續。

4. 區分所有權人因故無法出席區分所有權人會議時，得以書面委託他人代理出席。但受託人於受託之區分所有權占全部區分所有權五分之一以上者，或以單一區分所有權計算之人數超過區分所有權人數五分之一者，其超過

部分不予計算。

5. 管理委員會應向區分所有權人會議負責，並向其報告會務。

6. 管理委員會的決定對物業管理區域內的全體住戶具有約束力。管理委員會的決定應當以書面形式在物業管理區域內及時公告。

7. 公共基金應設專戶儲存，並由管理負責人或管理委員會負責管理。其運用應依區分所有權人會議之決議為之。

8. 共用部分、約定共用部分之修繕、管理、維護，由管理負責人或管理委員會為之。其費用由公共基金支付或由區分所有權人按其共有之應有部分比例分擔之。但修繕費係因可歸責於區分所有權人或住戶之事由所致者，由該區分所有權人或住戶負擔。

9. 住戶違反第 6 條第 1 項規定「於維護、修繕專有部分、約定專用部分或行使其權利時，不得妨害其他住戶之安寧、安全及衛生。」經協調仍不履行時，管理委員會得按其性質請求各該主管機關或訴請法院為必要之處置。

10. 於維護、修繕專有部分、約定專用部分或設置管線，必須使用共用部分時，應經管理負責人或管理委員會之同意後為之。

11. 利害關係人於必要時，得請求閱覽或影印規約、公共基金餘額、會計憑證、會計帳簿、財務報表、欠繳公共基金與應分攤或其他應負擔費用情形、管理委員會會議紀錄及前條會議紀錄，管理委員會不得拒絕。

12. 管理負責人或管理委員會應定期將公共基金或區分所有權人、住戶應分擔或其他應負擔費用之收支、保管及運用情形公告，並於解職、離職或管理委員會改組時，將公共基金收支情形、會計憑證、會計帳簿、財務報表、印鑑及餘額移交新管理負責人或新管理委員會。

13. 管理負責人或管理委員會拒絕前項公告或移交，經催告於 7 日內仍不公告或移交時，得報請主管機關或訴請法院命其公告或移交。

複習思考題

1. 住戶的權利有哪些？

2. 住戶的義務有哪些？

3. 住戶自治管理的概念是什麼？

4. 簡述住戶自治管理的必要性。

5. 住戶團體自治管理的原則是什麼？

6. 住戶自治組織的形式有哪些？

7. 住戶自治管理的方式有哪些？

8. 管理規約不是法律規範，但是為什麼具有法律約束力？

9. 簡述住戶管理規約的法律依據與特點。

10. 簡述管理規約的主要內容。

11. 管理委員會、區分所有權人會議設立基本原則有哪些？

12. 管理委員會的職責有哪些？

13. 管理委員會的運作有哪些規定？

14. 政府對住戶自治組織的管理有哪些規定？

第五章
物業管理招投標及合約

二、制定管理計畫的一般步驟

複習思考題

第一節　物業管理招投標概述

一、物業管理招投標的基本概念

(一)物業管理招投標的含義、特點及原則

1.物業管理招投標的含義

物業管理招投標是指有物業管理需求項目的法人或其他組織，按照公開、公平、公正、合理的原則，通過招標和投標，讓具有物業管理資質的法人或組織就同一管理標的進行競爭而獲得其管理合約的一種交易方式。有物業管理需求項目的法人或其他組織稱為招標人，參與競爭的法人或組織稱為投標人。招標是指招標人根據自己的需要，提出一定的標準或條件，邀請全社會或特定的投標人參與競爭，並最終決定得標人的行為；而投標則是指投標人接到招標通知後，根據招標通知的要求編制、遞交投標文件，參與競爭，爭取得標的行為。

2.物業管理招投標的特點

物業管理招投標的特點如下：

(1)底價的保密性。底價的保密性體現在兩個方面：①是招標人底標的保密性，即招標人在投標以前不能以任何方式洩漏底標的價格；②是投標人投標報價的保密性，即每個投標人只是按照招標文件，根據自身的條件和經營戰略，確定自己的報價，互相不可能知道各自的報價。

(2)報價的一次性。這是指每個投標者只有一次投標機會，不允許再次出價甚至討價還價。

(3)法律的約束性。這是指投標者一旦向招標人遞交標書和報價，此標書和報價即被視為在法律上有效。並且為了保證投標報價的法律效力，招標者會要求投標者在投標的同時遞交投標保證書和繳納投標保證金，如果投標者在投標有效期內撤銷其標書和報價，招標者將沒收投標保證金。

(4)招標的超前性。物業管理招標的超前性有三個原因：①由於物業管理的早期介入所要求。這是為了使物業管理者在長期的物業管理中積累的經驗能有益於物業的規劃、設計和施工，並且在正式交屋以後能有效地開展管理工作，招標單位需要物業管理的早期介入，從而有可能較早地通過招投標確定物業管理單位；②由於政府要求。比如說台北市要求所有的預售屋在辦理預售許可證時必須確定物業管理單位，這就使得物業管理的招投標必須早於驗收的時間；③有些開發商本身為了銷售的需要。開發商及早確定一些知名的物業管理公司，能為其物業的銷售增加賣點。

(5)招投標的長期性和階段性。物業管理招投標的長期性是由物業管理工作的長期性所決定的，而最終是由物業的長久性所決定。招投標的階段性是由兩方面因素所決定：一方面，是由於開發商和業主在不同的時期對物業管理有不同的要求，物業管理公司對承擔的義務及所獲的報酬也會隨著經濟社會的變化而變化，所以根據不同的要求和變化必須作相應的調整；另一方面，由於市場競爭的原因，原來得標單位可能在管理理念、手段等方面不適應市場競爭的要求而遭淘汰，業主會重新招聘物業管理公司。

3.物業管理招投標的原則

(1)公平原則。這是指在招標過程中，招標的方式、投標者的要求、招標的程序對所有的投標者都是一樣的，即所有的投標者都必須在相同的基礎上進行投標。

(2)公正原則。這是指在整個投標評定中所使用的準則應具有一貫性和普遍性。所謂一貫性是指比價所採用的準則與招標文件中公布的評判準則是一致的、公開的；所謂普遍性是指比價的準則應有很強的綜合性和客觀性，能客觀地衡量所有的投標書。根據國際慣例，一般採用綜合評分法，採用專家評分、加權計分的科學方法。

(3)合理原則。這是指選定投標的價格和要求必須合理，不能接受低於正常管理服務成本的底價，也不能脫離市場的實際情況，提出不切實際的管理服務要求。為了避免故意壓低報價來得標、日後管理不負責或因破產無法履行合約的局面，一般按國際慣例，招標人可以在招標文件中申明「業主不

限制自己接受最低底價」這一條，以便業主選擇底價合理且條件較為可靠
的物業管理公司。

(4)真實性原則。這是指投標人在其投標書中所闡明的所有內容均是真實反映
投標人的投標意願、經營能力和技術水準。為了保證這一原則得以貫徹，
招標人可以在招標文件中提出一些對投標書的真實性具有法律約束的條
件，例如投標人必須出具投標保證書，並繳納一定的保證金。如果投標人
違背真實性原則，則招標人可將保證金沒收。

(5)合理競爭原則。這是指投標人應憑自身的經營實力、管理水準和服務品質
通過良性競爭優勝劣敗而取勝。這裡既要防止投標人相互勾結，抬高底
價，損害招標人利益；又要防止投標人故意壓低底價，以致惡性競爭，而
最終也將損害招標人的利益。

(二)物業管理招標的範圍、方式和內容

1.物業管理招標的範圍

(1)確定項目是否招標的原則。根據我國相關法律的規定和精神，判斷項目是
否應該招標的原則是：是否與社會的公眾利益密切相關，是否關係到國家
的利益，是否涉及國家安全或軍事機密。這三條原則也可以適用於物業管
理項目的招標範圍的確定，是我國物業管理招標範圍發展的方向和趨勢，
用它來指導界定物業管理招標範圍具有合理性和現實意義。

(2)物業管理招標的具體範圍。住宅物業的建設單位，應當通過招投標的方式
選聘具有相應資質的物業管理公司；投標人少於三個或者住宅規模較小
的，可以採用協議方式選聘具有相應資質的物業管理公司。我們可以明確
以下幾點：

①國家明確規定物業管理招標的範圍目前僅於前期物業管理階段。也就是
說，是對新建物業竣工後的物業管理招標做了規定，而對過了前期物業
管理階段的物業管理是否需要招標未作規定。

②住宅物業的建設單位，「應當」通過招投標的方式選聘物業管理企業。
此法規的第57條規定：「住宅物業的建設單位未通過招投標的方式選聘

牧業管理企業或者未經批准，擅自採用協議方式選聘物業管理企業的，由縣級以上地方人民政府房地產行政主管部門責令限期改正，給予警告，可以並處 10 萬元以下的罰款。」這反映了上述三項原則中的第一條，住宅物業與社會的公眾利益密切相關。

③國家對前期物業管理以外的物業管理招投標以及除住宅以外的物業管理的招投標未作強行規定。這反映了政府尊重業主的主權，相信業主會根據自己的利益和判斷能力，結合上述的三項原則，作出正確的選擇的。

2. 物業管理招標的方式

物業管理的招標方式與其他建設項目的招標方式相同，將招標方式分成公開招標和邀請招標兩種。

(1)公開招標。公開招標是招標人通過媒體以招標公告方式邀請不特定的物業管理公司或其他組織投標。

公開招標是國際上最常見的招標方式，其優點是最大程度地體現了招標的公平、公正和合理的原則。公開招標使招標人有較大的選擇範圍，招標人可以在眾多的投標者之間選擇報價合理、信譽好的物業管理公司；同時，公開競爭也會促使物業管理公司不斷提高管理服務水準和降低經營成本。公開招標的缺點是工作量比較大，時間較長和招標費用較高。

物業管理公開招標主要適應於大型的基礎設施和公共物業的物業管理。

(2)邀請招標。邀請招標是指招標人以投標邀請書的方式邀請特定的物業管理公司或其他組織投標。邀請招標又稱之為選擇性招標。採用邀請招標方式的，應當向三個以上具備承擔招標項目能力、資信良好的特定法人或者其他組織發出投標邀請書。

邀請招標彌補了公開招標方式的不足，不僅可以節省招標費用，並且可以提高招標工作效率，節約時間。但是其缺點也十分突出，首先，它縮小了招標者選擇的範圍；其次，容易誘使投標人之間產生不合理競爭；最後還容易造成招標人和投標人的作弊現象。

邀請招標主要適用於標的規模較小（即工作量不大，總管理費報價不高）的物業管理項目。

3.物業管理招標的內容

　　物業管理的具體內容從橫向來看十分繁雜；而從縱向來看，又包括了從開發設計、施工監督、竣工驗收到用戶入住以後的各項服務。這些內容有些可以用定量的方法給出具體的指標，有些則難以用數字來衡量。因此物業管理招標的內容不可千篇一律，用一個模式來解決。但是招標的內容大致上可以分成以下三類：

(1)從招標所涉及的範圍來看，可以分為物業管理總體招標和物業管理單項招標。總體招標就是招標人將物業管理的所有內容，做成一個標的，由一家得標者全面負責各項管理服務工作。這種方式是目前最普遍採用的方式。單項招標就是招標者將物業管理內容拆分成若干個標的，分別進行招標。這種方式在一些大型商業建築的物業管理招標中常有採用。例如，它可以分成設施管理、建築維修管理、清潔、保安、綠化、禮儀接待等標的分別招標。

(2)從提供服務的性質來看，可以分成顧問服務和管理服務。顧問服務主要是指物業管理企業早期介入物業的規劃、設計、施工、竣工驗收等階段的工作，主要以顧問的身份向招標者提供諮詢、訊息、監督等工作，使物業的建設更符合使用者的需要，更有利於將來的物業管理。而管理服務是物業管理公司以實際管理服務者的身份，具體地實施物業管理。其招標的內容包括維修管理、安全管理、清潔管理、綠化管理等內容。

(3)從物業的性質來看，可以分成經營性物業管理招標和非經營性物業管理招標。非經營性物業管理招標的內容主要包括：維修管理、安全管理、清潔管理、財務管理、綠化管理和禮儀管理等。而經營性物業管理的招標內容，除了以上非經營性物業管理招標所包括的內容以外，還包括了營銷管理，即通過廣告、宣傳以及直接銷售，提高物業的出租率和租金率，使經營性物業的業主獲得最大的利潤。

二、物業管理招投標程序

(一)物業管理招標程序

1. 成立招標機構；

2. 編制招標文件；

3. 確定底標；

4. 發布招標公告或投標邀請書；

5. 組織資格預審；

6. 召開標前會議；

7. 開標、比價和決標；

8. 合約的簽訂；

9. 合約的履行；

10. 資料的整理和歸檔。

(二)物業管理投標程序

1. 收集招標物業的相關資料；

2. 進行投標的可行性分析；

3. 申請資格預審；

4. 購買閱讀招標文件；

5. 考察現場；

6. 底價的估算；

7. 辦理投標保證書；

8. 編制標書；

9. 封送標書、保證書；

10. 參加標前會議；

11. 參加開標、比價和決標；

12. 合約的簽訂；

*13.*總結和資料整理歸檔。

第二節　物業管理招投標文件及其投標原則

物業管理招投標文件是非常重要的文件，它是整個物業管理招投標是否成功的關鍵。它對招標者和投標者來說，都是不可掉以輕心的大事，必須了解它的內容、製作及如何估算底價。

一、物業管理招投標文件的內容

(一)物業管理招標文件的內容

招標文件的內容大致可概括成三大部分：*1.*投標人投標所應了解並遵循的規定；*2.*投標書的格式；*3.*合約的條件。具體又可分成六個要素：

1.投標邀請書

投標邀請書主要是讓潛在投標人了解必要的訊息，以決定是否參加投標。其內容包括：業主名稱、項目名稱、地點、範圍、技術規範及要求簡述、招標文件售價、投標文件投送地點、投標的截止時間、開標時間、地點等。

2.技術規範及要求

這部分主要說明業主、開發商或建設單位對物業管理項目的具體要求，包括服務應達到的標準等。其中如包括物業說明書和設計施工設計圖，則應在附件部分詳細說明。

3.投標人須知

這部分主要是為了對整個招投標過程制訂規則，內容包括：總則說明、招標文件說明、投標書編寫、投標書遞交、開標和比價、得標的條件及要求。

4.合約的一般條款

這部分主要涉及帶有普遍性的條款，包括：關鍵詞定義、適用範圍、

技術規格和標準、合約期限、價格、索賠、不可抗力、履約保證金、爭議的解決、合約的終止和修改、適用法律、合約文件及資料的使用、合約的數量及生效等。

5.合約的特殊條件

這部分主要是為了適應具體項目的特殊情況和特殊要求作出的特殊規定，還可以是對合約的一般條款未包括的某些特殊情況的補充。在合約的執行中，如果一般條款與特殊條款不一致而產生矛盾時，應以特殊條款為準。

6.附件（附表、附圖、附文等）

這部分是對招標文件主體部分文字說明的補充，包括：投標書、授權書和協議書等各種文書的格式，物業的說明書，物業的設計和施工設計圖等。

(二)物業管理投標文件的內容

物業管理投標書主要由投標致函和附件兩部分組成。各部分包括的內容如下：

1.投標致函

投標致函實際上就是投標者的正式報價信，其主要內容有：

(1)表明投標者願意按招標文件的規定承擔物業管理服務任務，並標明自己的總報價；

(2)表明如本底價被接受，投標者願意按招標文件規定提供履約保證金；

(3)表明投標報價的有效期；

(4)表明本投標書連同招標者的書面接受通知均具有法律約束力；

(5)表明對招標者接受其他投標的理解。

2.附件

附件的數量及內容按照招標文件的規定確定，不得有缺失，否則將被排除在得標人之外。這些文件一般有：

(1)公司簡介；

(2)公司法人地位及法定代表人證明；

(3)公司對合約意向的承諾；

(4)物業管理人員的配備；

(5)物業管理組織實施規劃。

二、物業管理投標文件編寫要求

物業管理投標書作為比價基本依據和有效法律性文件，在編寫時必須規範、嚴謹，因此必須遵循以下要求。

(一)標準統一

1.統一的計量單位

投標書中必須使用統一規定的行業標準計量單位，不允許混合使用不同的度量衡。

2.統一的貨幣單位

國內的投標書規定使用的貨幣應為新台幣，國際投標中所使用的貨幣應按招標文件的規定執行。

3.統一的行業標準與規範

編製投標書應使用政府頒布的行業標準與規範，若採用國外的服務標準與規範，應將所使用的標準規範譯成中文，並在投標書中說明。

(二)填寫規範

1.確保無遺漏、無空缺

投標文件中的每一空白都需填寫，如有空缺，則被認為放棄意見。重要數據未填寫，可能被作為廢標處理。

2.不得任意修改填寫內容

填寫中有錯誤而不得不修改時，則應由投標方負責人在修改處簽字。

3.填寫方式規範

投標書最好用打字方式填寫，或用墨水筆工整填寫。

4.不得改變標書格式

如投標者認為原有標書格式不合適，可另附補充說明，但不得任意修改原標書的格式。

5.數字必須準確無誤

投標者必須在送出標書之前，對單價、合計、總底價的大小寫數字進行仔細核對。

(三)表述簡潔明瞭

1.簡潔、明確，文字通暢，條理清楚。

2.能用圖表的地方，儘量採用圖表。

3.編寫前後一致，風格統一。

4.整潔美觀。要求字跡清楚，文本整潔，紙張統一，裝訂美觀大方。

(四)報價合理規範

1.報價合理

報價不能高於市場的報價，也不能低於成本的報價；

2.報價方式規範

凡以電報、電話、傳真等形式進行的報價，投標方概不接受。

(五)遵守職業道德

1.資料真實

投標人應保證所提供的全部資料的真實性，否則，其投標將被拒絕。

2.嚴守秘密、公平競爭

投標人不得行賄、徇私舞弊；不得洩漏自己的報價或串通其他投標人哄抬底價；不得隱瞞事實真相；不得做出損害他人利益行為。

三、物業管理投標原則

(一)影響競標的關鍵因素

1.底價

在物業管理競標中，當其他條件已知的情況下，競標結果在很大程度上將取決於各投標公司的報價是否具有競爭力。而這種競爭力，除了惡性競爭故意壓低報價的情況外，主要體現在成本核算的準確性。物業管理公司要想在競標中獲取較高的成功率，必須加強底價估算的準確性，而這依賴於投標者掌握訊息的準確性。

2.市場情況

除了底價以外，物業管理市場的供需情況也是關鍵因素之一。物業管理招標的項目越多，投標公司可選擇的範圍越大，投標成功率也就越高；投標公司多，招標的項目少，則投標的成功率就低。另外，現行的政策與法規狀況下，投標者所處的大環境不僅會影響到投標過程的競爭性和客觀性，也會影響到投標公司的成功率。

3.公司實力

除了上述情況，公司的實力也是影響競標的關鍵因素之一。公司的實力首先體現在公司的營運費用要低於本地區提供類似管理服務的平均水準，這是投標公司的競爭核心－成本優勢所在；其次，投標公司對於某一類項目所具有的獨特專長、經驗以及技術力量，使得它具有資源優勢和品牌優勢，它在投標中就有可能處於有利地位。

(二)物業管理投標原則

1.明確目標市場

對投標者來說，應當尋找那些符合自身經營目標的物業項目進行投標。切忌「散彈槍打鳥」、「拿到籃裡就是菜」的思想，這樣既花費精力，又花費時間和成本，同時獲取的項目還可能帶有較大的風險。因此物

業管理公司在投標前必須進行認真分析：(1)是自己企業的實力，確信對投標的物業有足夠的能力進行管理；(2)是了解分析參與投標的同行，相信本企業在投標中有一定的或較高的優勢，存在相當程度得標的可能性；(3)是有足夠的人力、物力及時間進行投標。

2. 詳細掌握投標物業的情況

企業投標前必須對所投標物業進行仔細而客觀的分析，對招標文件中不清楚或可能有差錯的地方，應及早地要求招標方澄清。否則，如果在管理工作或解釋合約文件過程中遇到未曾預料到的情況，就有可能產生糾紛，甚至遭受重大的利益損失。了解情況的方法，一是書面徵詢；二是現場勘察了解；三是在公聽會上徵詢。不管那種方法，都以招標方書面答復為準。

3. 合理估算成本

管理成本的估算要儘可能精確，但達到高度精確既不現實也不可能。投標公司所應做的是儘可能按照嚴密的管理組織計畫計算管理成本，做到不漏項、不出錯。

4. 掌握訊息，靈活報價

底價的確定是投標過程中至關重要的一步。投標報價並非只是成本計算的技術問題，而是一種集合了技術與訊息的商業活動。因此，投標者必須通過各種途徑儘可能多地了解投標的訊息，採取各種策略應對。例如：當投標者在某項特殊服務上具有較大優勢時，投標時可略微提高報價；又如，當競爭者較少，且公司自身行業優勢較大時，可考慮適當增大加價幅度；反之，加價幅度要儘可能減小。

5. 加強調查，了解市場

市場經濟中，需求狀況總是隨著宏觀經濟的繁榮、衰退而變化。因此，企業要想在競爭中取得成功，就必須隨時了解本行業中有利可圖的項目機會，了解這些物業項目的類型和管理工作複雜程度，並聯繫本企業的資金與技術實力加以分析。就投標本身而言，客觀分析市場競爭形勢，有利於物業管理公司選擇投標對象、確定報價。從公司長遠經營目標來看，

這樣的調查分析有利於其內部資源的優化配置，有助於其獲得豐厚的回報。

第三節　物業管理服務合約概述

決標工作結束，物業管理公司便可在接到通知後開始準備簽訂物業管理服務合約。儘管契約的條件與內容在招標書中已明確規定，物業管理公司在投標書中對這些條款也作出願意接受的承諾。但這並不是說，雙方就完全一致了。雖然在大的方向上定了，但雙方出於各自不同利益的考慮和對各自權利義務認定上的差異，導致需要一種更加具體、規範的法律形式－物業管理服務合約來明確界定雙方的權利義務，這樣不僅可以保障委託者的合法權益，也有利於物業管理公司更好地提供服務。

一、物業管理服務合約的概念和特徵

(一)物業管理服務合約的概念

物業管理服務合約是指作為委託人的物業建設單位、業主及其自治團體與作為受託人的物業管理公司就相關的物業的管理事務處理的合約。物業管理服務合約是一種委託合約。

服務合約又稱委任合約，是特定雙方當事人約定的代為處理事務的合約。中國民法物權編第一章第 760 條（不動產物權契約之要式性）指出，不動產物權之移轉或設定，應以書面為之。有關服務合約的規定是物業管理事務服務合約應遵循的法規。

中國目前的物業管理服務合約分成兩類：一類是由物業的建設單位與物業管理公司簽訂的前期物業管理服務合約；另一類是由業主及其自治團體與物業管理公司簽訂的物業管理服務合約。前一類實質上是建設單位作為業主的法定的受託人進行的委託事務，是業主還未能成為委託關係的有效主體時，由國家強制規定建設單位的法律義務，是一種過渡性的措施。

㈡物業管理服務合約的特徵

1. 物業管理服務合約的當事人是特定的。根據我國的法律，目前法定的委託人有三類：(1)是建設單位如開發商；(2)是國有資產的代表人，如房地產管理部門、各國營企事業（國家業主）；(3)是私人業主及其自治團體。而法定的受託人是符合資質條件，經工商管理部門公司登記註冊的物業管理公司。

2. 物業管理公司是以業主及其自治團體的名義或費用處理委託事務。因此物業管理企業因處理委託事務所支出的費用，應由業主承擔。

3. 物業管理合約的訂立是以當事人的相互信任為前提的。相互信任是服務合約成立和維持的人格性基礎。服務合約成立以後，如果一方對另一方產生不信任，可隨時終止合約。

4. 物業管理合約是有償合約。業主不但要支付物業管理公司在處理委託事務中的必要費用，而且還應支付給物業管理公司一定的酬金。

5. 物業管理合約既是諾成契約，又是雙務契約。物業管理合約自雙方簽署合約時成立，故為諾成契約；契約中，雙方都承擔義務，一方的權利就是另一方的義務，因此是雙務契約。

6. 物業管理合約的內容必須是合法的，不得與現行的物業管理的法律法規相牴觸，否則，合約將不受法律保護。

二、物業管理服務合約的內容

㈠物業管理服務合約的構成

物業管理服務合約一般有三部分組成：合約的部首，合約的正文，合約的結尾。

1. 合約的部首

部首主要由以下部分組成：雙方當事人的名稱、住址、物業的名稱以及訂立合約所依據的法律。

2.合約的正文

　　　正文主要包括以下內容：

(1)物業基本情況；

(2)委託管理的範圍、內容及權限；

(3)委託管理的目標；

(4)委託管理期限；

(5)雙方的權利義務；

(6)費用的種類及標準；

(7)獎懲措施；

(8)違約責任；

(9)合約的更改、補充和終止；

(10)爭議的解決；

(11)其他。

3.合約的結尾

　　　結尾主要寫明合約簽訂的日期、地點、合約生效日期、合約的份數、開戶銀行及帳號及合同當事人的簽名蓋章。

(二)物業管理服務合約的內容提要

1.合約的部首雖非合約的實施內容，但在發生糾紛時，可以作為仲裁機構或法院處理契約爭議的依據。例如，確認當事人的合法身份、當事人雙方通知的送達、確定訴訟管轄地等。

2.物業的基本情況。特定的物業是物業管理行為指向的主要對象，因此必須在合約的正文中首先予以明確。通常包括物業的類型、坐落位置、占地面積和建築面積等。

3.委託管理的範圍、內容及權限。委託管理的範圍必須明確，例如，對於一些綜合性的大樓，必須明確說明那些不包括在內的餐館、商場及酒店部分，以免發生管理範圍的誤解。委託管理的內容，則根據招投標及談判的結果，逐項地明確填寫。其中包括公共場所設施的管理部分、特約服務、

專項服務部分等。權限一般是對受託人在處理以上事務方面的權利的限定。例如授權條款可以作這樣的表述：受託人僅有以上列舉事項的事務處理權限，這種事務處理權並不表明受託人有權在這些事物及相關事務上有代表委託人的任何代理權限。非經委託人出具書面授權書，受託人不得直接為委託人設定任何負擔和義務。

4. 委託管理的目標。主要指一些經濟指標（如經營性物業的出租率，年收益等）、品質指標（如獲得品質管理體系的認證）、管理目標（如爭創物業管理優秀社區等）。

5. 委託管理期限。要詳細到從某年某月某日某時起到某年某月某日某時止。這一條關係到委託雙方責任的時間界限。

6. 雙方的權利義務。受託方的權利即上述的授權。受託方的義務主要有：擔保義務（擔保其有能力從事上述委託事務的合法資格和執業證書）、忠實義務、誠信義務、勤勉義務（保證盡心盡力及時完成委託事務）、不越權義務、協助義務、報告義務（及時向委託人報告委託事務的進展情況、答復委託人的質詢、重大事項書面報告、定期的綜合報告）、接受委託方監督及行政管理部門的監督指導義務。

委託方的權利，主要是代表權（代表和維護業主及非業主使用人的合法權益）、審定權（審定受託人擬定的物業管理制度、年度管理計畫、財務的預決算等）、指示權（作出委託事務範圍內的建設性、指導性、任務性、批評性的指示）、監督權（檢查監督受託人管理工作的實施及制度執行情況）。委託方的義務主要有：協助義務（協助受託方交屋委託的物業、提供相關資料、辦理有關手續等）、提供管理用房的義務、按業主公約約束業主和使用人違約行為的義務等。

7. 費用的種類及標準。費用的支付應說明包括的種類、範圍、支付的時間、地點、幣種、支付的方式，以及調整的方法。

8. 獎懲措施。指受託者達到一定的品質目標（獲得品質體系認證）、達到一定的經濟目標（物業的經營收益超過某個限度，能源節約達到規定）等，委託者給受託者獎勵的條款；相反，就有懲罰的條款。

9. 違約責任。任何一方的違約行為造成另一方的損害，受害方有權要求對方賠償，甚至可以有權終止合約。當事人可以訂立索賠條款、約定解決索賠的基本原則、提出索賠的期限、索賠的通知方法、遞交的證明文件和票據等。

10. 合約的更改、補充和終止。合約可以規定，當事人經雙方協商一致，可以就合約的條款進行更改、補充或提前終止；也可以規定，任何一方不得無故解除合約，若因解除契約給對方造成損害的，對方有權要求賠償損失。

11. 爭議的解決。爭議解決的方式有協商、調解、調停、仲裁、法院審判五種方式。當事人在合約中可以約定選擇其中的一種或數種。調解、調停、仲裁、法院審判要明確選擇的單位、地方等。仲裁的合法裁決是終局的，對雙方都有約束力。如果當事人雙方不在合約中約定仲裁機構，事後又未達成書面仲裁協議的，可以向法院起訴。

12. 合約的結尾。這一部分主要寫明合約簽訂的日期、地點、合約生效日期、合約的份數、開戶銀行及帳號及合約當事人的簽名蓋章，也是法院及仲裁機構處理合約爭議的依據。

三、物業管理服務合約的簽訂程序

(一)委託者與得標物業管理公司談判

在開標的基礎上初步確定得標企業後，委託者（開發公司或業主委員會）與得標公司在正式簽訂服務合約之前，還必須就一些不清晰、不完備的條款進行談判。這些內容主要有：

1. 討論改進意見

通常在招標過程中，一些未得標公司的投標方案中有一些建設性的好建議，引起委託者的興趣，並想通過談判，促使得標單位接受這些新的建議。

2. 變更局部條件

由於招標過程中，客觀或主觀情況的變化，會出現原來招標書或投標

書的條件或條款有些不適應，需要對某些局部條件，如服務技術條件、服務內容、合約條款等內容作部分的修改。

3.完善不規範條款

主要是委託者就得標公司投標文件中出現的一些遺漏或差錯而可能導致不完善或不規範之處要求得標公司進行修改。

4.修改確定報價

通常招標公司的報價可能存在與招標文件不一致或計算方法差異之處，同時由於前面3.的修改也會造成成本的變動，所以，雙方可作進一步的探討，以確定正式的合約報價。

(二)簽訂諒解備忘錄

在上述談判達成一致意見以後，委託者與得標公司簽一份諒解備忘錄，將雙方在談判中所做出的所有決定和達成的一致意見書面記錄下來，經雙方簽字，作為合約協議書的構成部分。

(三)發送得標函或簽發意向書

招標方在徵得得標公司同意以後，將向得標公司簽發得標函並附上備忘錄。

如果委託者不能立即簽發正式的得標函，它們可以簽發一份擬簽訂合約的意向書，作為一種要約邀請。意向書的內容通常包括：

1. 明確聲明招標者有意接受投標書及先決條件；
2. 招標者擬讓投標公司先行交屋的服務項目；
3. 先行交屋服務項目在最終合約未簽情況下的費用處理；
4. 要求投標公司對意向書的答復。

(四)擬定並簽訂正式合約

在所有實質性條款確定以後，雙方擬定正式合約並簽字，至此合約成立。

四、物業管理服務合約的履行和違約責任

物業管理服務合約的履行，是指當事人雙方依據物業管理服務合約的條款，以實際行為完成各自承擔的義務和實現各自享有的權利。根據法律規定：當事人應當按照約定全面履行自己的義務。

(一)物業管理服務合約履行應遵循的原則

1. 實際履行原則

這個原則要求合約當事人應按照合約決標的履行義務，不能用其他標的代替，也不能用交付違約金和賠償金的辦法代替履行。但對有下列情況之一的除外：(1)法律上或事實上不能履行；(2)債務標的不適於強制履行或者費用過高；(3)債權人在合理期限內未要求履行。

2. 全面履行原則

這個原則要求合約當事人必須按照合約約定的全部條款全面地履行各自承擔的義務，不能不履行和不適當履行。不履行的含義是較清楚的，而不適當履行是指合約義務人雖有履行行為，但履行義務不符合約定的條件，沒有按照合約的要求充分、周全、合乎道德地完成履行義務。

3. 協同履行原則

這個原則是指當事人不僅全面履行自己的合約義務，而且還應當基於誠實信用原則要求對方當事人協助其履行義務。協同履行是誠實信用原則在合約履行中的具體體現。事實上，管理服務合約的履行應當是業主和物業管理公司雙方的事，協同履行也是雙方都應承擔的義務。只有雙方當事人在合約履行的過程中相互協同，合約才能得到全面而實際的履行。協同履行包含以下內容：一方履行義務，另一方應適當受領取給付；應當積極創造必要條件，提供方便；一方因故不能或不能完全履行時，另一方應採取積極措施以減少損失；發生合約糾紛時，雙方都應當主動承擔責任，不得相互推諉。

4.情勢變更原則

這個原則是指在合約成立之後，非因當事人雙方的過錯而發生情勢變更，致使繼續履行合約對某一方當事人會顯失公平，此時根據誠實信用原則，當事人可以請求變更或解除合約。情勢變更原則適用的條件是：變更發生在合約的有效期內；具有情勢變更的客觀事實；變更是當事人不能預見的；情勢變更不可歸責於雙方當事人；情勢變更結果導致合約的履行顯失公平。

(二)物業管理服務合約的變更和解除

1.物業管理服務合約的變更

當物業管理服務合約生效後，由於主客觀情況的變化，會導致合約的部分內容不再符合實際，此時當事人可通過協商，對服務合約的內容作修改。

(1)服務合約變更的特點。服務合約的更改必須具有以下的特點：①協商一致性；②局部變更性；③相對消滅性，即是在變更範圍內的原權力義務關係消滅，而變更以外的權利義務關係仍然有效。

(2)服務合約變更的要件。①已存在合約關係；②具有法律依據或當事人的約定；具備法定的形式，如書面形式、需經有關機關批准等；非實質性條款變更，即除合約標的之外的其他條款。

2.物業管理服務合約的解除

合約的解除是指由於發生法律規定或當事人約定的情況，是當事人之間的權利義務關係消滅，從而使合約終止法律效力。導致合約解除的事項主要有：

(1)合約期滿；

(2)一方違約，經法院判定解除合約；

(3)當事人雙方商定解除合約。

(三)違反物業管理服務合約的法律責任

1. 違約責任的構成要件

違約責任的構成要件可分為一般構成要件和特殊構成要件。一般構成要件是指違約當事人承擔任何形式的違約責任都應具備的條件，包括違約行為和過錯。特殊構成要件是指違約當事人承擔特定形式的違約責任所應具備的條件。例如，當事人承擔賠償損失責任，其要件應包括違約行為、過錯、損害事實、違約行為與損害事實之間的因果關係四項。

2. 承擔違約責任的方式

承擔違約責任的方式主要有以下幾種：繼續履行、採取補救措施、賠償損失或支付違約金。

3. 免責條款

根據中國消費者保護法第二章消費者權益第 8 條規定，從事經銷之企業經營者，就商品或服務所生之損害，與設計、生產、製造商品或提供服務之企業經營者連帶負賠償責任。但其對於損害之防免已盡相當之注意，或縱加以相當之注意而仍不免發生損害者，不在此限。免責事由一般為不可抗力，當事人也可在合約中自願約定合理的免責條款。

不可抗力是指不能預見、不能避免、不能克服的客觀情況。不可抗力致使當事人不能履行或不能部分履行合約的，可部分或全部免除責任。但若當事人遲延履行後發生不可抗力的，不能免除責任。

第四節　經營性物業管理計畫的制訂

當業主將一個經營性物業交給物業管理公司時，總希望物業管理公司能給他帶來最大的收益。而物業管理公司在市場上參與競爭經營性物業的管理時，必須能對物業的經營環境即市場要了解，並正確地估價該物業目前和將來的潛力，然後制訂一個切實可行的、業主滿意的管理計畫，從而，贏得這場競爭。為此，物業管理公司必須懂得如何制訂一個經營性物業的管理計畫。

一、制訂管理計畫的三個基本方法

在制訂物業管理計畫時，管理計畫制訂人員有以下3個基本方法：市場分析、物業分析和業主目標分析。在綜合這三方面因素的基礎上，管理計畫制訂人員就可以制訂管理計畫和財務預算，這個計畫和預算按照目前和將來總體國民經濟周期和房地產經濟周期的發展變化來說，都是可行的。管理計畫應該包括市場分析、多方案分析、財務預算以及結論和建議及部分內容。這些內容的確定，都離不開以上所說的三個基本方法。由於制訂物業管理計畫需要花費較多的時間和精力，物業管理公司在沒有收到適當的報酬和簽訂合約以前，一般不應進行這項工作。然而，市場競爭的壓力會迫使物業管理公司對一個建設中或新落成的大廈預先制訂管理計畫，以此爭取獲得管理合約。

(一)市場分析

要制訂一個好的物業管理計畫，必須了解市場，掌握市場的發展趨勢。物業管理公司必須掌握主要的經濟趨勢以及這些趨勢對特定市場範圍內特定物業價值的影響。

1.區域性市場分析

區域性市場分析在說明經濟趨勢方面往往是非常有用的。區域性市場分析應該包括物業所在地區或大都市的人口構成和經濟狀況。通常包括人口統計數據及發展趨勢，該區域的支柱行業，收入和就業數據，交通設施現狀和趨勢，供需情況，該區域的經濟基礎和發展前景。對商業和工業物業的業主和管理者來說，區域性市場分析是至關重要的，因為它涉及到對該區域經濟發展的預測，從而影響產品的銷售，工廠的擴建，工商業建築的租賃等，總之將影響業主和管理者的收益。

2.街道性市場分析

一般說來，物業管理是在一個相對比較小的本地範圍內進行的。為了決定某棟大樓所能實現的最佳收入，物業管理公司必須了解物業所在街道

的房地產市場的經濟。街道分析應從街區的實地考察開始，並利用當地的地圖、城市規劃的規定、建築規範以及人口統計方面的數據。著重考察以下五個方面。

(1)街道的邊界和土地用途。一個街道通常被定義為有占有優勢地位的共同的人口特徵和土地使用的一個地區。街道可大可小，沒有固定的規模。在農村地區，一個街道可能超過幾十平方公里；而在中心城市，一個街道可能僅包括四、五棟建築。在市場分析進行以前，物業管理計畫人員，必須先確定街道的邊界。確定街道的邊界首先可以通過明顯的物理邊界，如河流、湖泊、鐵路線、公路等特徵來進行劃分。如果沒有明顯的物理邊界，則物業管理計畫人員就要憑經驗和觀察力，來確定有多少土地是處於共同的用途和分類類似的人群。

街道的邊界確定以後，物業管理計畫人員應將該街道的物理特徵在地圖上作特殊的標記。因為這些特徵可能會限制或有利物業將來的增長和發展。同時，物業管理計畫人員還要將該區的規劃要求和變化也在地圖上標出。因為街道規劃的要求和變化會對物業產生正面或負面的影響。

(2)交通與公用設施。不管物業是公寓、倉庫、辦公大樓還是購物中心，交通條件是至關重要的。接近公共交通線，對居住物業的住戶是必須的；交通線路的多少，交通的模式對商業企業的營業影響很大；而工業物業因原材料的輸入和產品的輸出，也傾向於建立在靠近鐵路站點、高速公路、機場和港口附近。對於交通不僅要考慮目前的狀況，而且要關心主要交通線路的變化。對停車場的關注也越來越成為各種物業的焦點。停車條件已對各種物業價值產生很大的影響。

街道公用設施的費用和品質也影響各種類型的物業。對居住和商業物業來說，完善的公用設施，如水、電、瓦斯等是吸引承租戶的重要因素。工業物業也會特別注重工業用電、獨立的排水系統、消防設施等的完善程度和費用。

(3)經濟狀況。一個街道有多種多樣的然而又能有效地結合在一起的各種行業，要比那些只有單一的大企業作為經濟支柱的地區健康的多。因為，單

一大企業作為經濟支柱的地區在經濟上是不健全的地區。因為一旦這樣的大企業因各種各樣的原因離開或消失時,這個地區的經濟構架將崩潰。物業管理計畫人員可以從多方面的渠道獲得訊息來評估此地區的經濟健康狀況。房地產經紀人、估價師、報紙等都是本地區經濟訊息的良好來源;行業協會也是經濟狀況的訊息來源,他們能提供當地各種行業的類型和數量,這些行業經營活動的規模以及過去的變化趨勢;當地的金融機構的態度也是地區經濟的重要的氣壓計。金融機構放貸的數量,反映了金融機構對房地產市場的信心。如果銀行不願或減少對該地區的物業進行抵押貸款,這就可以相當可靠地假設,當地的房地產的價值下降了。同時,金融機構的貸款利率也是反映經濟狀況的一個因素,抵押貸款利率的高低與經濟活動的活躍程度成反比。利率提高則經濟增長速度放緩,反之亦然。

物業管理計畫人員必須設法評估這個街道的增長潛力。如果這個街道不存在自然或人為的邊界,或沒有當地規劃方面的限制,則這個街道的增長機會將取決於其現有競爭的程度、建設貸款的可得性和工程造價等因素。

本地區房屋租金率也是判斷房地產市場和經濟的晴雨表。經濟發展,房屋短缺,租金就高,反之亦然。有關租金的訊息可以從近幾年報紙上房屋出租的分類廣告中獲得。也可以通過直接打電話或與當地的房地產經紀人面談來獲得。在了解房地產租金時,還必須了解該街道是否受到政府政策性的價格控制,在進行街道分析時要考慮這方面的因素。

(4)供求狀況。某類物業的占有率反映了在目前租金水準下這類物業的供求狀況。占有率的變化反映了供求關係的相應變化。高占有率標示這類物業相對缺少且租金增加的可能性;低占有率的情況下,租戶將會要求降低租金、要求給予裝修或改建的補貼,要求一段時間的免費租金或贈送家庭用具等。

產生低占有率的供大於求狀況從本質上來講可以分成兩類:一類是技術上的,一類是經濟上的。技術上的供大於求是待租或待售的物業數量要比潛在的顧客多;而經濟上的供大於求反映的是這樣一個事實,即所定的價格超過了潛在顧客的購買力。

有關占有率的數據的來源，可以從政府統計部門公布的報告中得到；也可以從公用事業部門中得到，因為哪家的水、電、瓦斯表不轉，則說明了這家是空置的。沒有轉動的計量表的數量大約就是空置的數量。

為了得到某一特定種類物業的占有率以及變動的速度，物業管理計畫人員必須調查與所管物業類似的可比較物業，即對現有該街道類似物業的數量、空置水準，按建築類型、樓齡、規模、位置、特徵和租金額等內容進行收集，建立數據庫。另外在分析占有率變化趨勢時，要將當地租戶數與現有的可出租的房屋數進行比較。與此同時，還必須分析潛在租戶的數量、租用能力和意願、財務來源或收入穩定性及趨勢。物業管理計畫人員必須基於過去的經濟趨勢和目前的條件來預計市場的增長率。

(5)社會與文化設施。儘管任何使街道對潛在消費者更具吸引力的社會文化設施，都會間接使工商業物業受惠，但作為居住物業的管理者，要比其他物業管理者更注意街道的社會文化設施。這主要是居住物業為工商業物業提供了勞動力和顧客的蓄水池。當物業管理計畫人員對街道進行考察時，必須將街道的公園、運動場、劇場、飯店、中小學校、大專院校、教堂等對潛在顧客有吸引力的各類社會文化機構的數量和位置記錄下來。正如前面所說的，良好的街道社會文化環境是吸引顧客的重要因素，對於工業企業也可以為員工提供良好的生活環境。

3.市場分析資料的評估

一旦區域和街道的市場調查完成，物業管理計畫人員就可以對所採集的有關交通設施、經濟狀況、類似物業的數量和位置、租金一覽表和人口組成方面的資料進行分析。在分析時，物業管理計畫人員必須將他將要管理的物業特徵和潛在租戶的需求牢記在心。即在決定資料的取捨時，必須結合他所服務或打算服務的物業特徵和租戶的要求。

工業物業必須注意擴建機會、交通設施、特殊的公用設施服務、原材料的可取得性，以及這個地區潛在的勞動力的情況；商業物業一般關注交通的結構和數量、競爭者的位置、公共交通設施、停車場地、人均收入等決策性因素；居住物業更多地關心家庭的規模、平均收入水準、人口的趨

勢、目前的就業率和該地區的社會文化設施。

　　根據市場調查得來的資料，結合所關注物業類型的特徵，透過對當前本地區同類型物業租金的比較調整，物業管理計畫人員就可以得到該地區的該類型物業標準單位最合適租金價格，從這個數據出發，則該物業基本的期望收入就可以計算出來了。總之，對區域性和街道的市場分析的有效性取決於管理計畫人員的判斷能力。他們必須熟悉房地產經濟周期的規律，並能估計經濟周期對所在房地產市場將來趨勢的影響。如果沒有這些評估，所收集的資料就不能充分發揮作用。

(二)物業分析

　　市場分析的目的是確定這個地區該類型標準物業空間的最合適租金。而物業分析是使物業管理計畫人員了解所管物業的性質和狀況，明確該物業在這個地區類似物業中所處的相對地位。為了獲得到這些訊息，物業管理計畫人員就必須對所管物業作徹底的調查，並利用可比物業的資料，用比較法去估價所管物業。在完成物業分析時，物業管理計畫人員必須清楚地知道，所管物業要與本地區最佳出租空間競爭還需花費多少錢。當然，這些支出的決策權在於業主。另外，物業管理計畫人員還需收集足夠的資料以便能估算所管物業的平均經營成本。

　　進行物業分析，主要包括租約分析、待租房間的檢查以及估算營運費用等方面內容。

1. 租約分析

　　租約分析主要是掌握一個物業的空置率和退租率方面的數據，以此了解物業管理的情況或租金定價合理情況。因此物業分析首先要研究所有的租約。每份租約均會顯示租金的數額及租賃期限。其次，物業分析要關注退租和續租的數據。這些數據能顯示前任物業管理者的管理是否有效。如果統計數據顯示很低的續租率（很高的租賃周轉率），這就說明物業管理的服務品質可能比較差或者租金高於市場價格。不管哪一種情況，租約分析的本身提供了對物業管理水準的深入了解。為了便於分析，可以將租約分析中得到的數據進行適當的統計並製成表格，以便進行分析研究。

2.待租房間的檢查

　　「你不會有第二個機會來獲得第一印象」、「先入為主」，這個道理在物業管理中尤為重要。未來的租戶以他對建築的第一印象作為他是否租用此物業的決策基礎。因此，物業管理計畫人員進行物業分析而對物業進行考察時，首先就要從總的物業的外觀開始，包括它的屋齡、環境、交通和風景綠化的狀況。如果所管物業從外觀上比不上周圍其他建築，不能給外人一個愉悅的感覺，則物業管理計畫人員就要提出相應措施來改進此物業的第一印象。

　　對建築內部的考察，首先應注意可供租用的房間的數量和各自的面積。居住物業的管理者要檢查房間的數量和大小、它們的佈局、壁櫥的數量以及各房的視野和景觀。物業取得最佳租金的能力，不僅在於它吸引人的設計，而且還在於它的設施的品質。因而，所有的五金、管道、牆壁及電器設備等都不能忽視。不合適的用具、破舊的地毯和窗簾、骯髒的牆面都將降低對物業的吸引力。物業管理計畫人員必須注意任何需要替換、修理或塗飾的項目，將其記錄下來。因為這些項目的改進可以使所管物業能符合本街道同類物業的標準要求，甚至能使其更具競爭力。

　　對建築外觀、內外部區域及公共設施的細致檢查為物業管理計畫人員估算來年的維修和運營費用提供了依據。檢查中揭示了那些延遲維修的項目和可彌補的退化項目，檢查標準要與規劃和建築規範要求相一致。這些物業的檢查，可以用一個表格記錄下來。表格所包括的項目主要有：檢查的項目、位置、完好狀態描述、擬採取的措施、相應的費用、費用總計等。

　　以此表格為依據，就可以估算出所管物業要達到該地區同類物業的標準狀態，物業業主需要投入多少維修費。

3.估算營運費用

　　物業營運費用的估算可以通過對同類物業的比較而獲得。比較的項目包括：建築的規模、租金率、空置率、位置、結構、屋齡、特殊的外觀、房屋和設施的狀況及管理人員數等。通過比較和參考物業管理相關的行業

標準，物業管理計畫人員就可以得出一年日常經營費用的各項內容，包括管理人員的工資福利、公共區域的水電費用、各類承包商的費用、保全綠化費用、設備維修費用、消耗品費用、廣告費、行政辦公費等。至此，物業管理計畫人員就可以向物業業主提供一份使該物業可以與本地區類似物業競爭的費用支出需求的估算報告。但這裡要注意，進行費用預算時，要與業主的目標相一致，並要根據所需進行維修項目的輕重緩急做出合理安排。

(三)業主目標分析

在完成市場分析和物業分析之後，在最終完成物業管理計畫之前，物業管理計畫人員必須了解和分析業主的目標。不同的業主有不同的目標。大多數大機構或大公司投資者通常都有形成書面文件明確目標，然而，很多小企業、個人業主往往沒有明確的書面目標，甚至有的根本沒有考慮過，或者即是考慮過但還很模糊。因此，物業管理計畫人員就要與業主一起，安排一個會議來確立一個明確的書面目標。業主的目標很重要，因為，物業管理計畫人員可能認為，為了更有效地營運物業，發揮其最高最有效的使用，需要改變物業的用途或對物業進行更新改造。然而這些可能是與業主的目標不相符合。所以物業管理計畫人員，在物業管理計畫制訂之前，必須了解業主的目標。

個人業主的目標通常有兩類：利潤導向的和保值增值導向的。利潤導向的業主希望獲得最高的租金，因此他們往往傾向於花錢翻新他們的物業。而保值增值導向的業主只是希望能正常的使用，或者在有些國家裡，他們只是為了利用房地產的折舊作為避稅的手段。

公司業主或團體業主也可以被分成兩大類：一類是將物業作為投資，另一類是將物業自用。以投資為目的的就會追求利潤，而自用為目的的主要為了保值。不同的目的，物業管理的要求都是不同的。

政府對其所管的物業，即公房，關心的是所管物業的保值，特別對大多數中低收入老百姓租用的住宅來說，政府提供的是低租金住房，因此社會保障和物業的保值就是政府部門的目標。

　　不管是那一類物業的所有者，物業管理計畫人員都會要求他們提供物業的其他資料，如房地產稅、貸款數和保險費等資料。這些資料也為物業管理計畫的制訂提供必要的訊息。

二、制訂管理計畫的一般步驟

　　管理計畫的制訂是建立在市場分析、物業分析、業主目標分析的基礎之上的（圖 5.1）。

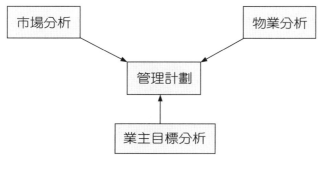

圖 5.1　管理計畫的制訂

　　管理計畫除了闡述管理服務的理念和目標、管理指標和承諾、管理保證措施等內容以外，以下三個不同的財務報告將構成管理計畫的主要構成部分：1 年的經營預算、5 年的經營預測及投資報酬分析。以下為三個財務報告的編製步驟。

(一)經營預算的準備工作

　　經營預算的準備工作即是前面所說的市場分析、物業分析和業主目標分析。通過市場分析物業管理計畫人員可以掌握該地區類似物業一個標準單位的最合適租金，平均空置率，以及市場對該類物業的需求；通過物業分析，物業管理計畫人員可以了解物業參與競爭所需的維修費用，以及年營運費用；通過業主目標分析，物業管理計畫人員在制訂計畫時，就要圍繞業主的目標來作各方面的安排，

即給管理計畫的制訂限定約束條件。

(二)確定租賃價格

物業租賃價格的確定可分兩步。第一步是用比較法,對市場分析所得到的最合適租金進行調整,以反映所管物業的優缺點。例如,如果所管物業的公共交通不方便,最合適租金就要下調;如果所管物業向租戶提供了超出本地區同類物業標準的網球場或游泳池,則最合適租金就要上調。經過第一步調整所得到的數字是所管物業的所有可出租空間的平均租金。第二步,要根據可出租空間在所管物業內部不同的樓層、位置、設施配置等情況,進行內部的調整,通過第二步調整,得到了所管物業所有可出租空間實際操作的租賃價格。

(三)計算租金收入

將第二步確定的租金價格與相應的各種類型出租空間的建築面積相乘並求和就可以得到該物業的年租金收入。如果物業是以套計租的,則年租金收入就等於各種類型每套的租金價格乘以此類型的套數並求和。

(四)市場趨勢調整

估算出來的租金收入必須作市場趨勢調整以反映預期年度市場可能的變化趨勢。這就要求物業管理計畫人員必須估算租金的損失率。這種損失率具體體現為物業的空置率和壞帳率。扣除損失率所得的收入,稱之為可得的租金收入。可得的租金收入加上其他收入,就得到年總有效收入。具體的計算公式為:

$$年可得的租金收入 = 租金收入 \times (1 - 損失率)$$
$$年總有效收入 = 年可得的租金收入 \times 其他收入$$

(五)計算年度經營支出

下一年度的經營支出包括了兩方面的費用:一方面是年營運成本,另一方面是為了保證物業的競爭性所需的維修費用。年營運成本可以從外部和內部兩方面

來獲得。在外部，主要是通過街道市場分析和物業分析，物業管理計畫人員可以得到該地區類似物業的平均營運成本；也可以從業主團體、物業管理行業協會獲得有關的費用定額。當然這些定額都要根據物業管理計畫人員的經驗加以修改。在內部，物業管理計畫人員主要研究所管物業歷年的營運成本，將其與本街道類似物業的一般標準作比較，鑑別出任何超額的並可以削減的費用。通過這兩方面的工作，再考慮市場經濟趨勢對經營支出增減的影響，物業管理計畫人員就可以得到來年的年經營支出。

㈥計算備用金

備用金被稱為「能預計的不可預計費用」，又稱為「不可預計費」。在物業管理過程中，總存在可能發生的不可預計的偶然事件。為了「未雨綢繆」，物業管理計畫人員在財務計畫制訂的過程中，必須為這些偶然事件準備備用金。對一個大型的建築來說，備用金一般要占維修費、備件費用總和的 10%～15%。但是實際留存比例要根據物業的規模、樓齡等特徵進行變動。備用金是財務預算報告中不可缺少的部分，不管將其單獨列項還是將其歸入維修費，都是必須考慮的。

㈦1 年的經營預算（現金流）

根據以上的步驟，例如，對一個公寓項目，物業管理計畫人員就可以制訂一個 1 年的經營預算報告，如表 5.1 所示。

表 5.1　年經營預算表

	內容	數額
收 入	3 套工作室（250 美元／月）	9,000 美元
	6 套一臥室房（300 美元／月）	21,600 美元
	3 套二臥室房（350 美元／月）	12,600 美元
	計畫租金收入	43,200 美元
	5%的空置率和壞帳	−2,160 美元
	可得的總租金收入	41,040 美元
	其他收入	+2,000 美元
	預計總有效收入	43,040 美元

內容		數額
支 出	房地產稅	5,000 美元
	工資	8,500 美元
	公用事業費	4,000 美元
	消耗品	500 美元
	維修費	1,500 美元
	保險費	500 美元
	行政管理費	200 美元
	物業管理費（6%的毛收入）	2,500 美元
	備用金	300 美元
	預計總支出	23,000 美元
還貸前的淨收入		20,040 美元
貸款利息：（$9000 × 10%）		9,000 美元
總現金收入		11,040 美元

(八) 5 年經營預測

　　為了向業主勾劃出所管物業收入的潛力，物業管理計畫人員還必須準備 5 年經營預測。它是關於未來 5 年就可能發生的變化所作的收入和支出的長期預算。在進行長期預算時，物業管理計畫人員必須根據各項收入和支出的來源，仔細研究市場趨勢對他們的影響。在收入上，他們必須考慮預測期間的租金增長或降低率，考慮由於物業本身的更新改造而帶來租金的增長。在支出上主要考慮通貨膨脹率，勞動力及材料價格的上漲，稅收的增加，保險金的提高等。針對這些因素，對每年的各項收入和支出作合理的調整，就可以得到 5 年的經營預測（表 5.2）。在做出 5 年預測之前，必須作一些假設，如租金上漲率保持在目前的 10%的水準；所有的租約都是 1 年期的等等。最右邊一欄是 5 年相加平均後作的平衡預算。費用精確到 100 美元。

表 5.2　5 年經營預測　　　　　　　　　　　　　　　　　　　單位：美元

		基礎年	第 1 年	第 2 年	第 3 年	第 4 年	第 5 年	平衡預算
收 入	租金收入	41,000	45,000	49,500	54,000	59,000	65,000	52,300
	其他收入	2,000	2,200	2,500	3,000	3,600	4,000	2,900
	收入合計	43,000	47,000	52,000	57,000	63,000	69,000	55,200
支 出	房地產稅	5,000	5,300	5,500	5,800	6,000	6,300	5,600
	工資	8,500	9,300	10,000	11,000	12,000	13,200	10,600
	公用事業費	4,000	4,400	4,800	5,200	5,700	6,100	5,000
	消耗品	500	600	700	800	900	1,000	700
	維修費	1,500	1,700	200	2,200	2,500	2,800	2,100
	保險費	500	600	600	700	700	800	600
	行政管理費	200	200	200	300	300	300	300
	物業管理費	2,500	2,800	3,100	3,400	3,800	4,100	3,300
	備用金	300	300	300	300	400	400	300
	支出合計	23,000	25,200	27,200	29,700	32,300	35,000	28,500
還貸前淨收入		20,000	22,000	24,800	27,300	30,700	34,000	26,700
還貸額		9,000	9,000	9,000	9,000	9,000	9,000	9,000
淨現金流收入		11,000	13,000	15,800	18,300	21,700	25,000	17,700
現金收入平均每年增長 2,800 美元								

(九)投資報酬分析

　　作為投資性物業管理計畫的一部分，需要考慮翻新、改造等投資性回報分析。這些改建和翻新首先要與業主的目標一致，並為獲得最合適租金所必需的。任何使物業在當地市場更具競爭力或改變結構滿足本地區需求的資本性支出也必須列入計畫。這是一個複雜的任務，需要對改良項目的施工、材料、勞力成本作研究。同時，物業管理計畫人員還必須估算由於這些改良所帶來的租金等收入的增長。這些增長的收入與所作的投資進行比較，即投資報酬分析，可以向業主提供投資報酬率、投資回收期等有價值數據。這些數據可以根據需要，用靜態分析或動態分析方法來獲得。

例 5.1   對上述公寓作改建前後的收入支出預算。改建的項目包括對門廳的重新裝修，增加洗衣房和一個娛樂場所。總的費用是 15,000 美元。基於建築外觀的改善和洗衣房娛樂場所增加帶來的方便，所有的租金可以每月增加 45 美元。洗衣房的收入為每年 2,000 美元，水費增加每年 500 美元。由於總的收入增加了，所以物業管理費也作相應增加。由改良而產生的現金收入增加為每年 7,500 美元。所以，改良投資的回收期是 2 年。經過 5 年，業主通過改良投資實現利潤 22,000 美元。物業改良的投資報酬分析如表 5.3 所列。

不同的業主對投資報酬有不同的標準。因此在進行分析後，物業管理計畫人員要將結果提交給業主供作決策。

表 5.3   投資報酬比較分析（顯示主要的現金收支情況）　　　　　　　　　　單位：美元

		原始物業	改良後的物業
收入	租金	41,000	47,500
	其他收入	2,000	4,000
	合計	43,000	51,500
支出	房地產稅	5,000	5,000
	工資	8,500	8,500
	公用事業費	4,000	4,500
	消耗品	500	500
	維修費	1,500	1,500
	保險費	500	200
	行政費	200	200
	管理費	2,500	3,000
	備用金	300	300
	合計	23,000	24,000
	還貸前淨收入	20,000	27,500
	還貸額	9,000	9,000
	現金收入	11,000	18,500
每年現金收入增加 7,500 美元，15,000 美元的投資在兩年內回收			

(十)管理計畫的遞交

在完成 1 年經營預算、5 年經營預測和投資報酬分析以後，物業管理計畫人員可以著手撰寫書面報告，提交業主審查。由於業主往往是憑對報告的第一印象來判斷管理者的能力，因此，提交的報告要儘量做到數據準確，整潔美觀。最好在結稿前送有經驗的同事進行復審。

業主的目標是管理計畫是否被採用的決定因素。如果，物業管理計畫不能完全體現業主的要求，則雙方必須重新協商。對物業管理公司來說，最具挑戰性的工作是對一個問題能拿出多個解決辦法。當雙方就計畫的可行性達成一致後，就可以將該管理計畫作為物業管理合約的一部分寫入合約。

複習思考題

1. 物業管理招投標有哪些特點？

2. 物業管理招投標的原則是什麼？

3. 物業管理招標的具體範圍包括哪些？

4. 簡述物業管理招標的內容。

5. 物業管理投標文件應如何編寫？

6. 影響競標的關鍵因素是什麼？

7. 物業管理投標原則有哪些？

8. 簡述物業管理服務合約的簽訂程序。

9. 簡述物業管理服務合約的概念和特徵。

10. 物業管理服務合約履行應遵循哪些原則？

11. 簡述服務合約變更的特點和要件。

12. 簡述違約責任的構成要件及承擔違約責任的方式。

13. 制訂管理計畫的工具或手段是什麼？

14. 街道性市場分析包括哪些內容？

15.簡述物業分析的目的和內容。

16.制訂管理計畫的一般步驟有哪些？

第六章
早期介入與前期物業管理

第一節　物業管理的早期介入

在房地產綜合開發中，規劃設計和施工階段是關係到物業能否形成預期功能的關鍵性環節，不僅影響到物業的租售，而且影響到物業能否為業主及使用人提供安全、便利、舒適的工作和居住環境，即直接影響到物業管理階段工作的難易及管理成本的高低。例如，沒有管理用房，停車位不夠，保全設施不配套，管線格局及容量不合理等都是規劃設計及施工不合理所造成的。因此物業管理的早期介入，有助於及早發現和解決這些問題。

一、物業管理早期介入的含義

(一)物業管理早期介入的含義

物業管理早期介入是指物業管理企業在交屋竣工物業之前，參與物業的規劃、設計和施工建設，從物業管理的角度提出意見和建議，使建成後的物業更好地滿足業主和使用人的要求的各項活動。

(二)物業管理企業早期介入的優勢

物業管理企業進行物業管理早期介入具有自身的優勢：

1. 資訊優勢

物業管理企業在長期的物業管理實踐中，對業主和使用人在物業使用過程中產生對物業的意見、想法、建議非常熟悉，同時在自己實施管理的過程中，也充分了解由於規劃設計施工階段的不足給物業帶來的種種問題，這些寶貴的第一手資訊是其他任何企業所不易獲得的。例如，現在許多業主在裝修新房時，出現較大規模裝潢，甚至破壞承重結構，這裡當然有許多不符合國家房屋管理規定的做法，但是有很多的例子也確實反映設計方面的缺陷。這些資訊如果能反映給設計人員，使在設計階段就得以考慮，就不會出現大量的裝潢，對社會和個人都可以獲得財富的節約。

2.人才優勢

物業管理企業由於管理、維修、運行的需要，集中了一批房屋結構、建築施工以及電器設備、通訊、機械電子及冷氣及通風等方面的專業人才，他們擁有長期房屋設備設施使用的寶貴經驗，這些都是物業管理企業不可替代的人才優勢。

3.動機優勢

物業管理企業早期介入的另一優勢就是動機優勢，即利益導向優勢。物業管理企業早期介入的目的主要是為了能通過早期介入獲得先入為主的優勢。對人員的熟悉，對房屋及設備特別是管線工程的了解，為物業管理企業獲得管理委託權打下一個良好的基礎。占據和擴大市場是它們願意早期介入的主要動機；另外，由於物業管理公司今後需長期承擔管理任務，因此規劃設計施工階段的好壞，為它們能經濟有效地實施物業管理奠定基礎，這也是物業管理企業願意早期介入的動機之一。

二、物業管理早期介入的意義

(一)避免先天性缺陷，完善物業使用功能

隨著社會和經濟的發展，人們對物業的居住環境要求越來越高，這使得物業的開發建設應充分考慮到使用功能的前瞻性和多元性，在物業的格局、造型、建材、環境、便利、安全及舒適等各方面力求滿足人們實際使用的需要。而這方面物業管理企業所具有的資訊和人才優勢使得其在物業管理中所積累的經驗可以提供給規劃設計師，在規劃設計階段就可以避免出現先天性的缺陷，使建成的物業具有完善的使用功能。

(二)加強施工監造能力，保證施工品質

物業管理企業作為物業建成投入使用後的管理者，建成的物業品質的好壞，不僅影響到管理工作能否順利開展，也影響到其自身的物質利益。因此從經濟利益出發，物業管理企業具有參與施工工程監督的客觀要求。同時，建商有了物業

管理企業的參與監督，可以使物業的施工品質得到進一步的保證，極大地避免物業保修期中出現問題所帶來的煩惱，也利於建商房地產的銷售。這樣，使得物業管理企業參與施工監督有了必要性和可行性。物業管理企業參與施工工程的品質監督，可以強化物業建造過程中的施工品質的監控，確保了物業的施工品質。

(三)全面掌握物業情況，利於交屋驗收

物業管理企業早期介入的過程，也就是物業管理企業熟悉物業、了解物業的過程。通過早期介入，物業管理企業能夠全面掌握物業的土建結構、管線走向、材料特性、設施建設及設備安裝等方面的第一手資料，為物業的交屋驗收，以及物業管理方案的制訂和實施，打下了堅實的基礎，也為日後的管理、養護、維修帶來了便利。

三、物業管理早期介入的內容

物業建設是一個系統工程，因此物業管理的早期介入應該貫穿於開發建設的完整過程。在投資決策、規劃設計、施工建設和竣工驗收各階段都有很多內容可以參與。

(一)投資決策階段

房地產開發企業在進行市場調研和項目投資評估時，應注意聽取物業管理人員對項目選址、市場定位以及物業管理內容、標準、成本、利潤及收費等方面的意見和建議，以減少決策的盲目性和主觀隨意性，提高投資決策的科學化水準。

(二)規劃設計階段

在規劃設計階段，物業管理人員可以就以下主要方面提供自己的建議和意見：

1. 物業總體格局和功能

物業總體格局、功能設計、綠地、道路、公共活動場所、房型設計以及各種房型的匹配比例、內外牆裝修標準等。

2. 日常的管理

中央監控室、設備層、管理用房、大門、總台、門衛等的設置及標準，人員通道、車輛進出和停放、保全、消防設施的配置、垃圾容器及堆放、清運點的設置，建築外立面附屬物（空調、雨篷、脫排煙道、晾衣架等）位置預留、孔洞，以及陽台、窗戶的外立面設計。

3. 設備設施及材料選用

設備設施及建築材料的性能特點、使用效果、養護、維修以至更換成本，水、電、瓦斯、通訊等設備容量的預留和分配、管線的格局和配置走向等。

4. 公建配套建設

各類商業網點、文化娛樂等公建配套設施的服務內容、服務半徑、服務對象等。

(三)施工建設階段

在此階段，物業管理企業主要派員到現場，熟悉基礎和隱蔽工程、機電設備的安裝調試、管道線路的敷設和走向等，發現問題，及時反饋解決。

(四)竣工驗收階段

竣工驗收階段是房地產開發建設階段的最後的環節，它是對房地產項目設計品質和施工質量的全面檢驗。物業管理企業作為物業的管理者，要從確保物業在相當長一段時間內能正常使用的目的出發，參與對物業的竣工驗收。

綜上所述，物業管理早期介入是前期物業管理的重要鋪陳，早期介入越早、越深入，對物業價值的提升及日後管理效能的提高程度越大。但是，除了一些建商自己的物業管理公司，目前，物業管理企業能有效地實施早期介入，還存在著思想觀念和經濟上的重重障礙，尚需各方面作進一步的宣傳、努力，克服思想意

識、經濟等方面的障礙，使得此項好事能真正得到極大的推廣。

<h1 style="text-align:center">第二節　前期物業管理</h1>

一、前期物業管理的含義

(一)前期物業管理的提出

改革開放以來，由於土地使用制度及住房制度改革所激起的商品房建設高潮，使大量新型住宅區雨後春筍般地出現，原來行政性、福利性的房管所管理體制已不能適應實際的需要，新的管理形式又未能及時地出現，房屋管理出現了暫時的真空。為了解決這個問題，政府房屋建設行政主管部門就規定：誰開發誰管理。同時，由於新產權形式的出現，廣大小業主成了自己房屋的主人，反映到物業管理活動中，他們自然而然地成了物業管理活動中基本的民事法律關係的主體，他們應該對自己物業的管理問題行使權力。但房地產銷售的特殊性（有一個較長的銷售過程）所帶來入住業主的分散性，使得業主難以成為有效民事主體的一方。在這種情況下，前期物業管理的議題就提到議事時程上來了。

前期物業管理的提出，最早出現在 1994 年 11 月實行的深圳經濟特區住宅物業管理條例中。條例規定：開發建設單位應當從住宅區開始入住前 6 個月開始自行或者委託物業管理公司對住宅區進行前期管理，管理費用由開發建設單位自行承擔。上海市居住物業管理條例（1997 年 7 月 1 日實行）對前期物業管理下了更明確的定義：本條例所稱前期物業管理，是指住宅出售後至業主委員會成立前的物業管理。

(二)期物業管理的定義

前期物業管理是指物業竣工驗收後至業主或業主大會選聘物業管理者之前的物業管理。如此定義有如下考慮：

1. 根據 2003 年 5 月 28 日頒布的物業管理條例第 21 條：在業主、業主大會選

聘物業管理企業之前，建設單位選聘物業管理企業的，應當簽訂書面的前期物業管理契約。這就規定了前期物業管理終止點是業主或業主大會選聘物業管理企業之前。如果將終點定在業主委員會成立前，由於業委會成立不等於選聘物業管理公司，這樣就會產生業委會成立到選聘物業管理企業之間一段時間在定義上的空缺。

2. 在物業竣工驗收以前，物業屬於在建工程，其民事法律關係的主體是建商和工程公司，在此期間的管理只能屬於工程管理，是由施工的工程公司負責的。物業管理公司在此期間參與的活動只能是物業管理的早期介入。

3. 由於住宅出售是一個過程，其中包括了預售，因此很難定義「出售後」這個時間點，有的房子在施工階段已銷售一空，而有的在竣工後很多年還未能全部銷售，所以將前期物業管理的起點定在住宅出售後是欠妥的。

4. 前期物業管理應該是一個普遍的概念，不應只限於住宅。

二、前期物業管理的意義

(一)解決了前期物業管理民事主體資格缺位的矛盾

根據產權理論，物業管理民事活動的基本民事法律關係主體是業主和物業管理企業。但由於種種原因，使得業主這個主體，在一段時期內還不具備承擔起這種民事活動的能力。

例如，對於住宅來說，有關首次業主大會的召開，各地都有出售面積的要求。上海市的規定是：公有住宅出售面積達到 30% 以上，新建商品住宅出售建築面積達到 50% 以上。

由於房地產銷售活動的特殊性，達到一定數量的銷售面積，需要較長一段時間，小業主的分散性購房入住及入住初期的裝修等繁雜事務，使得小業主難以在短期內形成一個合法的業主團體。即使是單獨或少量業主的物業（按規定它可以不成立業主大會），也可能因為能力、經驗和精力等原因，不能承擔這種民事責任，轉由建設單位選聘物業管理企業進行前期物業管理。因此在此期間，由建設單位（建商）作為民事主體的一方聘請物業管理企業，就解決了此階段民事主體

資格缺位的矛盾。

(二)滿足了物業管理不可間斷性的需要

物業一旦竣工驗收結束就由工程公司移交給建設單位，就會有一系列的管理問題，保全、清潔、入住、裝修及綠化等活動是片刻不能離的。為了保持物業的不間斷管理，城市新建住宅區管理辦法明文規定：「房地產開發企業在出售住宅區房屋前，應當選聘物業管理公司承擔住宅區的管理。」

(三)促進物業的租售

市場銷售學有一句名言：「顧客的滿意是公司最好的廣告」。物業建設單位通過聘請有經驗的物業管理公司，對物業實施有效的管理，給購房者提供滿意的服務，這一切給物業建設單位帶來了良好的口碑效應，反過來又促進了物業的租售。

(四)利於物業管理公司的續聘

對於物業管理企業來說，良好的前期物業管理，將給業主帶來較高的滿意度，這對促成今後與業主或業主大會簽訂長期穩定的物業管理委託契約將有重要的影響。物業管理企業應充分利用這先入為主的有利機會，做好前期物業管理。

三、前期物業管理的特點及與早期介入的區別

(一)前期物業管理的特點

1. 主體關係的複雜性

在物業管理階段，存在著 3 個相互聯繫的利益主體，建商、小業主以及物業管理企業。建商與小業主之間是買賣契約的關係，由於房屋兩年的保修期，使得兩者的關係未能結束。同時，由於建商是物業管理契約中的委託者，但委託物業的產權又往往不是屬於它的；建商決定物業管理合同

的標的——管理費用,但這些費用不需要它自己支付。小業主是產權的主人,沒有自己物業管理的決策權,卻又要承擔此法律關係的後果,支付物業管理的各項費用。物業管理企業與不是業主的房地產建商簽訂物業管理契約,但在實施前期管理的過程中,需要代表業主的利益,仔細地發現保修階段物業的各種缺陷,並督促建商進行改正,物業管理企業又擔心與建商關係處理不好,影響其日後參與建商開發新大樓的機會。這些反映了這一階段主體關係的複雜性。

解決這些複雜關係,甚至矛盾的情況,只能由政府出面干涉,並使主體間各自的利益關係保持一種平衡。例如,政府對物業管理費用的審定,政府提供前期物業管理委託的格式契約,政府對建商以及物業管理企業在前期物業管理期間所擔負的責任之規定;建商對於促銷及保修的考慮,物業管理公司對今後續聘的預期等,這些都對處理主體關係複雜性產生很好的平衡作用。

2. 管理工作的基礎性

前期物業管理工作的基礎性不僅反映在它的硬體上,同時也反映在它的軟體上。新房屋特別是設備設施,在運行的初期是問題多發階段。在前期物業管理階段,物業管理企業必須對所有房屋、設備、設施的運行進行仔細地檢查、調試,並對發生的問題及時地進行修正,對一些在交屋驗收中未能發現的重要問題,透過建商要求施工單位解決。只有通過這種嚴格仔細的工作,才能為今後十幾年以至幾十年的正常運行奠定良好的基礎。前期管理階段各項管理制度的制訂及嚴格地實施,也為今後的長效管理奠定基礎。例如,對於室內裝修的嚴格管理,不僅可以避免給房屋設備帶來隱憂,而且可以有力地遏止亂搭建、亂打洞等破壞整體外觀形象的行為。

3. 管理矛盾的集中性

在前期物業管理階段,工作的頭緒繁多,工作量大,而且由於各個分散業主的個人的素質、習慣、愛好以至個體利益的不同,在此階段會發生大量的業主與業主之間、業主與物業管理企業之間、業主與建商及施工工程公司之間的各種矛盾,這些矛盾的集中性、突發性以及要求處理的及時

性，對物業管理企業提出了極大的挑戰。

4. 管理契約的短暫性

物業管理條例第 26 條規定：「前期物業服務契約可以約定期限；但是，期限未滿、業主委員會與物業管理企業簽訂的物業服務契約生效的，前期物業管理契約終止。」因此，前期物業管理是一種過渡階段的管理，它必將隨著業主及業主大會的正式就位並實施選聘物業管理企業權利而終止。前期物業管理契約的期限一般都不超過兩年。

(二)期物業管理與早期介入的區別

前期物業管理與早期介入的區別主要有以下幾點：

1. 發生時段不同

早期介入發生的時段是在竣工驗收以前，而前期物業管理發生的時段是在竣工驗收以後至業主大會與其選聘的物業管理企業簽訂契約生效日止。

2. 工作內容不同

早期介入階段，物業管理企業的工作主要是給予諮詢以及施工階段的品質督察。而在前期物業管理階段，物業管理企業的工作主要是住戶入住、室內裝潢管理、日常管理制度和管理隊伍的建立和運作等實際的管理工作。

3. 契約關係不同

早期介入不一定需要有物業管理服務契約的存在，只要有一般的諮詢服務契約即可；而前期物業管理階段，物業管理企業必須與建設單位簽有前期物業管理服務契約。

4. 企業地位不同

在早期介入階段，物業管理企業只是起輔助作用；而在前期物業管理階段，物業管理企業是處於管理的主導地位。

四、前期物業管理的內容

前期物業管理的主要內容是：

(一)建立服務系統和服務網絡

前期物業管理服務契約一經簽訂，物業管理企業首先要建立服務系統和服務網絡，其中包括落實該物業的管理機構，以及管理操作人員。機構的設置應根據所委託物業的用途、面積確定；人員配備除了考慮管理人員的選配以外，還要考慮操作人員的招聘或專項工作的發包。管理人員和操作人員一旦確定，則必須根據各自的職責進行培訓，以便他們對所管理物業、服務對象、職責範圍有較深的了解。

(二)建立管理制度

必要的規章制度是物業管理順利運行的保證。前期物業管理的基礎性的特點，要求物業管理企業在實施管理的一開始就有一整套切實可行的管理制度和實施細則。因此，物業管理企業要結合新接物業的特點和要求，對公司現有的規章制度資料進行修改確認、頒布施行。

(三)物業的交屋驗收

物業的交屋驗收是物業管理企業正式實施管理的標示，它是關係到今後物業管理工作能否正常進行和責任承擔者能否分清的重要環節。在前期物業管理階段，物業的交屋驗收主要依據國家建設部及省市有關交屋驗收的技術規範與標準，對已通過竣工驗收的物業進行再檢驗，驗收中發生的問題應明確紀錄在案，及時反饋給建設單位，以便建設單位督促施工單位整修。物業的交屋驗收不僅是物的移交，更重要的是管理的移交，因此凡涉及到今後管理的有關業主資料、產權資料、技術資料以及管理責任和業務關係等都需要一一移交。

(四)進戶管理

所謂「進戶」，是指業主或使用人收到書面通知書，並在規定期限內辦理完相應手續並實際入住。其內容和步驟如下：

1.由建商發出入住通知書；

2.購房業主按要求繳清剩餘房款及其他費用；

3.購房業主與物業管理人員實地驗收物業；

4.不合格項目改正；

5.簽訂物業使用公約、業主臨時公約；

6.業主或使用人資訊登記；

7.發放用戶手冊或辦事指南；

8.發放鑰匙，完成進戶手續。

(五)裝修搬遷管理

由於人們生活水準的提高，人們對自己家庭裝飾的品質和個性化要求越來越高。裝修已成了物業實際使用前的必要程序。不管是新房還是中古屋，幾乎家家都在入住前進行裝修。由於裝修是受業主或使用人個人意志支配的，他們往往給物業和其他的業主帶來很多不良影響。例如，隨意改動建築結構、破壞承重牆、改變管線走向，在外牆立面任意添裝附屬設備或設施等，客觀上極大地影響了物業整體的價值。另外，施工隊伍隨意傾倒垃圾、晚間施工、機械噪音、有毒氣體腐蝕揮發等，均會妨礙左鄰右舍的正常生活。這一切都說明規範裝修行為成了前期物業的管理重點和難題。除了裝修，搬遷管理也是物業管理企業必須加以重視的事情。由於搬遷的集中性，所以如果不加以管理，就會造成搬遷住戶在時間、場地及電梯設備使用上發生衝突；同時在搬遷過程中，很可能會損壞物業及設備設施和道路綠化，甚至有可能造成人身傷害事故。

(六)檔案資料管理

檔案資料有兩種，一種是物業資料，另一種是業主或使用人資料。物業的資

料是交屋驗收所獲的各種技術資料和產權資料。業主或使用人資料包括他們的姓名、工作單位、聯繫方式、家庭成員或進戶人員、各項費用收繳情況等。檔案資料的管理主要抓住收集、整理、歸檔和利用四個環節。收集的關鍵是完整，要從時間和空間兩方面將所有的資料收集完整。整理的關鍵是去偽存真，即將那些與物業管理有用的資料保留。歸檔的關鍵是分類科學，存取方便。利用的關鍵是方便、安全。要建立相應的制度使得使用者既方便又不會造成洩密、丟失損壞的情況。

第三節　物業交屋驗收

一、交屋驗收的含義、特點和作用

(一)交屋驗收的含義

物業的交屋驗收是指物業管理單位（國家或企業的房管部門或物業管理公司）對建設單位移交的新建房屋，以及業主委託管理的原有房屋，按行業標準進行綜合檢驗，然後收受管理的工作。物業交屋驗收既發生在物業管理單位與建設單位之間，也發生在業主與物業管理單位，以及物業管理單位與物業管理單位之間。它的形式有房管部門交屋、依法代管、依約託管及單位自有房屋交屋等。

(二)交屋驗收和竣工驗收的區別

1.驗收主體不同

交屋驗收的主體是物業管理單位；竣工驗收的主體是房地產開發建設單位和城市建設行政主管部門。

2.驗收性質不同

交屋驗收是為了主體結構安全與滿足使用功能的再檢驗；竣工驗收是為了查驗房地產建設工程項目是否達到規劃設計文件和建築施工安裝所規定的要求。

3.驗收目的不同

　　交屋驗收是物業管理單位為分清管理責任，對即將進行管理的物業進行管理驗收。它不僅要進行品質的再檢驗，更重要的是相關的管理資料、管理責任的驗收；竣工驗收是工程項目建成後，建設單位為了使物業取得進入市場的資格，對物業是否合格進行品質驗收。

4.移交對象不同

　　交屋驗收後，物業由建設單位、業主或原物業管理單位移交給房管部門或物業管理公司；竣工驗收後，物業由施工單位移交給建設單位。

(三)交屋驗收的作用

1.界定交接雙方的權利和義務關係

　　交屋驗收的交接雙方通過交屋驗收、正式簽署文件，明確各方的職責利，實現權利和義務的同時轉移。

2.確保物業具備正常的使用功能

　　物業管理單位通過交屋驗收，可以發現物業品質的缺陷和隱憂，通過及時返工、補強、修繕和加固，確保物業主體的結構安全，滿足業主正常的使用需要。

3.為物業的正常管理奠定基礎

　　物業管理單位通過交屋驗收，可以了解物業的性能特點，有利於管理方案的制訂和實施；可以掌握有關物業管理的各種關係和脈絡，有利於物業管理工作順利開展。

二、交屋驗收內容和程序

(一)交屋驗收應具備的條件

1.新建房屋交屋驗收應具備的條件

(1)建設工程全部施工完畢，並業經竣工驗收合格；

(2)供電、採暖、給水排水、衛生、道路等設備和設施能正常使用；

(3)房屋幢、戶編號業經有關部門確認。

　2.原有房屋交屋驗收應具備的條件

(1)房屋所有權、使用權清楚；

(2)土地使用範圍明確。

（二）交屋驗收的內容

交屋驗收主要包括三方面的內容：*1.*資料驗收；*2.*品質與使用功能檢驗；*3.*問題處理。

　*1.*新建房屋交屋驗收的內容

(1)資料的驗收。主要包括：

　①產權資料。包括項目批准文件、用地批准文件、建築執照、拆遷安置文件等。

　②技術資料。主要包括：竣工圖，工程契約及開、竣工報告，地質勘察報告，工程預決算，設計圖會審紀錄，工程設計變更通知及技術核定單，隱蔽工程驗收簽證，沉降觀察記錄，竣工驗收證明書及材料、設備、設施的合格證書、使用說明、測試報告等。

(2)品質與使用功能的檢驗。品質與使用功能的檢驗主要根據國家規定的各項技術標準、設計規範、驗收規範對房屋進行對照檢驗。其涉及的部位主要分為：主體結構、外牆、屋面、樓地面、裝修、電氣、水、衛、消防、採暖、附屬工程及其他。

(3)品質問題的處理。主要有以下兩方面：

　①影響房屋結構安全和設備使用安全的品質問題，必須約定期限由建設單位負責進行加固補強返修，直至合格。

　②對於不影響房屋結構安全和設備使用安全的品質問題，可約定期限由建設單位負責維修，也可採取費用補償的辦法，由交屋單位處理。

　*2.*原有房屋交屋驗收的內容

(1)資料的交屋驗收。主要包括：

　①產權資料。包括房屋所有權證，土地使用權證，有關司法、公證文書和

協議，分戶使用清冊，房屋設備及定、附著物清冊等。

②技術資料。包括房地產平面圖，房屋分間平面圖，房屋及設備技術資料
（這些資料包括了新建房的所有技術資料）。

(2)品質與使用功能的檢驗。主要內容有：

①以危險房屋鑑定標準和國家其他有關規定作為檢驗依據；

②外觀檢查建築物整體的變異狀態；

③檢查房屋結構、裝修和設備的完好與損壞程度；

④查驗房屋的使用情況（包括建築年代、用途變遷、裝潢添建、裝修和設
備情況）。

(3)危險與損壞問題的處理。主要包括以下三個方面：

①屬有危險的房屋，應由移交人負責排險解危後，始得交屋；

②屬有損壞的房屋，由移交人和交屋單位協商解決，既可約定期限由移交
人負責維修，也可採用其他補償方式；

③屬法院判決沒收並通知交屋的房屋，按法院判決辦理。

(三)交屋驗收的程序

1. 移交人書面提請交屋單位交屋驗收；

2. 交屋單位對移交資料進行審核，符合條件者，在 15 日之內簽發驗收通知並
約定驗收時間；

3. 交屋單位會同移交單位進行房屋品質和使用功能的檢驗；

4. 檢驗中發生的問題，按規定進行處理；

5. 經檢驗符合要求的房屋，交屋單位應簽驗收合格憑證，簽發交屋文件。

三、交接雙方的責任

(一)建設單位應提前作好交驗準備，一旦竣工，及時提出交屋驗收申請。交屋
單位在 15 日之內審核完畢，簽發驗收通知書並約定時間驗收；驗收合格，
交屋單位應在 7 日內簽署驗收合格證書，並及時簽發交屋文件。未經交屋

的新建房屋一律不得使用。

㈡交屋驗收時，交接雙方均應嚴格按照規定執行。驗收不合格，雙方協商處理辦法，組織復驗。

㈢交屋交付使用後發生隱蔽性的重大品質事故，應由交屋單位會同建設單位組織設計、施工等單位，查明原因。如果屬於設計、施工、材料等原因，則應由建設單位負責處理；如果屬於使用不當、管理不善的原因，則應由交屋單位負責處理。

㈣新建房屋自驗收交屋之日起，由建設單位按規定負責保修，並向交屋單位預付保修保證金，交屋單位在需要時可用於代修，保修期滿按實結算；也可雙方達成協議，由建設單位一次性撥付保修費用，由交屋單位負責保修。

㈤在交屋驗收中有爭議又不能協商解決者，雙方均可申請市、縣房地產行政主管部門進行協調或裁決。

四、交屋驗收中存在的問題和注意事項

㈠交屋驗收中可能存在的問題

1. 交屋驗收草草了事。這種問題一般發生在特定的交屋驗收雙方當事人之間。如建商與其下屬物業管理企業進行的交屋驗收，往往會敷衍了事。這樣做往往會給日後的管理帶來很大的隱憂。

2. 交屋驗收不切實際。這種問題通常是交屋單位選派的工作人員不專業或不負責任。例如，對應當逐項驗收的項目有的不經驗收就簽字確認；有的存在品質問題或不合格卻按合格驗收。這樣可能在日後給業主帶來麻煩和經濟損失。

3. 交屋資料不齊全。這種情況發生在移交單位管理混亂，資料散失，而交屋人員對應獲得的資料不甚了解時。特別是一些設計變更資料，或是沒有成文，或是丟失，這些都會給以後的物業管理帶來難以預料的麻煩。

(二)交屋驗收中應注意的事項

1. 認真按標準進行逐項驗收。對發生的問題要及時記錄在案，明確責任，並有移交單位簽字確認。

2. 落實物業保修事宜。應書面簽訂物業保修契約，明確保修的內容、進度、責任和方式。

3. 移交工作應辦理書面移交手續。特別要明確在移交過程中遺留問題的責任、解決時間、方法以及經濟責任。

4. 配備合適的交屋人員。交屋單位，應選派業務專精、責任心強的專業技術人員擔任交屋驗收人員，要站在廣大業主的立場上，堅持原則，堅持標準，以維護業主的利益。

第四節　室內裝修管理

一、室內裝修管理的必要性

(一)室內裝修的普遍性

隨著經濟的發展，人們生活水準的提高及消費觀念的轉變，業主及用戶對新成屋和中古屋進行裝修使之更符合自己的生活、生產和經營的需要已成了司空見慣的事。可以說，裝修已成為物業實際使用前的必要程序。裝修店面，裝修辦公大樓，裝修家居，幾乎在我們的生活中無處不在、無時不有。

(二)室內裝修影響大

室內裝修很大程度是受業主或使用人的個人意志所支配，裝修的施工隊伍又往往缺乏規範的培訓，因此在室內裝修實施過程中，給物業本身以及其他單位和人員帶來了許多負面影響，主要表現在以下方面：

1. 影響物業的建築結構和使用安全。主要表現在變動建築主體和承重結構，

將沒有防水要求的房間改為衛生間、廚房，損壞原有房屋的節能設施，裝潢管線走向、不規範作業造成管道堵塞等。

2. 影響物業的整體價值。比如搭建建築物和構築物，改變外立面等。

3. 環境污染問題。如：建築垃圾亂堆放，有毒有害溶劑的排放，清晨和深夜施工等。

4. 治安及火災問題。比如工地存在許多火災隱憂以及潛在的盜竊及搶劫事件等。

如上所述，由於裝修是一件普遍而又影響大的事件，所以做好裝修管理是物業管理企業必要而又富有挑戰性的工作。

二、室內裝修管理的難點

(一)物業管理單位無執法權

由於物業管理單位只有管理權而無執法權，「兩權分離」使得物業管理單位失去了裝修管理的「適法性」。裝修管理本身就是一種短兵相接式的碰撞，是需要管理人員及時發現、及時處理、及時制止以防蔓延的時效性極強的工作。而現在的情況是對那些拒不改正的「硬骨頭」來說，存在「教育勸阻不服從，行政處罰馬拉松」的現象，使得裝修管理失去有利時機，使得更多的群眾看樣學樣，結果物業管理單位處於被動應付、管理失控的境地。

(二)管理單位缺乏管理力度

由於「兩權分離」使得物業管理單位存在對裝修管理力度不夠的現象，許多物業管理單位對裝修管理放任不管，對人員的配備、培訓及資金的投入都不夠，造成管理人員對裝修管理法規不熟，巡視頻度低，處理不及時，記錄不齊全等問題。

(三)司法判決難以執行

一旦發生裝修管理糾紛，除了行政司法處理程序外，即使法院作了拆違判決，但業戶法律意識淡薄，拒不執行生效判決，甚至還有以死相拼的抗爭，拆違工作難上加難。

三、室內裝修管理措施

儘管有上述種種難處，但許多物業管理企業在裝修管理實踐中，充分發揮主觀機動性和創造性，總結出許多行之有效的措施，以下做一下簡單介紹。

(一)「安民告示」宣傳在先

在業主或使用者入夥前的諮詢和入夥時辦理手續階段，物業管理企業都要不失時機地進行宣傳，分發宣傳資料。無論是「住宅使用公約」、「業主臨時公約」，還是「裝修須知」、「租戶手冊」等，都要就裝修規定進行告知。告知都要以國家及地方的有關法規條款作依據，並表明本公司嚴格執行國家裝修法規方面的明確態度並提出詳細要求，從一開始就給業主和使用者一個明確的資訊，即裝修活動必須合法。

(二)簽訂裝修管理協議

為使業主或用戶與施工單位在裝修時明確地知道自己的權利及義務，同時保證所有的業主或用戶，以及施工單位都能認真地履行裝修管理規定的各項條款的內容。要求所有的業主或用戶及施工單位與物業管理單位簽訂裝修管理協議，為日後一旦發生違章糾紛的處理事件，做好事先備忘和法律準備。

(三)嚴格裝修管理程序

1.裝修前必須完成裝修報備手續

(1)入戶時物業管理企業發放裝修公約。

(2)裝修前業主向物業管理處申報並填寫裝修申請表。

(3)業主提交裝修平面圖、管線圖、施工隊伍的資質證明及身份證明，供物業管理處審核。

(4)簽訂裝修協議。

(5)對裝修隊伍按公約和協議進行培訓。

(6)裝修人員按規定辦理臨時出入證。

(7)裝修隊伍必須配備滅火器和做好公共場所的保護。

(8)物業管理處頒發裝修施工許可證張貼在分戶門上。

(9)開始裝修。

2. 裝修時進行嚴格監控

(1)嚴格檢查施工人員出入證件，嚴格阻止一切有裝修公約禁止內容的裝修材料進入區域，或將未經業主同意的各類物件、裝修材料運出該區域。

(2)組織由工程、保全及清潔人員組成的裝修管理小組，每天巡視，按照批復的設計圖檢查並做好記錄。一旦發現問題及時處理。

(3)嚴格控制施工時間，不得在晚上 20：00 以後從事任何有聲響的工作。不聽勸阻的，給予清場處理。

(4)管好裝修階段電梯的運行，防止超重、超長物品或有腐蝕性材料對電梯的損壞。

3. 竣工時檢查驗收

(1)竣工時，裝修管理小組按設計圖進行檢查驗收，發現問題督促其及時改正。

(2)驗收通過，施工單位向物業提交由業主和施工單位簽字的裝修竣工圖。

(3)管理處出具裝修意見書，由業主和施工單位簽收。

(四)違章事故處理

1. 物業管理人員對於每天巡視中發現的違章行為，應予當場制止、責令改正，並做好詳細記錄；

2. 第 2 天發現未改正，並已造成事實的，管理人員進行拍照或錄影，同時出具改正通知書交施工人員簽收。

3.管理處按照公約和裝修協議與業主、施工隊溝通，告知事態發展的後果，並儘量達成改正意見並形成書面記錄，由三方簽字確認。

4.若無法溝通，則物業和建商聯合向業主和施工單位出具停止違章施工的律師函，並將律師函複印件張貼於物業轄區內的告示欄內。

5.物業管理企業將違章情況及證據資料上報當地房地局辦事處，由辦事處持執法證進行核查，並給予制止和告訴行政訴訟的後果。

6.物業管理企業可聯繫市裝潢協會督察部門，吊銷施工單位的協會成員資質。

7.可聯繫業主單位，共同作好勸說工作。必要時，可透過媒體使其曝光。

8.上述努力無效時，物業管理單位申請進入行政訴訟程序，並將主管部門出具的起訴書影印本張貼告示欄。

9.直至行政訴訟或民事訴訟得出結果，物業管理企業配合法院或行政執法機關執行判決。

複習思考題

1.簡述物業管理企業早期介入的優勢。

2.物業管理早期介入的含義和意義是什麼？

3.前期物業管理的含義和意義是什麼？

4.簡述前期物業管理的特點及與早期介入的區別。

5.前期物業管理的主要內容有哪些？

6.簡述交屋驗收的含義、特點和作用。

7.交屋驗收內容和程序的是什麼？

8.交屋驗收中存在的問題和注意事項有哪些？

9.簡述室內裝修管理的必要性。

10.室內裝修管理的難點和措施有哪些？

第七章
物業綜合管理

第一節　物業綜合管理概述

一、物業綜合管理的含義

所謂物業綜合管理，就是為了給業主和使用人提供安全、舒適、美觀、方便的工作、學習和生活環境，物業管理企業實施的系統全面的管理和服務活動。

物業綜合管理包括物業的環境管理和物業的安全管理。

二、物業綜合管理的特點

物業的綜合管理與服務是一種日常性的管理服務工作，看似普通，但涉及面廣，具有統籌性、開放性、專業性、服務性等特點。

(一)統籌性

物業綜合管理的統籌性體現在對內和對外兩個方面。從對外方面來說，無論是管理哪一種物業，物業管理企業在提供日常的管理服務時，需要面對的是政府以及各類專業管理單位的「多頭交叉管理」。這種多頭交叉管理現象，容易造成職責不清、互相扯後腿等弊病。「千頭萬緒」的特點，需要物業管理企業將這些分屬各部門管理的內容進行綜合協調、統一管理。從對內方面來說，物業綜合管理包括清潔、綠化、保全、車輛、消防等活動，同時涉及到維修、租賃等管理活動。這些活動在各自進行的過程中，不可避免地會發生矛盾和衝突，這些矛盾和衝突需要藉由加強協調、溝通等工作來解決。

(二)開放性

無論是辦公大樓、商場、文化娛樂場所還是住宅區，都具有開放性的特點。開放性特點所帶來的問題就是人員流動量大、情況複雜多變，從而加大了綜合管

理的難度。清潔、綠化、保全、車輛、消防等都因為人流量的增多而增加工作量及工作的難度。

(三)專業性

物業綜合管理的具體內容包括好幾個領域，每一個領域都是一門專業。例如，綠化有專業的園藝員工，消防、治安都需要經消防和警察部門的培訓。即使清潔，由於目前物業種類的多元、高品質，清潔用設備的先進及清潔材料的性能多元，使得清潔也成了一種專門職業和專業技術。所以，物業綜合管理的順利實施離不開經過專門訓練和專業培訓的專業人才。

(四)服務性

物業綜合管理的目的是為業主和使用人提供一個安全、優美、舒適的居住環境，就是向業主及使用人提供全方位的優質服務。管理本身也是一種服務，是為業主及使用人享用更好的生產、生活和學習環境，而提供保證物業本身及管理區域安全和秩序的管理服務。

第二節　物業的環境管理

一、物業環境管理的含義

(一)物業環境的含義及特點

1. 物業環境的含義

物業環境是指與業主及使用人生活、生產和學習有關的，直接影響其生存、發展和享受的各種必需條件及外部因素的總和。物業環境是人類城市環境的一部分，是屬於城市大環境範圍內的某個物業區域範圍的小環境。

2.物業環境的特點

(1)內部環境與外部環境相統一。物業環境是城市環境乃至全球整個外部大環境的一個不可分的部分。沒有大環境的改善，就沒有某個物業小環境持久的良好環境。而大環境是無數個小環境組成的，某個小環境的好壞，必然影響到大環境。

(2)室內環境和室外環境相統一。對業主和使用人來說，一個良好的環境，不僅表現在室外美觀的綠化，完善的活動設施和有品味的建築小品等；還表現在室內溫度適宜、採光良好、隔音等。因此物業管理企業不僅要關心物業的室外環境，更要關注物業的室內環境，因為人們大多數活動在室內進行，室內環境的好壞對人的影響更大。

(3)硬體環境和軟體環境相統一。人是有思想、有情感的高級生物，不僅有生理需要，還有心理需要。物業環境是針對人而言的，沒有人也就無所謂物業環境。因此物業環境就有硬環境和軟體環境之分。硬體環境是物業中所有外部物質要素的總和。它是物化的、有形可見的、可以觸知的生產、生活和學習必要的物質條件，也即我們通常所指的物業。而軟體環境是指物業中所存在的外部精神要素的總和。它是無形的、不可觸知但可感知的對人們的生產、生活、學習產生一定影響的氛圍、人際關係、安全與秩序等。

(二)物業環境管理的含義

物業環境管理是指物業管理企業經過組織、制度和技術措施的實施，防止和控制物業環境狀況的不良變化，創造舒適、優美、清潔和文明物業環境的一系列活動的總稱。也就是說，物業管理企業通過執法檢查、履約監督、制度建設和宣傳教育等方式，為業主及使用人提供物業環境管理服務，以維護和改善物業環境。

二、物業環境管理的原則

(一)以預防為主，防與治結合

環境管理必須預防為主，要控制污染源，從源頭上解決問題。要從小處著手，將一切可能的污染消滅在萌芽狀態，同時對已經發生的污染採取積極有效的措施進行治理。

(二)專業管理與群眾參與相結合

專業管理要取得最佳效果，離不開物業業主和使用者的積極參與。只有業主和使用人以至廣大群眾都了解環境管理的意義及自己的義務，嚴於律己、相互監督，則專業管理才能獲得最佳的效率和效果。

(三)環境保護與資源利用相結合

從嚴格意義上來講，沒有廢棄物，只是如何利用的問題。因此，在環境保護的同時，要儘量廢棄物利用，變廢為寶。如餘熱回收利用、水的再生循環利用、生活垃圾的資源化處理等。

(四)制度約束與宣傳教育相結合

物業環境管理離不開嚴格的制度約束及監督檢查，所謂「沒有規矩，不成方圓」。但光有制度，沒有廣大群眾真正的理解、認同並自覺地維護，制度的實施是難以收到較好效果的。因此必須對廣大業主、使用人進行有效的宣傳教育，制度約束才能收到預期效果。

(五)污染者承擔相對責任

要貫徹「誰污染、誰負責」的原則，對那些違反環境保護法律和制度，污染物業環境者要進行嚴肅處理。要根據情節輕重，讓其承擔相應的治理責任、損害

補償責任以至民事責任。

三、物業環境管理的內容

物業環境管理的內容主要是污染的防治、清潔管理和綠化管理。污染的防治對物業管理公司來說，分屬於各個部門的管理。例如，用戶裝修發出的噪音，可由保全或工程部管理，垃圾的堆放和清運就由清潔部管理，水箱的清洗由清潔部管理，鍋爐廢氣的過量排放，可能由工程部管理，但經常性、大量性的固體廢棄物的處理則主要由物業的清潔部負責。所以物業管理企業環境管理的職能部門主要是清潔部和綠化部。

(一)污染的防治

1.污染及污染防治的含義

(1)污染的含義。人們將其在生產、生活和其他活動中產生的廢棄物或有害物質過量地排入環境，其數量或濃度超過了環境的自淨能力或生態系統的負載能力，導致環境品質下降或惡化的現象，稱之為環境污染。按污染物的形態，可分為廢氣、廢水、固體廢棄物、有毒化學品、放射性物質、噪音等。

(2)污染防治的含義。所謂污染防治，就是控制人類活動向環境排放污染物的種類、數量和濃度。為此要求人們採取一切有效措施，控制和治理現有的污染源；對已排放的污染物和廢棄物進行減量化、無害化、資源化處理；控制和減少新的污染源的產生。以此來遏止環境品質的惡化，並逐步恢復和改善環境的品質。

2.空氣污染的主要原因及防治措施

(1)空氣污染的主要原因。①直接以煤炭作為能源燃燒，導致煙塵、二氧化硫或二氧化碳的過量排放；②燃油機動車的過量排放；③建築施工揚塵；④不當燃燒垃圾、瀝青等；⑤轄區內工業的含有有毒物質的廢氣和粉塵的排放。

(2)空氣污染的防治措施。①改變能源結構，提倡使用清潔能源，積極發展太陽能；②禁止在物業轄區內焚燒瀝青、橡膠、塑膠、落葉等會產生有毒有害氣體和煙塵的物質。③加強車輛管理，限制大型機動車或排放廢氣嚴重過量的車輛進入轄區；④嚴格控制轄區內工業生產向大氣排放含有有毒物質的廢氣和粉塵；⑤在基建或裝修施工中，儘量採取防止揚塵的措施；⑥平整和硬化地面，減少揚塵；⑦做好綠化建設，減少揚塵和增加物業環境的自淨化的能力。

3. 水質污染的主要原因及防治措施

(1)水質污染的主要原因。水質污染有兩個主要原因：①人類的活動使大量污染物質直接或間接排入水中，使水體的物化性質及生物群落發生變化，從而降低了水體的使用價值；②水體中的生物群落在適當的條件和外界因素影響下，大量孳生有害微生物，成為危害人體健康的疾病源。

(2)水質污染防治的主要措施。①加強污水排放的控制，加強對水源與污染源的巡迴監測，從制度和管理上控制隨意排污和過量排污；②加強對已排放污水的處理，可通過物理處理法、化學處理法、物理化學法、生物處理法對已排放的污水進行處理，使之達到排放標準和不同的利用要求；③加強生活飲用水的衛生管理，所謂生活飲用水的供水是指通過儲水設備和加壓、淨化設施將水廠的直接供水間接地供應給用戶生活飲用的供水形式。為了防止污染，物業管理企業需要嚴格按照有關規定加強供水的衛生管理。

4. 固體廢棄物污染的主要防治措施

(1)固體廢棄物的含義。固體廢棄物通常是指在生產、生活和其他活動中產生的，在一定時間和地點不再需要而丟棄的固態、半固態或泥態物質。按其來源和管理要求，可以分成工業型和生活型兩種類型。按其有否毒害，可以分成有害廢棄物和一般廢棄物。生活型垃圾是物業轄區需要管理的主要廢棄物。

(2)固體廢棄物的主要防治措施。包括以下八條措施：

①全過程管理。固體廢棄物的污染的防治必須貫穿於從產生、排放、收

集、運輸、存儲、綜合利用、處理到最終處置的全過程，在每一個環節都實行控制和監督管理，並提出防治要求。

②定點定時地傾倒生活垃圾。

③設施配套。比如垃圾箱在數量上要和垃圾的產出量相適應，有密封、防蠅、防污水外流等設施。

④及時處理，防止二次污染。

⑤分類收集，逐步實現「三化」（無害化、減量化、資源化）。

⑥大件生活廢棄物應按照規定時間到指定收集場所投放。

⑦有害垃圾不得混入生活垃圾。

⑧實行誰產生廢棄物，由誰承擔相應義務的原則。例如，對單位實行清潔衛生責任制，對居民實行生活垃圾分類袋裝化等。

5.噪音污染的主要原因及防治措施

(1)噪音污染的含義。所謂噪音污染是指人類活動排放的環境噪音超過國家規定分貝標準，妨礙人們工作、學習、生活和其他正常活動的現象。根據中國城市區域環境噪音標準規定及行政院環境保護署環署空字第 0950087606 號令修正發布：一般居住區和文教區的白天噪音標準是 40 分貝，夜間是 35 分貝；工廠（場）白天是 47 分貝，夜間是 44 分貝。

(2)噪音污染的主要原因。①車輛交通噪音；②建築施工噪音，包括轄區外的建築工地以及轄區內裝修工地發出的噪音；③社會生活噪音包括商業設施噪音、教育設施噪音以及用戶活動的噪音。

(3)噪音污染的防治措施。①禁止在住宅區文教區和其他特殊地區設立產生噪音污染的生產經營項目；②禁止在夜間規定不得作業時間內進行施工作業；③禁止機動車在禁止鳴喇叭的區域鳴喇叭，控制機動車進入轄區和控制車速；④控制轄區內文化娛樂活動的聲響，不要影響他人的正常生活。

(二)清潔服務

1.清潔服務的含義

　　所謂物業的清潔服務，是指物業管理企業透過宣傳教育、直接監督和

日常清潔工作，保護物業環境，防止環境污染，並進行日常生活垃圾的分類收集、處理和清運，為業主和使用人提供清潔、優美、舒適的工作生活環境。

宣傳教育是為了提高業主和使用人的環境清潔意識。以防衛為主，只有廣大業主和使用人都養成了良好的衛生習慣時，才能真正做好環境整潔。直接監督是對損壞物業環境的行為，必須嚴格執法，進行勸阻、教育直至處以罰款。決不因人而異，持之以恆，積以時效，就可以創造宜人的環境。日常的清潔工作，是為了解決生產和生活中不可避免地產生的廢棄物、塵埃而進行的日常工作，隨時的清掃擦洗，保持環境常用如新。

清潔服務的形式有兩種：(1)委託服務形式，即由物業管理企業委託專業的清潔公司進行專業性的清潔服務；(2)物業管理企業設置清潔管理部門負責物業轄區的清潔衛生工作。

2.清潔服務的工作範圍

清潔服務的範圍為委託的物業管理區域內，室內和室外的環境衛生。重點是環境「髒、亂、差」的治理。因此，清潔服務工作必須在服務工作中注意人人參與清潔與專業化清潔相結合，糾正不良習慣與清潔服務相結合，促使業主和使用人提高自身素質，規範日常行為，共建整潔的物業環境。清潔服務具體的職責範圍為：

(1)物業轄區內所有公共場地的清潔；

(2)建築物內部的共用部位的清潔；

(3)物業轄區範圍內的日常生活垃圾的收集、分類和清運。

3.清潔服務的措施

(1)制訂完善的物業清潔服務制度。制度是清潔工作得以順利進行的保證。清潔服務部門首先要認真制訂管理制度。制度一般包括部門的崗位責任制、環境清潔管理規定及定期考核標準。

(2)預防為主，加強宣傳教育。物業管理公司在業主和使用人辦理入戶手續時，應通過頒發住戶手冊、房屋使用規定、業主臨時公約等資料向業主宣傳清潔服務的重要性，增強業主和使用人的清潔意識，以便收到事半功倍

的效果。

(3)配備必要的硬體設施。良好的清潔管理，離不開必要的硬體設施。例如，在固定垃圾投放位置配備垃圾收集箱等。

(4)實行生活垃圾的分類。學習已開發國家生活垃圾管理經驗，努力做到生活垃圾統一袋裝、統一收集、統一運至指定的地點進行無害化、資源化、減量化處理。

(三)綠化管理

1. 綠化管理的含義

綠化管理是指物業管理企業透過行使組織、協調、督導和宣傳教育等職能，並藉由綠化、護綠及養綠活動，創造優美的生態小環境。綠化是城市生態系統的主體，它對城市生態系統的平衡造成非常重要的作用。綠化也是物業轄區內唯一有生命的基礎設施，它對改善和淨化空氣，提供良好的休閒場所、保持業主與使用人的身心健康都有極大的好處。

綠化管理的形式主要有兩種：(1)委託管理形式，即由物業管理企業委託專業綠化公司進行專業性的綠化管理；(2)物業管理企業設置綠化管理部門負責物業轄區的綠化養護和管理工作。

2. 綠化管理的內容和範圍

(1)綠化管理的範圍。根據城市綠化分工的有關規定，社區道路建築紅線之內道路綠化歸物業管理企業綠化和養護管理。

(2)綠化管理的內容。綠化管理的內容有三類：①綠地建設，②綠化養護管理，③室內綠化布置。其具體內容如下：

①綠地建設。綠地建設包括新闢綠地、恢復和整頓綠地以及提高綠地級別。新闢綠地主要由房地產開發公司負責建設，特殊情況，房地產開發公司也可採取契約方式，委託物業管理企業適時種植；恢復和整頓綠地主要是指對原有綠地由於自然因素或人為因素的影響以及沒有維護所造成的損壞部分進行整治和修復工作；提高綠地等級就是根據業主的要求對原有綠地全面升級改造。

②綠化養護管理。綠地養護管理主要是經常性地對轄區內的綠地進行澆水、施肥、除草、滅蟲、修剪、鬆土和圍護等活動。它的管理特點是經常性、針對性和動態性。經常性是指綠化養護是日常性的工作，需要專門的人員根據植物生長的需要，定時地進行各種養護活動；針對性是指不同的植物有不同的品性，它們對生存的條件的要求各不相同，所以養護管理必須具有針對性；動態性是指植物的生長是一個變化的過程，必須動態地考慮不同時期的需要，在不同的時期要掌握不同的養護重點。

③室內綠化布置。綠化管理除了上述的工作以外，另一個不可忽視的就是室內的綠化布置。在商場、辦公大樓、高品質的公寓大廈以至工廠廠房，客戶都會要求進行室內的綠化布置，將外面大自然景色延伸進室內，給冰冷的磚石空間帶來綠意和生氣，美化環境，愉悅大家的身心，提高工作效率。室內的綠化布置要求根據不同的環境選擇不同的植物，既要與周圍的環境相配，又要適合植物的生存，同時要注意經常調換。

3.綠化管理的措施

(1)建立綠化管理制度。包括部門崗位責任制、環境綠化管理規定和定期考核標準。部門崗位責任制可以將物業綠化管理的目標、任務進行層層分解，層層落實，每個有關人員都各司其職、各負其責，使得整個綠化管理工作能正常運行；環境綠化規定主要是約束住用戶的行為，使得居住戶和物業管理企業共同做好環境綠化；定期考核標準是用來對從事綠化管理的部門和人員的工作業績的衡量，作為獎懲的依據，以鼓勵先進、鞭策落後，促使綠化管理工作不斷提高。

(2)加強巡視檢查工作，對轄區內植物生長情況要及時了解並作出相應的對策。由於自然或人為因素，植物會受到某種損害，這種損害如能及時發現及時處理，則問題不會發展到不可救藥，這就需要加強巡查，注意各種細微的不利變化，及時診斷、及時處理並作好記錄。

(3)做好宣傳教育工作，發動轄區的所有住戶關心愛護綠化。

(4)做好綠化的檔案資料管理；綠化檔案管理是一項十分重要的基礎工作。綠化檔案資料包括原始設計圖、交屋驗收資料和綠化管理手冊。綠化管理手

冊分成大小兩種，兩種手冊有不同的要求和作用。綠化管理大手冊作為物業基礎資料留存在物業管理企業內；小手冊是綠化小組和養護工人經常使用的工作手冊。小手冊與大手冊的區別就是小手冊沒有綠化平面圖，其餘的內容與大手冊都一樣。小手冊必須經常與實地核對，以便及時、準確、全面地反映綠化管理的現狀，處理隨時發生的問題。

第三節　物業的安全管理

一、物業安全管理的含義和特點

安全需要是人們在生理和生活等基本需要滿足以後必然的要求。社會經濟的發展、科學水準的提高，以及人們生活條件的改善，人們對生命及財產的安全越來越重視。物業安全管理作為警察機關政府職能和社會自我防範之間的一種專業保全服務就應運而生了。它對於補充國家安全警力不足，滿足人們更高層次的安全需求有其積極的意義。

(一)物業安全管理的含義

物業的安全管理是指物業管理企業採取各種措施和手段，保證業主和使用人的生命財產安全，維持正常的生活和工作秩序的一種管理工作。物業安全管理的主要內容包括治安管理、消防管理、車輛管理以及緊急事故處理。物業的安全管理可以委託專業公司管理，也可由物業管理公司設置專門部門及人員來實施安全管理業務。

(二)物業安全管理的特點

1.受制性

受制性是指物業的保全部門在履行其服務職能的過程中，除了要嚴格遵循國家有關政策法規以外，還要接受警察、消防主管部門的監督和指

導。其工作活動的性質及內容具有輔助性、從屬性。並且，它的自主性和靈活性，即機動性都是以受制性為前提的。

2. 專業性

物業保全服務是一種緊密型或半緊密型的群防群治組織。它的成員屬於向社會招聘的專職人員，接受過專業培訓和指導，有一定的專業知識和技能。同時，又配備了較為齊全的交通、通訊、防衛設備和設施。

3. 有償性

保全服務與警察機關的經濟性質不一樣。警察機關的費用開銷是由國家財政開支的，而保全服務是向接受保全服務的轄區的業主或使用人收取一定的保全費。它是一種有償服務。

4. 履約性

物業安全管理操作的前提是物業管理企業與業主或使用人簽訂了保全協議（多數反映在物業管理委託服務契約的相應條款中），這是處理並最終檢驗雙方權利與義務履行程度的主要依據。因此，在履行契約的過程中，物業管理企業提供保全服務的項目、手段、服務方式等都要按照契約的約定執行。同時對一些沒有具體約定的內容，物業管理企業也要盡善良管理人注意的義務。

5. 機動性

物業管理企業的安全管理雖然受制於法律法規及警察消防部門的監督和指導，但這並不是說物業管理企業在安全管理上只是處於被動接受指令和執行指令的地位。警察消防部門的監督和指導只是給出了一個規則或框架，而物業管理安全服務的實際情況是千變萬化的，社會治安情況日趨複雜化，社會生活逐漸多元化，業主使用人的安全消費需求不斷提高，這一切要求物業的安全管理的服務範圍也要與時俱進、不斷拓展，這就要求物業管理企業充分發揮主觀機動性，自主靈活地提供高品質的安全服務。

二、物業安全管理部門的職責和職權範圍

物業的安全管理也稱為物業公共秩序的維護，其職責和服務內容如下：

(一)物業安全管理部門的職責

1. 貫徹執行警察消防部門關於安全保衛工作的方針、政策和有關規定，建立物業轄區安全管理體系和工作制度，對物業轄區的安全工作全面負責；
2. 落實安全管理機構和人員配備，建立崗位責任制，主持安全工作例會，全面實施安全管理；
3. 熟悉掌握轄區內人員變動情況及治安工作形勢，有預見地提出對物業轄區安全管理工作的意見、措施和方案；
4. 積極組織開展「五防一保」（防火、防盜、防爆、防破壞、防自然災害，保險）的宣傳教育工作，防止各類事故發生；
5. 制訂安全管理的應急預案，組織演練，具有突發事故的對策和妥善處理的能力；
6. 掌握安全管理人員的教育培訓工作，不斷提高全體安全管理人員的政治和業務素質；
7. 負責對安全管理人員的監督考核，處理有關安全管理工作的投訴，提出對安全管理人員的任用和獎懲意見；
8. 負責協調和配合其他部門的有關事項和工作。

(二)物業安全人員的職權範圍

物業管理企業的安全管理與警察機關治保全衛工作有著本質的區別。物業管理企業是警察機關領導下的治安防範組織，是根據物業管理契約依法向業主或使用人提供安全管理服務，協助警察機關預防、制止在物業管理區域內的各種危害業主或使用人人身財產安全的犯罪活動，因此，它的職權範圍為：

1. 安全管理工作以國家的政策法規以及物業管理委託契約、業主公約為依

據；

2. 未經用戶同意，任何人員不得擅自進入私人物業；

3. 安全管理人員應加強職業道德，保證用戶的私生活不受任何干預和騷擾；

4. 對於任何發生在公眾地方的事件，有權根據業主公約、用戶手冊及室內裝修規定等一系列規章處理；

5. 安全管理人員只可執行一般的安全防範工作，若遇罪案發生，只可執行一般市民對嫌疑犯的當場拘捕，而後交由警察部門處理。安全管理人員無實施拘留、扣押、審訊、沒收財產及罰款的權力；

6. 對有違法犯罪行為的嫌疑分子，可以監視、檢舉、報告，但無偵察、扣押、搜查等權力。

三、物業安全管理的主要內容及規章制度

(一)物業治安管理的主要內容

1. 嚴格執行國家有關治安管理條例，配合警察機關維護物業管理轄區內業主和使用人的生命財產安全；

2. 實行值班和巡邏制度，發現治安隱憂，及時排除；

3. 制止諸如推銷、乞討、叫賣、收破爛人員及流動商販進入物業管理轄區；

4. 在轄區內發生治安、交通等方面的突發事件時，保全人員要挺身而出，制止事態的進一步惡化，維護現場秩序，查問原因並立即通知有關部門，並協助查處；

5. 維護物業管理區域內各項規章制度的嚴肅性，對各種違章現象，安全管理人員應勸阻、制止直至移交有關部門處理；

6. 接受警察機關的委託，核查有關車輛、人員的證件及其他情況；對破壞轄區內治安秩序的人和事，有權勸阻、制止直至移交警察機關處理；

7. 制止任何妨害公共安全和社會治安秩序的行為。

(二)物業消防管理的主要內容

根據消防法第 5 章第 28 條規定，直轄市、縣（市）政府，得編組義勇消防組織，協助消防、緊急救護工作；其編組、訓練、演習、服勤辦法，由中央主管機關定之。前項義勇消防組織所需裝備器材之經費，由中央主管機關補助之。消防法施行細則第 15 條即對消防防護計畫應包括事項做出規定：

1. 自衛消防編組：員工在十人以上者，至少編組滅火班、通報班及避難引導班；員工在五十人以上者，應增編安全防護班及救護班。
2. 防火避難設施之自行檢查：每月至少檢查一次，檢查結果遇有缺失，應報告管理權人立即改善。
3. 消防安全設備之維護管理。
4. 火災及其他災害發生時之滅火行動、通報聯絡及避難引導等。
5. 滅火、通報及避難訓練之實施：每半年至少應舉辦一次，每次不得少於四小時，並應事先通報當地消防機關。
6. 防災應變之教育訓練。
7. 用火、用電之監督管理。
8. 防止縱火措施。
9. 場所之位置圖、逃生避難圖及平面圖。
10. 其他防災應變上之必要事項。

(三)物業車輛管理的主要內容

1. 制訂完善的停車場管理制度，並遵照執行；要明確區分停車場和車庫管理方的責任和義務，並通過書面協議確定；
2. 停車場應配置足夠的消防栓等滅火器械，並對易燃易爆物品等涉及安全的一切事項嚴格把關、杜絕隱憂；
3. 私家車位應有明顯識別標誌，保護私家車位不被他人占用；對轄區內禁止停車的場所，應設置明顯的禁停標誌，對違禁車輛實施處罰；
4. 車場應有顯著的出入口指示、限高標誌、禁鳴標誌、限速標誌、車場管理須知及收費標準；

5. 車管人員應提醒車主不要將貴重物品放在車內，阻止閒雜人員進入車場車庫。車管人員對進入車庫的車輛應作適當檢查，注意車輛是否有被撞、被刮現象，並作好記錄，並知會車主，避免誤會和不必要的麻煩；

6. 轄區內應儘量做到人車分流，以確保轄區內人員進出及活動的安全，並及時疏導交通堵塞；

7. 對停車場發生車輛碰撞、被竊等現象，應協助車主報案、出具索賠證明；

8. 對長期亂停亂放，拒交停車費的車輛，可先發違例停車告示或實施鎖車處理。

㈣安全管理的主要規章制度

為了有效地實施安全管理，物業管理企業必須制訂一系列規章制度。主要包括以下制度：安全巡邏制度、安全管理員交接班制度、消防管理規定、重點部位臨時失火作業規定和防火安全三級檢查制度等。

四、安全管理系統的建立和管理

㈠消防管理系統的建立和管理

物業建築物是人們日常工作、生活的重要場所，人們每天大概有 90% 的時間都是在不同建築物中度過的。而火災是人們進行正常經濟活動及休息娛樂的直接破壞者，現代建築物由於採用了更多的裝潢及設備，一旦發生並形成火災，將會產生極大的災難和損失，一般包括：1. 破壞建築物內部的裝飾及有關設施，嚴重影響建築物的正常使用，造成重大的經濟損失；2. 造成人身傷亡，嚴重影響人們生命財產的安全，並造成不利的社會影響；3. 使物業的主體結構受到根本性的損害，從而使建築物的安全性受到嚴重破壞，甚至使物業建築物直接變為危險建築物而報廢。

為了保障人們生命及財產的安全，國家及政府對物業建築物的防火安全非常重視，不僅在大樓設計、建造過程中要求設置完備的消防系統，而且在建築物的使用、管理階段均有嚴格的消防安全規定及標準。作為物業管理者，應嚴格遵照

國家、地方政府及消防管理部門的有關法規、條例等規定，貫徹「預防為主，防消結合」的方針，本著「自防自救」的原則，實行嚴格科學管理，對物業的消防工作全面負責。

1. 消防系統的概述

物業建築物的消防系統通常有三方面的功能，即滅火、火災通報及防災，其中消防系統的滅火功能主要是由建築物的消防滅火系統來實現的，它主要是用來及時撲滅建築物的初期火災，也稱第一時間滅火。火災通報功能是由建築物的消防報警系統實現的，它主要用於及時發現火災，並警示與協助人們及時疏散或離開建築物。而防災功能主要是指防止或減少火災產生的火煙對人的傷害，它主要通過建築物內的阻隔系統來完成，即利用阻礙系統阻止火勢蔓延，將火災地點與其他區域隔開，特別是消防通道，方便人們及時逃生。

⑴消防滅火系統。消防滅火系統主要是指用於及時撲滅火災，以減少火災造成人身及財產損失的一種建築物安全防火設施系統。

目前，常規的消防滅火系統由兩種形式組成，即普通消防滅火系統及自動噴灑滅火系統。通常，一般的工業及民用建築均應設置消防滅火系統，但設置何種形式的滅火系統應視物業產生火災的可能性及火災可能發生的危害程度，同時結合物業所在城市消防滅火能力及地方政府對物業的防火要求綜合取定。例如，有些對消防要求較低的物業僅需設置普通的消防滅火系統，而有些消防要求較高的物業則需同時設置普通消防滅火系統及自動噴灑滅火系統。

普通消防滅火系統目前被廣泛應用於一般的多層與高層工業及民用建築中，是一種最常見，最簡單的消防滅火系統。該系統主要用於撲滅物業的初期火災，以防止火災的發生並減少火災產生的損失。普通消防滅火系統通常包括滅火栓系統及滅火器、沙桶等滅火設施，其中滅火栓系統主要是利用物業的消防給水系統，利用水槍、水帶、滅火栓、管網及消防泵等，在物業發生火災初期，及時滅火，以達到防火、滅火的目的。而物業設置的諸如手提滅火器、沙桶及防火毯等輔助滅火設備，可以靈活快速地撲滅

細小的火災，有時這種方式往往是比較有效的，因為有些情況採取其他的滅火設施有一定程度的限制或不方便。

自動噴灑滅火系統又稱自動消防滅火系統，是一種比較特殊的消防設施，一般可分為用水自動噴灑滅火系統及非用水自動噴灑滅火系統，主要適用於火災危險性較大的物業，例如紡織廠、倉庫、影劇院、大廈及辦公大建築物等。該系統主要是在物業大廈各空間的天花板上安置噴灑頭，利用系統的火警偵測器等設施，當空間溫度超過標準時，系統便自動噴灑水或化學品（化學劑或氣體），以第一時間撲滅物業的初期火災。

(2)消防報警系統。火災的發生與發展一般需經過初始期、成長期、旺盛期及衰減期四階段。消防報警系統是通過探測伴隨火災初始期產生的煙、光、高溫等參數，及時發現火情並發出特殊的聲、光等報警訊號，以便迅速疏散人群及滅火的一種建築安全防火設施系統。

(3)自動阻隔系統。自動阻隔系統主要是為了防止火勢蔓延，減少火災對鄰近物業或房間的破壞，同時減少火煙對人們逃生通道的障礙，及時疏散建築物內人員的防火系統。

自動阻隔系統可以通過設置水幕系統，來防止火焰及煙氣竄過門窗等，阻止火勢擴大。也可以設置防火、防煙門等，在火災發生時，及時關閉防火、防煙門，將火災地點與其他地點隔開。有些物業建築物內還通過在消防樓梯內設置加壓系統，將消防樓梯內的氣壓加大，令火、煙不能進入樓梯。

(4)其他設施。除了以上所述的消防系統外，有些物業建築物內還配置一些協助以上系統運行的設施，包括消防緊急發電系統、緊急照明及出路指示、視聽廣播、消防電梯、火煙外排系統和火警控制中心等，用以監督各種消防系統的運行狀況，方便人們疏散及消防人員進入建築物，更有效地防火及滅火，減少火災造成的人身傷害與財物損失。

2.消防系統建立與管理

在物業管理過程中，建立嚴密的消防管理系統，維持物業消防系統的正常運行，這對於維持物業的正常使用功能，保障用戶生命與財產安全都

是至關重要的。

(1)建立與健全合理的消防管理組織。由於物業的火災原因往往來自於物業的各個部分，來自於物業使用與管理的各個環節，所以要保證物業的消防安全，應充分發揮廣大用戶及管理者兩方面的力量，全方位、多環節地開展消防與安全管理工作。同時，物業管理者應建立相應的消防管理組織，有效地領導、協調與監督物業的各項消防管理工作。

一般物業的消防管理組織有三種形式。第一，消防安全領導小組，小組成員一般可由物業管理公司的保全部門及其他職能部門經理組成。其工作職責是領導、協調及監督各級組織的消防安全工作。第二，由保全部門成員形成的專門組織。其工作職責是具體負責物業的消防工作，是一個直接的職能部門。其向上接受消防安全領導小組指揮，並實施各項決議及決策。其向下對義務消防隊伍進行具體指導與協調工作。第三，由各用戶及物業管理公司其他職能部門成員組成的義務消防組織，其工作職責是協助以上兩種組織做好整個物業的消防安全工作。

(2)建立並健全各種消防安全制度及規程。要保證物業安全正常使用，杜絕並防止火災事故的發生，建立並健全物業的各種消防安全制度是十分重要的。

一般物業的消防安全制度應包括以下內容：消防安全檢查制度，建築物設施及設備的安全操作規程，消防系統的保養與管理制度，易燃、易爆及其他危險品的保管制度，明火作業管理制度，消防安全檔案制度，保全部門及消防人員崗位責任制度，各職能部門的消防安全責任制度及消防獎罰制度等。

(3)做好日常性消防工作。物業的消防安全工作貫穿於日常物業使用及管理的各個環節，因此，必須做好物業日常性消防工作，做到「防先於消，消防結合」，其主要內容有：

①定期組織全體消防工作人員及住戶學習消防法及其他有關消防法規，熟悉與物業消防工作相關的各種消防安全制度及規程，增強消防意識及防火知識；

②定期對物業建築物設施及設備，包括各種消防設施、消防人員的工作狀況進行檢查，發現火險隱憂或問題缺陷，及時查明原因，予以改善修正；

③定期檢查、維修及更換物業建築物內的消防設施、器材及藥劑，並指定由專人負責，使物業建築物的各種消防設施始終處於完好狀態；

④定期檢查，清理建築物內的消防通道，包括走道、樓梯、出口等，保持建築物所有消防通道暢通，嚴防堆物或人為阻隔通道口。特別地，對於物業與街道相連的消防通道，應注意平時不能上鎖，以免在發生火災時，會因慌亂中找不到鑰匙導致更大的火災危害；

⑤定期對防火重點部門、單元以及諸如電氣、瓦斯、防雷等火災危險大的系統等部分進行檢查維修，使各個環節始終處於安全狀態，防患於未然；

⑥定期做好防火宣傳工作，並定期組織物業管理公司各職能部門及廣大業主開展消防演習活動，增強管理者及業主對火災的預防及自救能力；

⑦充分發揮義務消防員的作用，定期開會並組織學習各項消防法規、物業消防安全規章及各種消防設施的使用方法等，提高其消防責任感及消防工作能力。

(4)為業主提供一套防火指南資料，以減少火災及火災損失。

對於火災來說：「防重於滅」。成功地防止火災不僅是物業管理人員的職責，經常性提醒住戶，提高他們對可能產生火災危險的警惕性是更重要的一環。每年火災多發季節，物業管理部門應發一些防火資料，如防火法令、防火指南等給住戶，或者在公共場所張貼。分別介紹如下。

1）用戶防火指南：

①最後離開辦公室的人員應檢查關閉所有的電源開關；

②確保點燃的煙頭已熄滅；

③不在建築物內放置不該放的易燃材料；

④不得在通道堆積雜物，物業管理人員應及時將通道雜物清空；

⑤電源或電線發生的任何問題應及時報告物業管理人員修理更換；

⑥不要在接線板上接用超過接線板負荷的電器；

⑦不得在辦公室裡煮食（除專用小廚房外）；

⑧不得將電線裸線直接插入電源插座，必須使用合適的插頭；

⑨在裝修工程前，必須添加滅火設備，如滅火器等。

2）遭遇火災應對指南：

①如果發現火災，請保持鎮靜；

②打破距離最近的防火警報箱玻璃，警報聲會立即響起，並高呼「失火了」警告附近的人；

③在確信自身沒有受到威脅並且會用滅火設施的情況下，立即用就近的滅火設施滅火；

④不要用水來滅電路著火；

⑤如果無法控制，則從最近的出口直達地面，等消防人員到達並向他們介紹火災情況；

⑥聽到火災警鈴聲，請保持鎮靜，因為警鈴聲可以在所有的樓層發出。

3）疏散撤離指南：

①鎖好所有的貴重物品；

②停止使用電話；

③除了照明燈以外，關掉所有的電器；

④如果時間允許，鎖上門；

⑤不要用電梯，以免電梯中途斷電停運；

⑥從最近的樓梯撤離，不要慌張地到處亂竄；

⑦要冷靜，不要慌張；

⑧不要攜帶大件物品；

⑨聽從保全管理人員或消防人員的指令。

(二)保全管理系統的建立和管理

　　同樣，一處物業保全秩序的好壞，將直接影響物業業主的生活安定及財產生命安全。雖然城市各區域均有治安機構，如警察局、派出所等，但要始終維持物

業良好的治安狀態，單純依靠這些力量是遠遠不夠的，因而設置科學合理的保全系統，並做好物業保全系統維護和管理是至關重要的。

1. 保全系統概述

一般物業的保全系統由兩種系統組成，其一是由各保全設施互相配合形成的設施系統，其二是由保全人員及警衛人員組成的人員系統。如果沒有保全的人員系統，保全設施系統的作用是很難發揮的，這時的保全設施系統實際上也就名存實亡了；而由保全及警衛人員組成的人員系統，如果缺乏一定的保全設施系統，那麼保全管理系統的工作效果及工作品質將受到很大影響，甚至會出現事倍功半、難於維持的境況。

(1)保全設施系統。通常，物業的保全設施系統主要由監視設施、警鈴、通話對講機、報警開關、保全及警衛人員監控系統等組成。這些設施往往具有高技術性、高專業性等特點，所以高技術的設施需要專業的保全、警衛人員的配合，其效用才能發揮。

保全系統中的監視設施一般由一部或多部攝影機及監視電視機、錄影機聯合而成。監視設施可以是彩色監視系統，也可以是黑白監視系統。監視設施中的攝影機往往分布於物業的各個部位，一般主要設置於物業的重要部位，如過道、電梯、出入口等部位，或保全、警衛人員無法或很難進行監視的某些區域。

保全系統中的警鈴系統可以是手動也可以是自動系統，其作用是在某業主或物業區域受到騷擾或破壞時，及時發出尖銳的警報聲音，以引起保全、警衛人員、物業管理人員或其他用戶的注意，以便迅速到達出事地點，制止犯罪事件的發生。該系統可裝置於用戶各單元內，也可設置於消防通道的門上。由於消防通道的門不能上鎖，一般人在門的裡面可以很容易直接打開，所以安置自動警鈴系統，犯罪人員如從此通道進出時，警鈴系統就會發出警報。

保全系統中的通話、對講系統一般有兩種用途。其一是用於用戶與來訪者的通話，用戶通過與來訪者的直接對話，可以確定來訪者真實身份。如發現可疑來訪者，可直接通知保全部門。其二是保全及警衛人員之間的對講

系統，該系統主要用於保全人員巡查過程中與其他保安、警衛人員保持聯繫，以便在突發事件發生時，及時調動人員應付。

保全系統中的保全或警衛人員的監控系統則是用來監察保全或警衛人員巡夜執勤的情況，以檢查確定保全或警衛人員是否按規定時間到達規定地點進行巡夜、檢查。這個監控系統一般可以是最簡單的「簽到」，其作用是要求保全人員在巡夜到某一地點時，便去「簽到」，記下時間並簽字。但這種系統有個嚴重的缺陷，一方面該系統不嚴密，保全或警衛人員可以作假；另一方面容易被犯罪分子了解保全或警衛人員的巡夜時間及規律。所以，目前國際上已開始應用一種先進的電子監控系統，這種電子監控系統實際是一種電子計算機系統，主要是透過在物業各位置設置與保全部門的電腦系統連接的「檢查終端」，當保全或警衛人員經過該終端時，只要在該終端用密碼或卡片操作一下，電腦會馬上記下該保全或警衛人員的到巡時間。

⑵保全或警衛人員的保衛系統。保全或警衛人員的保衛系統是指由保全人員或警衛人員組成的人工保衛系統，其主要工作職能為：

①通過保全或警衛人員的日常巡視或站崗值勤，一方面防止非法人員進入，另一方面加強物業重點部位的保全、警衛工作，從而杜絕並減少非法犯罪的機會；

②通過保全人員對物業保全設施24小時的監控，配合日常巡視或站崗，提高物業保全工作的品質及效率，全方位、系統化地保證整個物業的安全正常使用；

③當物業區域或用戶遭到非法騷擾或犯罪分子的侵襲時，能及時趕到出事地點，並通過有效手段，制止犯罪或緊急處理；

④通過保全人員的日常治安管理工作，保證物業環境的完好狀態，保證物業的公共安全及治安秩序；

物業保全系統的設置要求，包括設施條件及保全人員的配置，隨著物業類型、層次，危險可能性及用戶對物業保全的要求等的不同而不同。原則上應兼顧物業保全效果及經濟效益兩個方面，合理設置保全系統。

2.保全系統的管理

　　　物業保全系統的運行從根本上離不開人的運作，保全系統運行效果的好壞不僅取決於保全設施的好壞及保全或警衛人員的多少，更重要的是取決於保全系統的運作管理，以及保全設施的保養維修管理。

(1)保全設施的保養維修管理。保全設施的作用主要是代替或減輕保全或警衛人員的工作強度，保全設施越周密，技術越先進，所需的人力就越少，甚至能減少大量的人力，並能提高保全的效率與品質。但是從另一方面講，也會給整個保全系統的維修與管理帶來很多麻煩。保全設施的故障勢必導致整個保全系統的缺陷，而一個保全設施先進的物業，在出現保安設施故障的情況下，其物業的危險往往也非常大，因為缺少的人力或不能覺察的系統故障，都會產生物業保全工作的「盲點」。而且，保全設施的故障也可能會產生諸如誤報等問題，騷擾用戶及管理者，影響正常生活與工作。經常性的誤報易使人們的警惕性下降，這種缺陷往往也是致命的。

作為物業的保全設施，由於存在高技術、高專業性等特點，所以國家及地方政府均規定了一定的經營、保養與維修的資質，即有資質的經營商或人員才能承擔保全系統的銷售、安裝及保養維修。作為物業管理者，一般可委託專業的保全設施承辦商或具有專業資質的人員承擔保全設施的日常保養維修。

物業管理者，特別是其保全部門應定期保養檢查，測試各保全設施的運行狀態，發現問題或故障應及時組織維修或改良，並制訂有關保全設施的安全、正常的操作規程，建立專人負責管理。平時還應注意接受警察部門的指導與監督。

(2)保全或警衛人員的保衛系統的管理。物業保全系統中由保全或警衛人員組成的保衛系統是整個系統的核心。一方面，保全設施的運行還需由人的操作與控制；另一方面，物業保全中有許多環節及部分是不能由設施來完成的，也就是說必須要有人完成才行。事實上，保全或警衛人員的保衛系統的工作不僅僅是操作保全設施，還有許多日常性的保全工作。

①物業的保全系統應組織一個專門的保全小隊，而保全小隊一部分由專業

的保全或警衛人員組成，一部分應由住戶中產生的義務保全人員組成；還要組建一個保全工作領導小組，對整個物業的保全進行統籌和協調管理；

②建立保全或警衛人員的值班及輪班制度，定期對物業的各主要區域及主要保全設備（如監視系統，警鈴系統等）進行嚴密監視，發現問題及時組織專人處理；

③嚴格執行來訪登記制度，並驗明身份，發現可疑者應及時與有關用戶聯繫。對來訪者攜帶的可疑物品應進行檢查，嚴禁可疑人員進入，防止事故發生；

④熟悉各種治安設備的使用與性能，熟悉與物業保全機關有關的法規及規定，熟悉物業各用戶情況；

⑤在發生罪案的情況下，應積極協助警察部門或警察人員進行破案；

⑥做好在特定時間、特定情況下的特殊保全工作，如節日、夏季等特殊情況下，應制訂相應的特殊保全措施。

3. 商業大樓的安全控制

　　住宅樓所採用的安全措施可以用於商業樓如辦公大樓，購物中心等。但由於商業建築在格局和用途上更為複雜，並且由於公眾的進出量較大，商業樓的保全要求更嚴格並更具專業化。以下介紹商業樓安全控制的幾項措施。

(1)在裝修工程進行時，僅僅允許經批准的承包商和他們的工人進入大樓。

(2)一般來說不允許維修人員使用乘客電梯。

(3)如果維修人員的電梯壞了，大樓主管有權決定允許維修人員使用乘客電梯，但要嚴密監督，避免引起其他使用者的不方便。

(4)運載貨物只能使用服務人員電梯，大件物品的運載必須由經手人員負責監督。大樓主管在他認為服務電梯有可能受到損害或負載超重時，有權禁止使用服務電梯運載這樣的貨物。

(5)貨物運出大樓必須向物業經理或他的代表出示主管部門的證明。

(6)正常工作時間之外進入大樓的人員必須出示有關部門主管的證明和本人的

證件，每次訪問前後都應在訪客登記本上登記簽名。

(7)閒雜人員不得進入大樓或在大樓附近逗留。

(8)工作時間結束後，必須按標準程序關閉所有大門、旋轉門和進出通道，每個進出口的關閉時間必須記錄在工作日記中。

五、緊急事故處理

(一)治安緊急事故處理

1. 刑事案件和惡性犯罪處理

(1)遭遇罪犯時，保全人員應保持冷靜，設法制服罪犯並發出警報通知就近的保全員並向 110 報警；

(2)罪犯逃跑時，保全員應用對講機呼叫門衛，講明罪犯的特徵；

(3)對現場罪犯留下的物品，不能擅自處理，應交由警察機關處理；

(4)對案發現場應加以保護，通知並等待警察機關來處理；

(5)對所掌握的情況，應向安全管理部門及警察局如實反映，協助破案。

2. 發現可疑人物的處理

(1)先行觀察 1～2 分鐘，然後上前盤問，注意對方神態，如有異樣，立即通知有關住戶和安全管理部；

(2)對可疑人物嚴密觀察，暗中監視，防止其破壞或造成其他意外事故；

(3)若發現可疑人物與警察部門通緝犯體貌特徵相似者，可採取措施，將其送至警察部門。

3. 酒醉者或精神病人的處理

(1)對陌生人進行勸阻或阻攔，讓其離開管理區域範圍；對居住者，則協助其親屬將其安頓；

(2)若酒醉者或精神病人有危害他人或正常社會秩序的行為時，可將其強制送到有關部門處理。

4. 住戶鬥毆的處理

(1)積極勸阻鬥毆雙方離開現場，緩解衝突；對能認定違反治安條例行為或犯

罪行為，應及時報告警察機關，或將行為人扭送警察機關處理；

(2)說服圍觀群眾離開，確保轄區內的正常治安秩序；

(3)協助警察人員勘察打鬥現場，蒐證各種打架鬥毆的工具，辨認帶頭分子。

5.住戶對安全管理大為不滿時的處理

(1)請相關人員到單獨的地方會談，並向住戶表示理解；

(2)仔細聆聽，了解事情真相，確為管理方問題，則向住戶道歉，但不要隨便認錯；

(3)始終保持友好、禮貌、冷靜的態度，並使相關人員冷靜下來，向其提出解決問題的建議；

(4)記錄有關人員的談話內容，並立即處理涉及自己權限範圍內的事；

(5)與具體部門聯繫商量解決的方法，做好事件發生及過程的記錄。

(二)消防緊急事故處理

1. 消防控制中心接到消防警報後，應立即通知巡邏保全前往現場查看確認並通知控制中心；

2. 火警被確認嚴重時，消防中心應立即打 119 報警，並啟動應急方案，組織救火、人員疏散、電梯停止（除消防電梯），啟用應急電源等相關消防設施；

3. 管理處負責人到現場指揮滅火，並確認：火場是否有人被困，何種物質燃燒；到火場的最近路線；看建築結構、環境重點，同時立即組織義務消防隊員撲救火災；

4. 救人及疏散用戶。積極搶救受火災威脅的住戶群眾，並依消防應急預案的安排，各負其責，清點人數，以免有人滯留火場；

5. 疏散與保護物資。對受火勢威脅的各種物資包括用戶室內的貴重物品、車輛、設備以及圖書檔案資料等是採取疏散還是就地保護，要根據火場的具體情況決定，其目的是儘量避免或減少財產的損失；

6. 防排煙。在撲救高層建築初期火災時，為了增大視距，降低煙氣擴散，需要採取防煙、排煙措施，以保證人員安全和加快滅火進程；

7. 防爆。撲救火災時，要儘量摸清易燃易爆物質的情況，儘可能在第一時間將可能受火勢威脅的易燃易爆物品清理出外；

8. 現場救護。在撲救火災時，要組織醫護人員及時對傷員進行護理，然後送醫院救治；

9. 安全警戒。為保證撲救火災、疏散與搶救人員的工作有秩序地順利進行，必須對大樓內外採取安全警衛措施；在安全警衛的部位，包括大樓外圍、大樓底層的出入口和著火層等分別設置警戒區；

10. 通訊聯絡。在滅火過程中，要保持大樓內外、著火層與控制中心、值班主任與前後方的聯繫，這樣才能使值班主任的指揮意圖與預定的應急方案順利實施；

11. 後勤保障。後勤保障的內容：(1)保證水電供應不間斷；(2)保證滅火器材和運輸車輛；(3)與協同滅火的單位聯繫，組織提供滅火器材。

(三)颱風緊急事故處理

颱風即將來臨時，各員工應：

1. 通知各用戶做好防颱措施；
2. 檢查所有的門窗是否足夠穩固；
3. 牢固所有易鬆脫的物件，如花架、陽台上的花盆等；
4. 對有維修工程進行的地方通知承包商作好防颱措施；
5. 檢查所有的機房、電梯、備用電機是否安全和正常可用；
6. 檢查所有下水道、雨水排水口等，清除可能引起淤塞的垃圾、泥沙和雜物；
7. 確保所有的救急用具可以隨時應用，如沙包、雨衣、安全帽、雨靴、繩索、備用照明等。

(四)爆炸威脅緊急事故處理

作為一種特殊情況，必須考慮爆炸威脅的處理。

1.直接反應系統

在設計爆炸威脅的適當反應系統時，最重要的是要有一個周密考慮的計畫或程序，來指導安全保衛人員和物業管理人員。當事故發生時，這些人員能有效地遵循正確的程序來處理這個情況，以使生產和財產受到最少的危害，正常的工作受到最少的干擾，一個完整的準備必須包括以下幾條。

(1)經常培訓緊急計畫的責任人員；

(2)定期舉行演習，來測試緊急計畫責任人員的應急能力；

(3)每次緊急計畫完成後，要及時總結、評估，以改進計畫的不足之處。

2.威脅的報告

在收到爆炸威脅後，必須正確地向物業經理或主管部門報告，物業經理或主管部門收到報告後，必須確定哪個高級管理部門的成員負責掌握進一步的詳情，當應急計畫實施後物業經理必須通知警察局。

3.撤離

決定撤離房屋或者可能的話部分撤離房屋，是物業經理的權力，但他必須事先徵求警察部門意見。平時，在安全專家或警察局的幫助下，必須有書面的撤離程序。這些程序和與此相關的安全安排，必須讓所有職員熟悉。

(1)撤離路線：注意或備用的撤離路線必須讓住戶熟悉。

(2)撤離信號：可用現存的火警警報被用來指示住戶撤離。在這種情況下，最好是使用不同於火警的警報模式。

(3)當爆炸警報發出後，人們離開房子時必須將窗門打開（但如果是外面著火，則將窗、門關閉），這樣可以減少爆炸震波的損害。

(4)在離開辦公室時，職員們應關閉機器，但讓燈開著。

(5)撤離者應帶走所有公事包、手提包、背包等個人的物品，這些東西在接下來的搜尋中可能會被誤認為裝有炸彈而引起不必要的誤解。

(6)集合地點應該是確保安全的地方，最近的安全距離應該是離建築牆 100 米以外的地方。

(7)關閉公共設施，必須關閉除照明以外的所有電源。瓦斯和燃料供應管線的主要開關應關閉。所有的鍋爐和類似的設備必須檢查以確保調整到安全狀態。這些行為應由資深的專業人員完成。

(8)撤離區域的出入控制。當撤離完成後，必須執行嚴格的進出控制，以防止任何未經許可的進入，直至撤離警報結束。

4. 通訊

在執行緊急計畫的過程中，在負責撤離的物業經理和保全人員或物業管理人員之間的迅速有效、可靠的雙向通訊系統必須建立。一般的是使用電話或內部通訊系統。但是，必須注意雙向手提式收／發話機不能使用，因為這種收／發話機可能會激發電流而引爆炸彈。

5. 公關

要使傳媒或政府獲得正確的資訊，很重要的一點是，只有管理部門的高級官員才是正式發言人，任何與組織有關的其他人員不得向外界宣布有關此案件的資訊。

複習思考題

1. 物業綜合管理的含義和特點是什麼？
2. 物業環境的含義及特點有哪些？
3. 物業環境管理的含義和原則是什麼？
4. 簡述清潔管理的含義及範圍。
5. 簡述物業綠化管理的內容和範圍。
6. 物業安全管理的含義和特點是什麼？
7. 物業建築物的消防系統的功能有哪些？
8. 保全系統是由哪些部分構成的？

第八章
房屋維修管理

第一節　房屋維修管理概述

一、房屋維修概念及特點

(一)房屋維修概念

房屋維修的概念有廣義和狹義之分。狹義的房屋維修僅指對房屋的維護和修繕；廣義的房屋維修則包括房屋的維護、修繕和改建。物業管理的基本目的有三個方面：使物業獲取最大的期望收益；使物業得到良好的保值和增值效果；給業主和使用人提供良好的生活、工作和學習環境。而保證物業處於正常而良好的經營和使用狀態，保證房屋足夠的壽命，是達到上述基本目的的前提。

房屋具有不動產一般的物理特徵，它不能像其他財產，如貨幣、黃金、貨物等，可以利用收藏達到保護及保存的目的。由於房屋的不可移動性，使其始終處於千變萬化的自然狀態及社會經濟狀態之中。不管房屋是否使用，它始終受到自然因素及社會經濟因素的作用。所以作為物業管理者，要保持房屋良好的物理狀態和經營狀態、保持並延長其使用壽命，必須以科學方法分析房屋的物理與經濟特性，有效地進行房屋的養護與維修管理工作是十分必要的。

(二)房屋損耗概念

1.房屋的物理壽命和經濟壽命

房屋自建成、使用至報廢是一個必然的過程。這個過程在時間上的長短，我們通常稱為房屋的壽命。而衡量一幢房屋壽命的大小一般有兩種方式，即房屋的物理壽命和經濟壽命。房屋的物理壽命是指由於受到各種實體因素的作用，而使房屋損耗破壞直至不能使用而報廢的時限；而房屋的經濟壽命是指房屋在經濟功能上的壽命，是指由於物理因素、經濟因素及功能因素的作用，使房屋在經濟、功能上失去其使用價值而被淘汰的時限。經濟壽命是房屋綜合損耗的結果。通常經濟壽命均小於或等於物理壽

命，具體見如圖 8.1 所示。

圖 8.1　房屋的物理壽命和經濟壽命

通常，物業業主關心房屋的經濟壽命超過關心其物理壽命。這是因為業主作為一名投資經營者，考慮問題主要是從房屋的經濟性角度出發，追求物業的經營效益及保值增值效益。房屋的經濟壽命受到諸多因素的綜合作用，如房屋的結構類型、設計與施工品質、使用情況、保養與維修管理情況及區域環境等。

2. 房屋的損耗

根據房屋損耗特性的不同，可以將損耗分為有形損耗與無形損耗，不同的損耗類型有著不同的成因和影響。

(1) 有形損耗。有形損耗也稱為物理損耗，是指房屋在使用或閒置過程中所受到的實體上或物質上的損耗。這種損耗是看得見的，是有形的。這種損耗使房屋逐漸受到損壞而最終不能使用。它是限制房屋物理壽命的根本原因，也是限制房屋經濟壽命的主要原因之一。

一般情況下，房屋有形損耗產生的原因有兩個：

第一種有形損耗，是指房屋在使用過程中，包括在業主、租戶、用戶及商業物業顧客等使用過程中，由於受到諸如摩擦、衝擊、振動、疲勞，甚至火災等外力作用而產生的物理上或物質上的損耗。它對房屋產生的損壞通常表現為門窗、牆壁、樓梯、樓地面等部位的破損。

第二種有形損耗，是指房屋在閒置狀態下受到自然力的侵蝕作用所產生的損耗，包括風、雨、酸濕氣體及氧化作用，也包括非正常的自然災害（洪水、地震、滑坡、龍捲風、冰雹等）以及生物因素（如白蟻、霉菌等）的影響。它對房屋產生的損耗結果包括屋頂漏雨，樓梯鐵扶手、鐵窗

的銹蝕以及木門窗、家具等的蛀壞等。

　　事實上，房屋的有形損耗通常是以上兩種損耗綜合作用的結果，即房屋在使用過程中，同時受到自然的侵蝕作用。房屋有形損耗的結果既包括第一種有形損耗的結果，又包括第二種有形損耗的結果，因此，房屋有形損耗程度可以用以下兩種方法進行度量。

①用房屋被損耗部分的價值占房屋總價值的比例表示。即利用建築師與結構工程師對房屋各主要組成部分破損程度的測量，算出房屋損失價值，將其與房屋總價值的比值作為度量房屋有形損耗的程度。

②用房屋維修費用的大小來度量。即用修復房屋全部主要組成部分的損耗所需總費用與房屋重建價值的比例來度量。

　　房屋的主要組成部分包括結構、裝修及設備三大部分。其中結構組成部分主要包括基礎、承重構件、非承重構件、屋面和樓地面；裝修組成部分主要包括門、窗、內外粉刷、頂棚和細木裝修；設備組成部分主要包括水、衛、電器照明、暖氣空調及各種特殊設備設施（包括電梯、消防系統、報警系統、音響系統及閉路電視系統等）。房屋各主要組成部分損耗程度或修復費用的估算一般由建築師與結構工程師來進行，主要利用觀察及檢測手段，採取定量與定性分析相結合的方法進行綜合估算。而房屋的重建價值則主要利用測量師或估價師，採取成本法或市場比較法等方法估算得出。重建價值不包括土地的價值。

(2)無形損耗。無形損耗有時也稱為精神損耗，它是一種抽象的損耗概念。主要是指由於時代與技術的發展，而使房屋經濟價值下降或貶值的損耗。這種損耗是看不到的，是無形的。這種損耗產生的結果是，即使房屋仍處於比較新的狀態，但房屋的經濟價值會下降很大，甚至逐漸被更有經濟價值的房屋所替代。無形損耗是限制房屋經濟壽命的另一個主要原因。

　　房屋無形損耗產生的原因有三種：第一種無形損耗是由於房屋建造技術的改進，勞動生產率的提高，建造同樣房屋所需的社會必要勞動消耗減少，使其再生產價值相應降低而使原有房屋的價值貶值。由於這種損耗不會影響房屋的正常使用及使用功能，所以它不會產生房屋保養與維修問

題。第二種無形損耗是由於房屋功能與設施設備在技術上的進步，使原有房屋的功能及技術不能適應社會及經濟發展的需要，使其逐漸被性能更先進、經濟效益更好的房屋所淘汰。第三種無形損耗則是指由於社會經濟環境的影響，使物業所處的環境條件變差，如規劃及區域行政法規的影響導致周圍環境條件變差，而使房屋的經濟價值下降。由於這種損耗會影響房屋的使用功能，所以它會涉及房屋的保養與維修問題，主要是房屋改造的問題。

無形損耗程度的衡量可以利用房屋在新的狀態下原始價值與重建價值的差額同其原始價值的比例來表示。

在實務中，房屋的原始價值與重建價值可利用測量師或估價師，採取常用的估價方法，包括成本法、比較法和收益法，進行綜合估算得出。值得注意的是房屋的原始價值與重建價值均不包括其相應的土地部分價值。

(3)綜合損耗。房屋的損耗同時受到有形損耗和無形損耗的作用，所以，房屋的損耗過程實際上是一個綜合損耗的過程。

房屋綜合損耗程度的衡量可以根據房屋的有形損耗與無形損耗程度綜合取定。我們利用以下一個案例來了解具體推算過程。

例 8.1　某房屋的原始價值為 1,000 萬元，由於損耗需要大修，其所需的大修理費用為 300 萬元，若該房屋當前的重建價值為 700 萬元，求：

①該房屋的有形損耗程度；

②該房屋的無形損耗程度；

③該房屋的綜合損耗程度；

④該房屋現時的淨價值。

解　根據題意有，原始價值 $K_0 = 1,000$ 萬元，大修理費用 $R = 300$ 萬元，重建價值 $K = 700$ 萬元，則有：

①房屋的有形損耗程度：

$$\alpha_{有} = \frac{R}{K} = 300 + 700 \times 100\% = 43\%$$

②房屋的無形損耗程度：

$$\alpha_{無} = K_0 - K，K_0 = (1,000 - 700) \times 100\% = 30\%$$

③房屋的綜合損耗程度：

$$\alpha_{綜} = 1 - （1 - \alpha_{有}） \times （1 - \alpha_{無}）$$

$$= 1 - （1 - 43\%） \times （1 - 30\%） \approx 60\%$$

④房屋現時的淨價值：

$$K_{淨} = K_0 \cdot （1 - \alpha_{綜}）$$

$$= 1,000 \times （1 - 60\%）$$

$$= 400（萬元）$$

　　房屋綜合損耗勢必會影響房屋的正常使用，影響業主、租戶或用戶的投資與使用效益，影響物業保值及增值。所以，在房屋使用甚至閒置過程中，應加強房屋的管理，對房屋的損耗及時進行補償。利用有效的養護與維修管理，維持房屋正常的使用狀態，減緩房屋折舊，延長房屋的經濟壽命，並提高物業的經濟價值。

(三)房屋維修的分類

房屋維修根據不同的標準有不同的分類。

1. 從對房屋損耗的作用來說，可以分成維護（保養）和修繕。這也是維修這個詞的兩個本質的組成部分。從前面對房屋損耗特性及成因的分析中可以看出，要延緩或補償房屋的損耗，延長房屋的物理與經濟壽命，其有效的途徑不外乎有兩條，即對房屋的維護管理和修繕管理。其中房屋維護主要用來減緩房屋在使用或閒置過程中的損耗程度，維持房屋正常的使用狀態，達到延長房屋物理與經濟壽命的效果。房屋的維護主要包括房屋的日常養護與零星小修兩項工作。而房屋的修繕主要用來補償房屋所受的損耗，彌補並修復房屋各主要組成部分的破損，延長房屋的物理與經濟壽命。

2. 房屋的修繕可按修繕的性質分為恢復性修繕和改良性修繕。房屋的恢復性修繕是指物業管理者對房屋由於受到物理損耗而損壞部分的修復工作，是

房屋簡單再生產的實物及價值補償形式。實際上，房屋的修繕不僅包括房屋破損部分的修復，而且還包括房屋功能和裝修的改善、設備與設施的更新改造等改良性修繕。這兩者在內容上缺一不可，在時間上也交叉或同時進行。通常，房屋的恢復性修繕包括緊急性修繕與計畫性修繕兩種類型，而改良性修繕則屬於計畫性修繕的範疇。

3. 房屋修繕按時間的特點可分為計畫性修繕和緊急性修繕。緊急性修繕是指對突然發生的故障進行的搶修。由於突然故障的發生在時間上沒有規律，而且往往對房屋的使用功能產生較大的影響，不僅搶修工作的時間要求緊、費用較大，而且工作的組織困難較大。這種類型的修繕大多為小修及中修項目。而房屋的計畫性修繕是指物業管理者為避免房屋使用功能的嚴重破壞，在使用一定年限後，組織必要的人力與物力，集中一段時間對房屋實施有計畫的修復或改良工作。房屋計畫性修繕項目一般僅占整個保養修繕項目的 2%，而其費用則往往占整個保養修繕費用的 90%左右。房屋計畫性修繕的特點是：修繕工作有一定規律的周期性；物業管理者有充裕的時間，根據房屋完整情況、修繕規模與要求，組織相應的人力與物力資源，其計畫性較強。

4. 房屋修繕也可按修繕的規模分為小修、中修、大修、翻修及綜合性修繕五大類。（這五類修繕的含義，將在下面的章節中作介紹。）

(四)房屋維修的特點

1. 技術性。房屋維修與一般的建築施工不同，它本身具有特殊的技術要求。房屋維修技術不僅包括建築工程專業及相關的技術，還包括獨特的設計和施工操作技術。

2. 限制性。房屋維修是在原有房屋基礎上進行的，並且一般情況是在使用不停頓的情況下進行的，因此房屋維修受到各種限制。例如，受到原有房屋資料、條件、環境的限制；受到原有建築風格、建築藝術限制等。

3. 普遍性。由於房屋的有形損耗和無形損耗無處、無時不在，因此房屋的各個部分都會有不同程度的損壞，需要進行不同層次的維修，所以，房屋維

修具有普遍性。

4. 分散性。由於房屋損壞的發生從時間上、空間上都是隨機的，因此決定了維修工作是零星的、分散的。

5. 服務性。房屋維修的對象雖然是房屋，是物，但它往往是由房屋的住戶提出要求，並且維修的結果直接由住戶承受，是與住戶的切身利益密切相關的，因此，房屋維修帶有很強的服務特性。

二、房屋維修管理概念及特點

(一)房屋維修管理概念

房屋維修管理是指物業管理組織按照相關房屋維修管理標準和要求，以及科學的管理程序和制度，對所管理房屋進行維護維修的技術管理。它包括房屋的安全與品質管理、房屋維修的技術管理、房屋維修的施工管理和房屋維修行政管理。房屋維修管理是物業管理的主體工作和基礎工作。

(二)房屋維修管理的特點

1. 房屋維修管理的複雜性

房屋維修管理的複雜性是由多方面因素造成的。首先是由於房屋的多樣性或個體性，造成了維修方案的多樣性；其次是房屋維修的廣泛性和分散性，帶來管理上複雜性；第三是房屋維修與房屋使用的並行性，給房屋維修的設計、施工組織及安全管理等帶來新建築施工所沒有的困難；最後是房屋產權性質的多元性，也會帶來不同產權人由於利益不同而給房屋維修帶來的種種障礙。

2. 房屋維修管理的技術性

不僅房屋維修本身所具有的技術性決定了房屋維修管理具有技術性，而且房屋維修工作中的品質管理、成本控制、進度控制以及契約管理等都需要房屋建築工程的專業知識，以及相關的專業知識。

3.房屋維修管理的計畫性

　　房屋維修過程本身存在著各階段、各步驟之間從技術角度來說不可違反的工作流程，以及來自管理、資金、環境等方面的約束，都要求房屋維修管理必須要有計畫、有程序地進行。例如，房屋維修一般都必須經過房屋現狀調查、維修方案的制訂、房屋維修的組織和實施以及檢查驗收等程序，從人員組織、技術要求、材料和設備的調配、資金的調用、場地的規劃、用戶關係的處理、時間進度的安排等眾多方面事先就做好詳細計畫，才能保證房屋維修工作的正常進行。

三、房屋維修管理的意義和原則

(一)房屋維修管理的意義

　　在物業管理所有的工作中，房屋維修管理不僅是物業管理的主體工作和基礎性工作，而且是衡量物業管理企業管理水準的重要標誌，因此，房屋維修管理在物業管理全過程中占有極其重要的地位和作用。一般來說，房屋維修管理具有以下意義：

1.確保房屋的使用價值

　　良好的房屋維修管理有利於延長房屋的使用壽命，增強房屋居住性能，改善居住條件與品質，確保房屋的使用價值。

2.增加房屋的經濟價值

　　良好的房屋維修管理，不僅使房屋損耗的價值得到補償，而且可以使房屋增值，這樣就可以為業主帶來直接或間接的經濟效益。

3.提升企業的信譽價值

　　良好的房屋維修管理，可以使物業管理企業在房屋的業主及使用者中建立良好的信譽和形象，從而為物業管理企業參與市場競爭打下堅實的基礎。

4.增加城市的社會價值

　　良好的房屋維修管理，不僅可以起到美化城市環境、美化生活的作

用，而且能為人民群眾的安居樂業，為社會的穩定奠定基礎。

(二)房屋維修管理的原則

1.業主第一，服務第一原則

　　房屋維修的目的就是為了不斷地滿足社會生產和人民居住生活的需要。因此，在房屋維修管理中，必須將業主的需要和利益放在第一位，為業主創造優良的工作和生活環境，提高物業的綜合效益。物業管理企業本身是服務性企業，房屋維修又帶有強烈的服務性質，服務是企業的立身之本，因此在房屋維修管理中必須貫徹服務第一原則。「業主第一，服務第一」不是口號，而是要體現在思想、制度、規範和態度等各個方面，體現在物業管理企業所有員工的一言一行中，體現在物業管理企業規章制度的字裡行間。

2.預防為主，管理與修繕結合為原則

　　房屋的使用、管理、修繕、保養是一個統一的過程。強調這一原則就要貫徹預防為主的方針，使房屋的使用、維護、日常保養、修繕改造等有機地結合起來。預防為主，首先可以避免大的損失和事故，其次也能保證用戶正常的生活、工作；而嚴格的管理制度、管理措施既可以防止人為因素造成的房屋損壞，又可以及時地發現隱憂、排除故障，防止事故的發生和擴大。

3.經濟、合理、安全、實用原則

　　經濟，即在房屋修繕過程中，為業主精打細算，節約和合理地使用人力、財力和物力；合理，即在修繕過程中，要符合國家的規定和標準，要符合全體業主的共同利益；安全，即在修繕過程中，堅持品質第一和房屋完好標準的要求，保證主體結構牢固、功能運轉正常、用戶居住安全；實用，就是要因地制宜地進行維修，以滿足用戶在房屋品質與使用功能上的需要，充分發揮房屋的效用。

4.區別對待，因房制宜之原則

　　即根據房屋的不同類型採取不同維修方針的原則。從維修角度來看，

房屋可以分成新建房屋和舊有房屋兩類；舊有房屋又可以分成有保存價值的建築，尚可利用的建築和無維修價值的建築。對新建房屋，主要做好日常的保養工作。對有保存價值建築需加強維護管理，合理使用和計畫維修，保持原有的建築風格、風貌。對尚可利用的建築，要利用有計畫的維修與適當的改建，使之具備或接近現行居住標準的基本要求。對結構簡陋，破舊老朽的舊房、危樓，要全部或大部分進行有計畫的拆建，進行再開發。

第二節　房屋維修及維修管理內容

一、房屋維修的內容

房屋維修的內容包括房屋維護保養的內容及房屋修繕的內容。房屋保養是指物業管理者為保證物業處於良好的使用狀態，對房屋結構、裝修及設備部分實施的綜合養護工作，是物業管理的一種經常性和持久性的工作。房屋的保養工作區別於通常所講的房屋修繕工作：房屋的保養是對房屋進行的預防性養護工作，而房屋修繕則是對房屋損壞部分進行的修復工作；房屋保養的對象主要是房屋結構完好、裝修及設備完整良好的房屋，而修復的對象則主要是結構、裝修及設備受到一定損傷的一般損壞房屋、嚴重損壞房屋及危險房屋；房屋保養工作一般具有經常性，且較零碎，工程量較小，而修復工作則大多具有周期性，有規律且工程量較大。但在整個物業管理中，房屋的保養與維修通常又是密不可分和交叉進行的，而且在內容上也是有重疊的，如房屋的保養與維修都包括對房屋的小修內容。所以，在對待與處理房屋保養與維修的關係上，應同樣重視、不可偏頗和協調進行。

(一)房屋保養的內容

1. 房屋保養工作的內容

　　　　包括房屋的日常養護和零星維修兩方面的內容。日常養護與零星維修往往在房屋保養工作中同時進行。

(1)房屋的日常養護。通常是指房屋經常性或周期性進行的維護工作，如清掃、檢查、加油、粉刷和清理等保養工作。房屋日常養護工作可以有不同的養護周期，可以是每天或幾天進行一次的養護，如地面、扶梯、牆面等部位的清潔工作，每天巡視檢查工作等；可以是每周或每月一次的養護，如對有關設施設備進行擦洗、加油，排水渠、管道的清理疏通等工作；也可以是每年或幾年一次的養護，如對房屋外牆的重新粉刷等工作。

(2)房屋的零星維修。主要是指簡單、零星分散、時間要求緊迫的小型維修工程項目。這項工作往往具有經常性，但無規律性，所以管理難度較大。一般房屋的小修項目可分為一般小修項目和急修項目兩種，其差別是時間要求上的不同，急修項目的時間通常要明顯短於一般小修項目。

　　　　一般情況下，民用房屋保養中的急修項目應在 1 天內修理；一般小修項目應在報修後 3 天內修理；需安排計畫修理的項目也應在 1 周內進行查勘，確定修理時間。

①急修項目。急修項目是指因房屋的損壞部分會嚴重影響房屋的正常使用或使用安全，而須立即修理的小修項目。通常這些急修項目是在房屋結構、裝修及設備基本完好情況下的局部損壞項目。主要包括：房屋結構性損壞易產生危險的，因供電線路故障產生的停電及漏電，因水箱、馬達、水表或水管故障所產生的停水及水龍頭嚴重漏水，樓地板、扶梯斷裂及陽台、扶梯等各扶手、欄桿鬆動及損壞，樓梯發生故障，污水管嚴重阻塞，其他有危險的急修項目等。

②一般小修項目。一般小修項目是指房屋保養過程中的常規性小修養護項目。這些損壞項目會影響房屋的正常使用功能及使用狀態，但對於整個房屋的業主、租戶或用戶不會產生危險，其修復時間一般較短，但面較廣，且可以有一定的修復時間。主要包括：一般門窗的損壞，雨水管、

污水管等管道阻塞，屋面滲漏水，小塊樓板損壞，5 平方米以內的屋頂和內牆粉刷脫落，2 平方米以內的小塊落地起殼龜裂，臉盆、浴缸滲漏水、衛生設備零件損壞，其他一般小修項目等。

2. 特定季節的房屋保養工作

在房屋保養過程中，物業管理者還應注意特定季節的房屋保養工作，特別是對於災害天氣，應針對其可能對房屋產生的破壞及影響，提前做好預防性保養及小修工作，同時組織相應物資及力量，以用於災害出現後的應急需要。一般情況下，災害性天氣引起的危害主要來自兩方面：(1)是每年春季的雨季、颱風期間易出現積水、房屋屋面漏水，地基受洪水衝擊而引起的塌方、損壞，房屋防雷擊設施不善引起雷擊等現象，房屋結構可能由於地質鬆軟而倒塌或部件塌落的事故。(2)是每年季節轉換易出現外牆水管、水箱的龜裂，影響正常供水與排水；屋面由於不堪重負而發生塌落事故。

房屋的保養應首先著重於季節性的預防性養護工作，應在災害性天氣及危險性自然因素出現以前，根據房屋本身的實際情況及業主、租戶或用戶的具體要求，綜合房屋可能遭受的破壞及業戶可能受到的影響，制訂相應的保養計畫及措施，著重做好以下工作：

(1)普遍對房屋完整程度進行檢查，對損壞較嚴重以及危險的房屋或部位進行著重保養或維修，確保房屋順利過季；

(2)檢查房屋的綜合性能，及時整修門窗、裝配玻璃、修補屋面和牆體等；

(3)徹底清查房屋的排水系統，清理屋面、排水管，以及室外雨水排放通道，確保雨季、暴風雨時的排水暢通；

(4)及時做好大雪及冰凍來臨之前水管、水箱等設施的防凍裂工作，對外露的水管、水箱等設施進行包紮、粉刷、覆蓋等，提高其防凍能力；

(5)大雪及冰凍期間，及時組織人員清掃屋面、外廊、屋檐、天棚、陽台等部位積雪、積冰，以減輕其荷載，防止塌落事故的發生；

(6)對空調等設施進行檢查，發現漏、壞等現象及時進行修復或更換，以保證整個保暖工作正常；

(7)其他保養小修工作。

3.保養工作應注意的事項

　　通常，物業管理人員主要利用業主、租戶或用戶的隨時報修，以及根據平時掌握的房屋完整資料，利用走訪和日常巡查等途徑來獲取日常性養護和零星維修項目的資訊。為了有效進行這項工作，使房屋的結構、裝修及設備各部分能及時快速地得到養護及小修，物業管理者應注意：

(1)定期進行房屋的完整程度的測定。使物業管理者能及時掌握房屋完整資料，結合房屋結構、裝修及設備各部分的實際情況，制訂房屋的日常養護計畫及制度。

(2)建立管理人員的訪談制度。組織專門的管理人員定期或不定期地對物業業主、租戶或用戶進行訪談，及時了解他們對房屋的養護要求以及房屋各部分存在的隱憂和養護工作的缺陷。

(3)建立管理人員的日常巡查制度。規定管理人員每天或經常性對房屋各部分進行巡視檢查，發現破損或破損隱憂，及時組織進行養護及小修工作。常規的巡查項目有：

①房屋的基本結構，如基礎、牆體、樑、柱、樓地板、屋面、屋頂及樓梯等部分進行日常性檢查，發現缺損、鬆動、裂縫等及時申報；

②房屋的裝修部分，如門、窗、內外牆裝飾、地面、天花板裝修、油漆及其他裝飾進行檢查，檢查是否有損壞、鬆動、脫落、蟲蛀及外表塗鴉等髒亂現象；

③房屋基本設備設施，如供排水、供電、空調、電梯、消防、報警、公用天線等設施進行日常性檢查，檢查是否有堵塞、漏電、損壞等現象，同時應檢查是否有用戶偷接或亂接電線，私接第四台、水管等現象；

④房屋附屬設施及周圍環境的日常性檢查，如社區道路、庭園設施、廣場、綠化等，防止人為破壞並及時修復所受損壞；

⑤其他日常性巡查工作。

(4)建立業主、租戶或用戶隨時報修制度。物業管理機構組織專門人員值班，全天24小時負責接待業主、租戶或用戶的報修電話、信函或來訪；或設置

報修信箱，及時掌握房屋的破損情況或對養護工作的意見。

物業管理者在收集和了解需保養的項目後，首先應及時進行分類處理，按輕重緩急或工作難易程度，逐一落實。其中對於急修項目來講，物業管理人員首先應組織有關維修人員進行急修，然後再專門委託或組織保養工程承包商或隊伍進行維修。對於業主、租戶或用戶報修的項目，物業管理者應根據報修內容，檢查受損情況，分清責任及費用承擔，然後再著手進行小修養護工作。如果屬於急修項目，同樣需根據前述的辦法來處理；如果不屬於小修養護範圍內的項目，則應及時填寫中修或大修申報表，儘快落實解決。總之，對於小修養護項目，物業管理者應根據其緊急程度，分清主次。需要及時解決而又可以解決的項目應馬上實施養護維修；而對於不能馬上解決的項目，則要儘快編製小修養護計畫書，組織力量進行實施。

(二)房屋修繕的內容

房屋修繕是指物業管理者為了維持物業的正常使用狀態，而對房屋結構、裝修及設備部分所受損耗實施的修復性工作，有時也稱為房屋維修。房屋修繕可以按照修繕規模或物業完整情況的不同分為小修、中修、大修、翻修及綜合維修。

1. 房屋小修

房屋維修工作中，凡是為修復房屋的小損壞，維持房屋原來的使用狀態及完整等級為目的所進行的零星養護項目均稱為房屋的小修項目。房屋小修工作的特點是面廣量少，工作時間短及人力、物力消耗少。小修項目的綜合年均費用為房屋造價的 1%以下。

房屋小修的範圍包括建築物及設備兩個方面。建築物部分主要包括建築物的結構及裝修；而設備部分則包括諸如電梯、馬達、空調、消防、報警、監控及共用天線等設備或設施。房屋小修工作一般時間較短，修復時間一般為 3 天至 1 周，最多也不超過半個月。

房屋的小修項目一般比較繁多，其中設備部分的小修養護項目將在以後有關章節中逐步介紹，這裡主要列出建築物的小修項目。

(1)屋面補漏、換磁磚的整修，屋面裂縫修補，修復或修改天窗等；

(2)牆體局部修補、局部粉刷，樓地面修補及局部新做，天花板、雨遮、踢腳板的修補、粉刷等；

(3)室內外給排水管道的疏通及局部更換，明管、化糞池等的清理等；

(4)門窗的維修及局部更換，玻璃、五金等的裝配，樓梯扶手、欄杆裝修的加固及部分拆換等；

(5)衛生器具的修補及部分拆換，水龍頭、閥門等的整修、拆換，水箱的修理等；

(6)燈座、電線、開關的修換及故障排除，配電箱（盤）的修配及部分調換，電表的修理及調換等；

(7)門窗、樓地面、牆面的補漆等；

(8)其他小修項目。

　　在物業管理實務中，房屋的小修是與房屋保養工作分不開的，所以我們在討論房屋養護過程中也同時討論了零星養護的內容，房屋的小修、養護往往是同時進行的。

2.房屋中修

　　房屋的中修是指需牽動或拆換少量主體構件，但仍保持原房屋的規模和結構的維修項目為中修項目。房屋的中修主要適用於一般損壞房屋，中修的一次費用一般占該房屋同類結構新建造價的 25%以下。房屋中修的範圍同樣包括房屋的建築物及設備兩個部分，涉及房屋的結構、裝修及設備三個方面的破損修復。主要包括：

(1)整幢房屋的門窗整修，樓地面、樓梯維修及油漆，牆面的重新粉刷等；

(2)整幢房屋的水管、冷氣通風設備管道、電氣照明線路等的全面修復或局部更換、更新，供配電系統的整修或局部更換、改裝；

(3)整幢房屋的衛生器具的整修及局部更換、更新，整幢房屋的所有水龍頭、閥門、水箱等零組件的更換、更新；

(4)對房屋結構某個單項的修復或改善；

(5)其他中修項目。

事實上，房屋的中、小修理是很難明顯劃分的，一般通常以維修工程量的大小及維修費用的多少來區分。在房屋中修過程中，也包括了多種類型的小修項目。

3.房屋大修

房屋大修是指需牽動或拆換部分主體構件，但不需要全部拆除的維修工作。房屋的大修主要適用於嚴重損壞的房屋。大修的一次費用占同類結構房屋新建造價的 25%以上。

房屋大修的範圍同樣可以包括房屋的結構、裝修及設備 3 個方面的全面修復或改良，主要包括：

(1)整幢房屋的重新裝修，可以包括全部門窗，內外牆及樓地面的重新裝修或改善；

(2)整幢房屋的水電、冷氣通風、電梯及其他共有設施的全部或部分更換或改善；

(3)房屋主體結構的加固修復，如抗震加固等；

(4)房屋的部分建築物的改建；

(5)其他大修項目。

同樣，房屋的大、中維修的區分也是相對的，實際房屋大修過程中包括了中、小修理工作，甚至可以是它們的組合或規模擴大。

4.房屋翻修

房屋翻修是指需全部拆除，另行設計、重新建造的改造工程。其工程量及所需費用很大，但房屋翻修的費用一般均低於同類結構重新造價，這是因為房屋翻修可儘量利用原有舊料或設備。房屋翻修一般適用於主體結構嚴重破壞、喪失正常使用功能、有倒塌危險且不能利用一般維修恢復的或無維修價值的房屋。

房屋翻修一般需拆除所有的建築物，當然包括拆除全部的結構、裝修及設備。屬於這類房屋的情況一般為：

(1)對檢測評定為危險房屋實行的全面重建；

(2)對房屋功能喪失，無利用價值，且不能維修恢復房屋的拆除重建；

(3)對地處易滑山坡無安全性房屋的拆除、重建；

(4)無維修價值簡易房屋的拆除、重建；

(5)其他情況。

房屋的翻修與大、中、小維修的區別明顯，所以對它們的區分比較容易，但房屋翻修的情況是相對很少的。

5.房屋的綜合維修

房屋的綜合維修是指需對多幢房屋同時進行大、中、小維修的工作。其工作的面廣量大，一次費用一般為同類結構的該片房屋新建造價的20%以上。

房屋的綜合維修從維修規模上看，可以作為大修項目的範疇，但其對參加的房屋無完整程度的限制，即綜合維修可以對各種完整情況的成排房屋同時進行。

不可忽視的是，房屋的不同維修形式有不同的修復要求，通常仍用修復後的房屋完整情況來表示。其中小修後要求能夠保持房屋原來的完整等級；中修要求修復後房屋的完好率達到70%以上；大修後房屋須達到基本完好房屋的要求；翻修後房屋須符合完好房屋要求，而綜合維修後的房屋須符合基本完好或完好房屋的要求。

二、房屋維修管理的內容

房屋維修管理的主要內容包括房屋維修計畫管理、房屋安全與品質管理、房屋維修施工管理、房屋維修技術管理和房屋維修的費用管理等。

(一)房屋維修計畫管理

房屋維修計畫管理是指物業管理者根據房屋的完整程度，用戶對房屋保養與維修的要求以及政府對保養與維修的有關規定，為制訂並實施房屋的綜合保養與維修計畫所進行的各項管理工作。房屋保養與維修往往是交叉進行的，而在實際工作中，房屋維修工作在一定程度上總會影響房屋的保養，比較容易打亂房屋的

保養計畫，所以，在制訂房屋保養與維修計畫時，應充分考慮各方面工作的實際，注意其合理性。

　　房屋保養與維修計畫根據計畫周期的不同，可以分為短期計畫、中期計畫及長期計畫等。作為整個房屋的保養與維修管理，管理者會充分注意長期計畫的制訂與管理，如房屋的 5 年、10 年乃至全壽命的保養維修計畫，特別是房屋的改良性維修計畫，這對於有效維護房屋的使用性能及經濟價值都是十分有利的。通常，房屋的保養與維修計畫周期越短，則越強調其實際操作性，往往要求也越詳細、具體；而計畫周期越長，則往往強調其可控性、協調性。

　　房屋保養與維修計畫的內容應包括保養與維修的目的、內容、實施辦法、人員、材料、費用及品質考核等方面。

(二)房屋安全與品質管理

1. 房屋安全與品質管理的概念

　　房屋維修管理中的安全與品質管理，主要是指房屋日常使用過程中的安全與品質管理。即是在房屋的使用過程中，利用定期和不定期對房屋的品質鑑定、安全檢查以及危房的鑑定和排除危險工作，隨時掌握房屋的品質分布狀況，為房屋的合理使用、維護管理和計畫修繕提供基本的依據，確保房屋的完好和居住安全。

2. 房屋安全與品質管理內容

　　房屋安全與品質管理包括三方面的工作：房屋品質等級鑑定，房屋使用安全檢查及危房的鑑定和排除危險。

(1)房屋品質等級鑑定。房屋品質等級鑑定是指按統一的標準、項目和方法，對現有整幢房屋進行綜合性的完整等級評定。房屋品質鑑定的基本任務就是要弄清楚現有房屋的品質分布狀況，為房屋的管理、保養、修繕提供基本依據。

　　房屋完整等級評定是根據房屋的結構、裝修及設備三個部分的完好和損壞程度，將房屋劃分為完好、基本完好、一般損壞、嚴重損壞和危險房五大類，其中：

①完好房。是指房屋的結構、裝修和設備各部分完好無損，不需進行修理或經一般小修就能具備正常使用功能的房屋。

②基本完好房。是指房屋的主要結構部件及構件基本完好無損，或雖有輕度損傷，但仍能穩定使用、保證安全；裝修與設備部分也有輕度損傷，但不影響正常使用；經一般維修能修復的房屋。

③一般損壞房。是指房屋的結構部分有一般性損壞，並已影響了房屋的安全性；裝修、設備部分有損傷、老化或殘缺，使其不能正常使用；經中修或局部大修就能修復的房屋。

④嚴重損壞房。是指房屋的主要結構、裝修及設備部分有明顯損壞，房屋已無法使用，需經大修或改造才能修復的房屋。

⑤危樓。是指房屋的結構、裝修及設備全部破壞，房屋不僅不能使用，而且有倒塌或事故危險，無修復可能的房屋。

(2)房屋使用安全檢查。房屋安全檢查就是利用對房屋的經常性檢查，了解房屋完整情況，發現房屋存在的隱憂，及時採取搶修加固和排除危險的措施。房屋安全檢查與房屋品質等級鑑定的工作性質、基本目的和主要作用大致相同，即掌握房屋完整狀況，為房屋的管、用、養、修提供基本資料。但它們還有一定的區別，主要是：安全檢查是一種經常性的工作，品質等級鑑定是階段性的工作；安全檢查的側重點是發現和排除隱憂，而品質等級鑑定是對房屋情況的全面評定。

房屋的安全檢查按時間間隔劃分，可分為定期檢查和不定期檢查；按任務和內容劃分，可分為日常性檢查、抽查、重點檢查及普查等類型。

(3)危樓的鑑定和排除危險。危樓的鑑定，可由政府危樓鑑定機構、物業管理公司的房屋安全鑑定部門或指定技術人員負責此項工作。按照初始調查、現場查勘、檢測驗算、論證定性等程序，在掌握估算數據、科學論證分析的基礎上，確認房屋的建築品質及安全可靠程度。根據鑑定情況，對危樓作以下四方面處理：第一，觀察使用。適用於採取技術措施後，尚能短期使用，但需隨時觀察危險程度的房屋。第二，處理使用。適用於採取適當技術措施後，可解危的房屋。第三，停止使用。是用於已無修繕價值，暫

無條件拆除，又不危及相鄰建築和影響他人安全的房屋。第四，整體拆除，適用於整幢危險且無修繕價值，隨時可能倒塌並危及他人生命財產安全的房屋。

(三)房屋維修技術管理

1.房屋維修技術管理的概念

房屋維修技術管理是指對房屋維修過程中的各個技術環節，按技術標準進行的科學管理。

2.房屋維修技術管理的內容

房屋維修技術管理的內容或基本環節為：房屋維修設計、施工方案的制訂，維修施工品質的管理，房屋技術檔案資料的管理及技術責任制的建立。

(1)房屋維修設計、施工方案的制訂。是對房屋維修、改善、翻修、改建、更新等各項維修工程的範圍、項目、概算及施工方案進行設計和審查的工作。

(2)維修施工品質的管理。維修施工品質管理包括兩個方面：一是維修施工過程品質控制，二是維修工程品質的檢查、驗收。房屋維修工程的品質檢驗與評定按分項、分部、單位工程三級進行。分項是按修繕工程的主要項目分；分部工程是按修繕房屋的主要部位分；單位工程是指以一幢大樓為一個單位。工程品質分為合格和優秀兩個等級。

(3)技術檔案資料的管理。房屋技術檔案是記述和反映房屋建設、裝飾和修繕活動，具有保存價值的房屋技術資料。房屋技術檔案資料管理的基本任務是為房屋的管、修、用提供必要的資訊資料。技術檔案資料的主要內容包括：①房屋新建竣工驗收的竣工圖及有關原始資料；②現有的有關房屋及附屬設備的技術資料；③房屋維修過程中產生的技術文件。

(4)建立技術責任制。技術責任制是指房屋管理單位和修繕施工單位根據需要設置總工程師、主任工程師等技術崗位，實現技術工作的分級管理，形成有效的技術決策管理體系以及以總工程師為首的技術責任制體系。

(四)房屋維修施工管理

房屋維修施工管理是指按照一定的施工程序、施工品質標準和技術經濟要求，運用科學的方法對房屋維修施工過程中的各項工作進行有效的科學管理。其內容主要包括：維修施工隊伍的選擇，維修施工的組織與準備，維修施工的調度與管理，施工工程的竣工驗收及資料的交接。

(五)房屋維修的費用管理

房屋的維修費用主要是指房屋保養維修過程中，所花費的人工、材料及設備使用等方面的費用。房屋保養與維修的費用管理要求物業管理企業根據物業管理委託契約及政府的有關規定，本著科學與合理的原則，核定及控制費用的來源及支出，以保證整個保養與維修工作的順利進行。

房屋的保養與維修費用一般包括房屋日常養護費用及各種類型的維修費用。房屋日常養護費用主要是指物業管理人員用於檢查、維護房屋公共區域及公共設施的費用，一般由管理費中支出；而房屋的維修費用則是用於房屋各種維修項目，包括緊急性維修項目與計畫性維修項目的維修費用，也包括小修、中修、大修、翻修及綜合維修的費用。

房屋的保養與維修項目可以是物業管理企業利用日常性巡查或計畫組織的項目，也可以是用戶隨時的報修項目。這些項目既包括房屋公共區域及公共設施的保養與維修項目，也包括用戶單元內部的保養與維修項目。根據權利與義務相一致的產權理論，作為物業管理企業首先應科學界定不同項目的費用承擔者。一般的原則是：

(1)房屋公共區域及公共設施的各種保養與維修費用，一般由物業管理企業承擔。

(2)用戶擁有單元內的保養與維修費用，原則上由用戶自行承擔；在保修期內，且屬於保修範圍的維修費用，用戶可不予承擔，而由發展商或施工單位承擔。

(3)對於公共區域及公共設施的維修，如果是人為原因，即使是房屋保修期內保修項目的維修費用，也均由責任者承擔。

其次，房屋保養維修費用管理的另一個內容，是合理監督和控制各項保養與維修費用的支出，特別對於中修以上的維修工程應嚴格按照國家及地方政府的有關規定，結合各種材料、人工及設備使用的價格水準，合理徵收或支付各項保養維修費用，以保障廣大用戶的利益。

第三節 房屋維修工程的組織與管理

大中修房屋和房屋更新改造工程由於工程量大、範圍廣、費用高，對這些工程的組織和管理工作的好壞直接影響到業主和物業管理公司的經濟利益和效益，因此，物業管理企業必須對大型的維修工程加以重視。一般的房屋維修工程，涉及到業主、物業管理企業以及維修工程公司三個主體，同時涉及技術和事務兩方面的工作。物業管理企業是業主與維修工程公司這兩個主體之間的橋樑，處於中間的管理位置，承擔的是維修工程的事務管理和維修工程技術管理，因此，必須以物業管理公司為核心，負責房屋維修工程的全過程。

大型房屋維修工程的組織與管理分為三個階段：計畫階段、實施階段和整理階段。

一、計畫階段的工作內容

計畫階段的工作主要包括房屋的惡化診斷、工程方案的制訂及維修工程招標三個方面。

(一)房屋的惡化診斷

房屋的惡化診斷可以利用房屋品質等級鑑定和房屋安全檢查的結果，也可以單獨進行。診斷房屋惡化的方法主要是工程技術人員用眼光判斷的「目視調查」，同時結合用手「觸診」，根據目視和觸診，把診斷部位的惡化項目製成建築物惡化狀況明細表（圖），以供制訂維修方案時參考。

(二)工程方案的制訂

在惡化診斷的基礎上，物業管理企業可以擬定具體的維修工程方案，即根據房屋惡化的狀況來確定房屋維修工程的規模、材料、經費和管理事項。房屋的惡化診斷和工程方案的制訂和監管是一項技術要求很高的工作，如果物業管理企業沒有足夠的人力資源承擔該項工作，可以外聘相應的顧問公司承擔。

(三)維修工程招標

房屋維修工程方案完成並得到認可後，物業管理企業就要著手進行維修工程的招標工作，以合理選擇優良的施工隊伍。在這方面有兩方面的工作：1.招標文件的製作；2.招標的實施。

1.招標文件的製作

招標文件的內容主要有兩部分內容，第一部分是列明甲乙雙方在合約中的責任條款，第二部分是詳細列明工程技術上的規格要求。招標文件可以由物業管理企業的專業工程人員或顧問公司來擬定，並經企業相關主管確認。

2.招標的實施

(1)招標方式的確定。招標的實施首先是確定招標的方式：選擇性招標還是公開招標。選擇性招標是先挑選一些有實力而又有良好記錄的施工單位，然後邀請這些單位投標。這種方法的好處是減少顧問公司及管理公司的資源浪費，也減少不合格的施工單位在投標中的資源浪費。選擇性招標的壞處是不能做到完全的開放性和競爭性，因而招標的結果可能不是最佳或相對較佳結果。公開招標是在報章上刊登招標啟示，邀請有興趣的施工單位進行投標。此種方法的優點就是它的開放性和競爭性，招標結果相對較好。缺點是在人力和財力的消耗上相對較高。兩種方法各有利弊，採用哪種方法要視實際情況或業主的要求而定。

(2)投標者資格審查和考核。投標者的資格審查，主要就是根據招標書的要求審核投標者的企業資質、財務信用等；考核就是到投標者的現場查看施工企業的素質和業績。這部分也作為比價的一部分內容。

(3)開標和比價。根據國家招投標有關法規，由物業管理企業或其所聘請的顧問公司組成的招標工作組組織開標和比價。為做到公正、公平，所有的標書必須在結標前由專人統一放置於保險箱內。在約定的時間和地點，在投標單位代表均在場的情況下，由招標工作組負責開標。針對開標的結果，物業管理企業或顧問公司進行分析，並對投標單位進行面對面的質詢，在綜合投標價、施工單位的能力及以往業績的基礎上作出最終得標者的決定。

二、實施階段的工作內容

該階段的工作又可以分成施工前、施工中和施工後三個階段。

1.施工前的工作

在施工前應做好以下兩項工作：

(1)對施工計畫書進行再確認。施工計畫書應記載的主要事項包括：

①工程概要：工程名稱、地點、發包單位、施工單位、監理單位、工期、工作條件、工程內容等；②施工組織體制：施工現場體制、緊急聯絡體制；③施工管理的措施和手段：現場的管理人員、現場的管理制度和表格、檢查和監控制度、工程例會制度等；④安全衛生管理：房屋住戶及近鄰的安全對策、施工人員的安全對策、防火防災對策、工地衛生對策。

(2)做好對住戶的宣傳工作。在施工前，物業管理企業需會同施工單位召開住戶說明會或發送工程說明書，針對工程施工給住戶帶來的不便和需住戶配合的內容作詳細說明。例如：①鷹架搭建帶來通風、採光及安全上的問題；②因塗料和防水工程施工導致陽台不能使用的時間和事先聯繫方式；③外牆用高壓水槍清洗時，門窗關閉以防漏水的安排；④維修工程期間，車輛停放的安排及注意事項等。

2.施工中的工作

施工中，應做好以下工作：

(1)施工技術管理：①提出工程應達到的品質標準以及保證品質、安全的技術

措施；②拆建工程和減輕對毗鄰房屋影響的安全技術措施；③冬、雨季及夜間施工的技術措施；④針對品質通病採取的預防技術措施；⑤舊料利用的技術措施等。

(2)過程檢查和技術復核。施工現場管理人員要隨時對工程的品質和進度進行檢查和復核，特別是對關鍵部位的品質檢查和復核工作。

(3)施工材料的檢查驗收。施工材料的好壞，對施工品質的影響極大。因此通常施工現場管理人員比照設計和工程契約的要求，對進入工地時或使用時的各種材料的品種、規格、品質進行嚴格把關。有的要與工地辦公室採樣的樣品進行比對或抽樣送檢，以判斷產品的真偽。

3.施工後的工作

施工後的工作就是進行維修工程的竣工驗收。辦理竣工驗收手續，必須要求工程符合房屋交驗條件和品質檢驗標準：

(1)房屋交驗條件。房屋交驗條件為：①按維修設計方案完成所有的維修工程內容；②水、電路和冷氣通風等恢復正常；③竣工圖等技術資料齊全。

(2)品質檢驗標準。根據國家關於房屋維修工程的品質評定標準，對工程品質分為「優良」和「合格」兩種。由物業管理企業、監理公司及施工單位等，採用多種檢測手段和科學方法對工程品質進行嚴格的核驗。

三、整理階段的工作內容

在房屋利用竣工驗收後，施工單位與物業管理企業辦理維修房屋的交接手續。其間，雙方共同查驗以下資料：

㈠工程品質保證書；

㈡房屋維修工程契約；

㈢施工計畫書等工程量文件；

㈣房屋惡化調查報告；

㈤工程記錄以及監理報告書。

第四節　房屋維修標準和考核指標

一、房屋維修標準

　　房屋的修繕標準按主體工程，木門窗及裝修工程，樓地面工程，屋面工程，補土工程，油漆粉刷工程，水、電、衛浴等設備工程，金屬構件及其他等九個分項工程進行確定。

（一）主體工程。主要指屋架、樑、柱、牆、屋面、基礎等主要承重構件的維修。當主體結構損壞嚴重時，不論修繕哪一類房屋，均應要求牢固、安全、不留隱憂。

（二）木門窗及裝修工程。木門窗應開關靈活，不鬆動，不透風；木裝修應牢固、平整、美觀、接縫嚴密。一等房屋的木裝修應儘量做到原樣修復。

（三）樓地面工程。樓地面工程的維修應牢固、安全、平整、不起沙、拼縫嚴密不閃動，不空鼓開裂，地坪無倒泛水現象。如廚房、浴室長期處於潮濕環境，可增設防潮層；木基層或夾砂樓面損壞嚴重時，應改做鋼筋混凝土樓面。

（四）屋面工程。必須確保安全、不滲漏、排水暢通。

（五）補土工程。應接縫平整，不開裂，不起泡，不鬆動，不剝落。

（六）油漆粉刷工程。要求不起殼、不剝落、色澤均勻，儘可能保持與原色一致。對木構件和各類鐵構件應進行周期性油漆保養。各種油漆和內、外牆塗料，以及地面塗料，均屬保養性質，應制訂養護周期，達到延長房屋使用年限的目的。

（七）水、電、衛浴等設備工程。房屋附屬設備均應保持完好，保證運作安全，正常使用。電氣線路、電梯、安全保險裝置及鍋爐等應定期檢查，嚴格按照有關安全規程定期保養。對房屋內總電氣線路破損老化嚴重、絕緣性能降低的，應及時更換線路。當線路發生漏電現象時，應及時查清漏電部位

及原因，進行修復或更換線路。對供水管線應定期進行檢查維修。水箱應定期清洗。

㈧金屬構件工程。應保持牢固、安全，不銹蝕，損壞嚴重的應更換，無保留價值的應拆除。

㈨其他工程。對所管轄區域的院牆、院牆大門、院落內道路、溝渠下水道損壞或堵塞的，應修復或疏通。庭院綠化，不應降低綠化標準，並注意對庭院樹木進行檢查、剪修，防止大風暴雨時對房屋造成破壞。

二、房屋維修的考核指標

根據中國大陸房地產經營、維修管理行業經濟技術指標規定，考核指標、計算公式及說明如下。

㈠主要經濟技術指標

1. 房屋完好率：50%～60%；
2. 年房屋完好增長率：2%～5%；年房屋完好下降率：不超過 2%；
3. 房屋維修工程量：100～150m² ／人‧年；
4. 維修人員勞動生產率：5,000 元／人‧年；
5. 大、中修工程品質合格品率：100%，其中優良品率 30%～50%；
6. 維修工程成本降低率：5%～8%；
7. 安全生產，杜絕重大傷亡事故，年職工負傷事故頻率：小於 3%；
8. 小修養護及時率：99%；
9. 房屋租金收繳率：98%～99%；
10. 租金用於房屋維修率：不低於 60%～70%；
11. 流動資金占用率：小於 30%；
12. 機械設備完好率：85%。

(二)指標計算公式（按百分比計）

1. 房屋完好率＝完好、基本完好房屋建築面積除以直管房屋總建築面積；

2. 年房屋完好增長率＝新增完好、基本完好房屋建築面積除以直管房屋總建築面積；年房屋完好下降率＝原完好、基本完好房屋下降為損壞房屋的建築面積／直管房屋總建築面積；

3. 房屋維修工程量＝年大、中、綜合維修建築面積除以年全部維修人員平均人數（m²／人‧年）；

4. 維修人員勞動生產率＝年大、中、小、綜合維修工作量（元）除以年全部維修人員及參加本企業生產的非本企業人員的平均人數（元／人‧年）

5. 大、中修工程品質合格品率＝報告期評為合格品的單位工程建築面積之和除以報告期驗收鑑定的單位工程建築面積之和；

   大、中修工程品質優良品率＝報告期評為優良品的單位工程建築面積之和除以報告期驗收鑑定的單位工程建築面積之和；

6. 維修工程成本降低率＝維修工程成本降低額除以維修工程預算成本額；

7. 年職工負傷事故頻率計算公式有兩種：

   (1)年職工負傷事故頻率＝全年發生的負傷事故人次除以全年全部職工平均人數；

   (2)年職工負傷事故頻率＝報告期發生的負傷事故人次除以報告期全部職工平均人數；

8. 小修養護及時率＝月（季）度全部管區實際小修養護戶次數除以月（季）的全部管區實際檢修、報修戶次數；

9. 房屋租金收繳率＝當年實收租金額除以當年應收租金額；

10. 租金用於房屋維修率＝用於房屋維修資金額除以年實收租金額；

11. 流動資金占用率＝流動資金年平均餘額除以年完成維修工作量；

12. 機械設備完好率＝報告期制度台日數內完好台數除以報告期制度台日數。

(三)指標計算公式說明

1. 房屋完好率是指房屋主體結構完好，設備完整，上、下水道暢通，房內地

面平整，能保證住（用）戶安全和正常使用的完好房屋和基本完好房屋的數量（建築面積）之和與直管房屋總量（建築面積）之比。

2. 年房屋完好增長率是指房屋經過大、中修或翻修竣工驗收後，新增加的完好房屋和基本完好房屋數量（建築面積）之和與直管房屋總量（建築面積）之比。新增加的完好房和基本完好房不包括當年交屋的新房。

   年房屋完好降低率是指原完好和基本完好房屋，由於多種因素經房屋普查確定已達不到完好或基本完好房屋的標準的房屋數量（建築面積）與直管房屋總量（建築面積）之比。

3. 房屋維修工程量是指全年完成綜合維修和大、中修工程數量（建築面積）之和與年全部維修人員平均人數之比。房屋的翻修工程不計入房屋維修工程量內。

4. 維修人員勞動生產率是指全年完成的綜合維修，大、中、小修養護工作量之和與年全部維修人員平均人數和年參加本企業生產的非本企業人員平均人數之和之比。

5. 大、中修工程品質合格率是指大、中修工程品質經評定達到合格品標準的單位工程數量（建築面積）之和與報告期驗收鑑定的單位工程數量（建築面積）之和之比。

   大、中修工程品質優良率是指大、中修工程品質經評定達到優良品標準的單位工程數量（建築面積）之和與報告期驗收鑑定的單位工程數量（建築面積）之和之比。

6. 維修工程成本降低率是指維修工程成本降低額與維修工程預算成本額之比。

7. 年職工負傷事故頻率是指本單位全部職工在全年（報告期）生產和工作崗位上發生的負傷事故人次數與本單位全年（報告期）全部職工平均人數之和之比。

8. 小修養護及時率是指月（季）度全部管區內實際小修養護的戶次數與月（季）度全部管區內實際檢修、報修戶次數之比。

9. 房屋租金收繳率是指當年實收租金額與當年應收租金基數額之比。

   當年實收租金額不包括當年收繳的歷年陳欠租金。應收租金基數額應與管

理房屋的範圍相一致。

10.租金用於房屋維修率是指用於房屋維修的資金額與當年實收租金額之比。

11.流動資金占用率是指流動資金年平均餘額與年完成維修工作量之比。

12.機械設備完好率是指報告期制度台日數內完好台日數與報告期制度台日數之比。機械設備含施工機械、運輸車輛、加工設備等。

報告期制度台日數內完好台日數是指本期內處於完好的機械台日數，不論機械是否參加使用都應計算。完好台日數包括修理不滿一日的機械，不包括在修一日以上、待修和送修在途的機械設備。已列檢修但實際仍在使用的機械設備，也作為完好台日數計算。

複習思考題

1. 簡述房屋的物理壽命和經濟壽命含義。

2. 簡述房屋的損耗類型及原因。

3. 房屋維修的分類有哪些？

4. 房屋維修有哪些特點？

5. 房屋維修管理有哪些特點？

6. 房屋維修管理的意義是什麼？

7. 簡述房屋維修的內容的分類及各自的差別。

8. 簡述房屋的保養工作的內容。

9. 簡述房屋修繕的內容及分類。

10. 簡述房屋維修管理的內容。

11. 房屋安全與品質管理包括哪些內容？

12. 房屋維修技術管理包括那些內容？

13. 房屋維修費用是如何分類及管理的？

14. 如何組織與管理一個大型的房屋維修工程？

第九章
物業設備管理

第一節　物業設備管理概述

一、物業設備及其管理的含義及作用

(一)物業設備的含義

物業設備是指附屬於房屋建築的各類設備的總稱，它是構成房屋建築實體的不可分割的有機組成部分，是發揮物業功能和實現物業價值的物質基礎和必要條件。房屋設備之所以屬於房屋建築實體不可分割的有機組成部分，是因為在現代城市裡，沒有水、電、瓦斯等附屬設備配套的房屋建築，不能算是完整的房屋；同時，設備設施的不配套，或配套的設施、設備相對落後，也會降低房屋的使用價值和價值。因此，從法律意義上來說，房屋的設備和設施，是屬於構成房屋所有權的不可分割的附屬設備（固置物）。隨著社會經濟的發展和現代科技的進步，物業設備的種類日益增多，使用領域不斷拓寬，新型產品紛紛湧現，使得物業設備、設施更為合理、完備和先進，並向多樣化、綜合化的設備設施系統發展，從而為人類提供更加優越的環境和條件。在當代城市中，物業設備設施的重要性已遠遠超過以往任何一個時期，並成為反映一個城市在經濟、科技、文化與生活等方面發展水準的一個重要特徵和人類物質文明進步的重要標誌。物業設備配套的完備性、合理性與先進性為人們改善房屋建築性能及居住環境提供了一種物質基礎和條件。物業設備的發展，不但使人們對物業設備的功能要求逐步提高，也對物業設備的管理提出更高的要求。

(二)物業設備管理的含義和作用

1.物業設備管理的含義

物業設備管理是指按照科學的管理方法、程序和技術要求，對各種物業設備的日常運作和維修進行管理。物業設備的運作和維修管理是保障物業功能正常發揮的有利保證，是物業管理的重要內容。

2.物業設備管理的作用

物業設備管理的作用主要有以下幾方面：

(1)充分發揮房屋居住功能的保障。物業設備的正常運作不僅是人們工作、生活和學習正常進行的物質基礎，也是影響工業、商業發展和人民生活水準提高的制約因素。良好的設備運作和維修管理確保了物業設備的正常運作，從而保證人們各項活動正常有序地進行。

(2)設備延長使用壽命、安全運作的保證。物業設備在使用過程中，會因種種原因發生損耗、故障或毀壞，因此良好的物業設備管理，不僅能保證設備運作中安全和技術性能的正常發揮，而且能及時發現隱憂、排除故障、避免事故的發生，將損失降到最低限度；同時能延長設備的使用壽命，提高設備的使用效益。

(3)推動房屋建築設備現代化的基礎。隨著社會經濟的發展、科學技術的進步以及人們對高品質生活的追求，房屋建築設備也向著先進、合理、完備、多樣化、綜合性和系統化的方向發展。如智能化建築的建造，涉及到通訊系統、安全監控系統和設備監控系統等。這些高科技設備的應用，必須要有良好的設備管理基礎，使對先進的設備不僅敢用、會用，而且能用好用。因此，良好的物業設備管理，是推動房屋建築設備現代化的基礎。

(4)是提高業主經濟效益的關鍵。業主的經濟效益體現在兩個方面，一方面是物業設備的壽命周期成本即購置成本和使用成本能夠降低，另一方面是物業保值和增值。物業設備的成本一直是物業成本的最大構成部分之一。現代化的物業設備管理，是一種對設備全過程的綜合管理，也就是對設備的設計、製造、採購、安裝、測試、使用、維護保養、檢修、更新改造和報廢等整個過程的管理。這使得物業設備不僅在技術上要始終處於最佳的運作狀態，而且在經濟上也要求總的壽命周期成本最低。由於設備的正常高效運作，提高了物業的居住條件、改善了居住環境，為物業的保值和增值打下了基礎。

二、物業設備的構成

城市建築物必配的設備主要有兩大類：衛生設備和電氣工程設備。衛生設備包括給排水設備系統、空調設備系統；電氣工程設備包括供電設備系統、照明設備系統、自動控制設備系統、運輸設備系統和避雷裝置等。

(一)給排水設備系統

房屋的給排水設備系統是為房屋用戶提供足夠數量的，符合水質標準的生產或生活用水，同時將使用過的污、廢水進行一定的淨化處理後，進行排放或重複使用的系統。它包括給（供）水設備、排水設備、衛生設備、熱水供應設備及消防設備等。

1.房屋的給水設備

房屋的給水設備也稱供水設備，是用來滿足房屋用戶生活、生產及消防等用水需要的設施的總稱。它一般由室外給水設備與室內給水設備兩個部分組成，兩部分缺一不可。

(1)室外給水設備。室外給水設備是指從水源取水，並將其淨化並達到水質要求後，經輸配水管網設備送至用戶（物業）的設施，室外給水設備通常是城市市政配套設施的一個重要組成部分，其與室外排水設備、瓦斯供應設備和城市道路設備等構成了一個整體，所以，室外給水設備設施的建設與運作一般由城市供水部門（自來水公司）統籌安排並實施。

原則上，室外給水設備由城市供水部門負責保養與維修管理，物業管理者不直接參與該設備的保養與維修管理，而主要是根據物業周圍的給水設備及給水條件，結合物業的實際，合理地利用現有的室外給水設備。但對於專業物業管理，應包括對管轄區域內的室外給水設施進行保養與管理，並充分注意與城市供水部門的協調，及時反映室外給水設備運作中的問題與缺陷，以保證物業室外給水設備的正常運作。

(2)室內給水設備。室內給水設備是將室外給水設備提供的水引入室內，並在

滿足用戶對水質、水量及水壓等要求下，把水送到各配水點，包括龍頭、用水設備及消防設備等。

室內給水設備一般由引入管、水表、節點、給水管網、配水設施及給水設備附件等組成。通常，室內給水設備按供水對象的不同，可以分為生活給水設備，生產給水設備及消防給水設備。其中生活給水設備主要用於供應生活飲用水，水質應符合國家飲用水質標準；生產給水設備主要供應生產用水，其水質、水量及水壓等條件要根據生產性質及要求而定；而消防給水設備則主要用於消防，其對水質無特殊要求，但對水壓、水量往往有較高的要求。

室內給水方式是根據物業性質、高度、配水點的布置情況及室內所需水壓，結合室外管網水壓及水量等因素，來決定給水設備的布置形式。一般物業的給水方式有以下幾種：簡單給水方式、馬達與水箱給水方式和分區給水方式。

①簡單給水方式是直接利用室外給水管網的水壓及水量，為物業各配水點供水的方式。這種供水方式只有在室外管網的水壓在任何時候都能滿足室內管網任何一點所需的水壓及水量時才能使用，一般僅適用於樓層少，且對供水要求較低的物業。

②馬達與水箱給水方式是利用室外供水設備及室內供水設備中的馬達與水箱的配合使用，或利用室外供水管網的壓力及水箱向物業供水，或利用馬達直接供水。

這種供水方式主要適用於室外管網壓力經常性或周期性不足，室內用水很不均勻的多層民用建築。如果室外管網的壓力大部分時間不足，且室內用水量大且均勻時，則可採用單設馬達的給水方式。

③分區給水方式是將房屋分成若干分區，分別設置分區馬達與水箱，並利用分區水箱向分區內的各配水點供水的方式。這種給水方式主要用於高層物業中，這是因為高層物業樓層多且高及用水設備、設施多等特點，採取分區給水方式一方面可以減少水壓過大可能對管網帶來的不利影響，如水管爆裂，用水設備、配件易損及用水過程中產生噪音和振動等

情況，另一方面可以節省馬達耗電，符合經濟性要求。

分區給水方式根據分區馬達及水箱設置的不同形式，又可以分為分區並聯給水方式、分區串聯給水方式及分區減壓給水方式。

⑶消防給水設備。消防給水設備主要用於房屋的消防滅火，物業消防給水設備的設置主要取決於城市消防隊的滅火能力。通常，消防給水設備包括室外消防給水設備及室內消防給水設備。

對於低層建築物，由於消防車可以直接利用室外給水管網的壓力，用於撲滅建築物內任何地點的火災，所以其消防給水設備比較簡單，也稱為低層建築消防給水設備。而對於高層建築物，由於建築物高度超過消防車及雲梯的滅火高度，這時建築物應設置室內消防給水設備，以增加建築物的消防自救能力，這時的消防給水設備比較複雜，也稱為高層建築消防給水設備。

室內消防給水設備根據不同建築物的消防滅火要求，可以分為普通消防設備、自動噴灑設備及水幕消防設備。其中普通消防設備也稱為消火栓設備，該設備通常由水槍、水帶、消防栓、管網及水源等組成，一般建築內室內消防栓給水管網常與生活、生產共用一個管網設備。自動噴灑消防設備是一種特殊的消防設備，通常由噴水頭、管網、信號閥和火警訊號器等組成。這種設備能在物業發生火災時，能自動噴水滅火並自動發出火警信號。此設備常設置於火災危險性較大的建築物內，並與消火栓滅火設備共同用於撲滅初期火災。而水幕消防設備則是用於防止火災蔓延，或防止火焰竄過門、窗等，以阻止火勢擴大。該設備通常由灑水頭、管網和控制閥組成。

2.房屋排水設備

房屋排水設備是用來收集各種污水，經必要的處理並進行排放的設施。它是由排水管網和污水處理設備組成。同樣整個排水設備應由室外排水設備及室內排水設備組成。一般房屋的排水設備排放的水包括生活污水、工業廢水及雨水。中國當前的室外排水設備主要有合流制及分流制兩種類型，其中合流制是將生活污水、工業廢水和雨水在同一管渠內經一定

處理排放的設備，而分流制是將生活污水、工業廢水及雨水分別在兩個或兩個以上各自獨立的管渠內排放的設備。

(1)生活、生產污水排放設備。生活污水是人們日常生活中所產生的洗滌污水和糞便污水等，此類污水一般含有有機物及細菌。生產污（廢）水是生產過程中所產生的污（廢）水，這類污（廢）水往往由於技術的多樣性，使其成分十分複雜，或有大量細菌，或有大量固體雜質油脂，或有較強的酸鹼性，甚至含有有毒成分。所以房屋的污（廢）水排放應首先經適當處理，達到國家規定的污（廢）水排放標準後，才能進入城市排水管網。

生活、生產污水排放設備一般由衛生器具、生產設備、立管、排出管、通氣管、清通設備及某些特殊設備等組成。

需要指出的是，高層的室內排水設備需加設通氣管，以排除排水立管內的氣體。

(2)雨水排放設備。雨水排放設備主要用於排放房屋屋頂上的雨水和融化雪水的設施。雨水排放設備的不正常運作，將直接影響屋頂雨水及雪水的迅速排放，從而導致屋頂積水及漏水，影響房屋用戶的生活及生產。

房屋屋頂雨水的排放方式，一般有外排水及內排水兩種。外排水設備是目前國內大多採用的一種屋頂雨水排放方式，包括水落管外排水和長天溝外排水。其中水落管外排水設備主要用於一般的居住建築、屋頂面積較小的公共建築及單跨工業建築；而長天溝外排水設備主要用於多跨工業廠房。外排水設備一般由檐溝（或天溝）、水落管、雨水口、連交屋及檢查井等組成。內排水設備目前國內採用較少，主要適用於採用外排水有困難的大面積建築屋面及大跨的工業廠房，內排水設備一般由雨水斗、懸吊管、立管、地下雨水溝管及清通設備等組成。

(二)天然氣設備系統

天然氣設備系統可以分成四類：調壓設備、計量設備、用氣設備和安全保護裝置及管道。

1. 調壓設備。在有些天然氣用量很大的建築物內，天然氣需中壓或高壓輸送

供應。當用中壓或高壓供應天然氣，而使用壓力仍為低壓時，為保證用氣設備前的天然氣壓力穩定在允許範圍內，應增加調壓設備，包括調壓器、調壓箱和調壓站。

2.計量設備。計量設備就是天然氣表。天然氣表由天然氣公司負責按要求配置、安裝和測試，在日常使用中也由天然氣公司負責管理。

3.用氣設備。用氣設備包括家用的和商用的。家用的用氣設備有天然氣爐具、烤箱和熱水器等。商用的用氣設備有瓦斯爐、烤爐和開水爐等。用氣設備和供氣管道在使用前必須按標準進行施工驗收，在一定的壓力下，氣密性良好，不能有洩漏現象。家用熱水器必須性能良好，並設有自動點火、自動熄火保護和缺氧保護等安全裝置。

4.安全保護裝置。為了預防系統或用氣設備漏氣，可以在用氣設備的房間內設置天然氣洩漏報警器及自動切斷器等安全保護裝置。

(三)空調設備系統

舒適、優雅的工作和生活環境離不開對室內空氣的調節，空氣調節不僅要保持室內空氣的潔淨、流通，而且要保持一定的室內氣溫。事實上，混濁的空氣或者過高與過低的溫、濕度都會對人的身體及工作效率有很大的影響。而且由於現代化物業大廈越來越多地採用了高技術設備，而有些設備，諸如計算機系統等均對室內空氣環境有一定的要求，不適宜的溫度與濕度都會嚴重影響設備壽命與使用狀態。所以，熟悉物業的空調設備系統，並對其進行有效的保養與維修管理，這對於物業管理來講是不可缺少的管理內容。

空調設備系統又稱空調系統，按照其調節的範圍可以分成集中式空調系統和分離式空調系統；按照其功能，又可以分成冷氣設備和通風設備。集中式空調系統一般具有調控範圍大、效果明顯等特點，但它一般又需要較高的裝置費與運作費用，如高級的酒店、商業大樓、辦公大樓等普遍採用；而分離式空調系統往往具有調節範圍小、效果相對差等特點，但其裝置費與運作費較低，這種系統一般被住宅房屋，以及一些單元分割完整的物業單元採用。

集中式空調系統的基本原理是利用抽風機，將室內空氣抽回到空氣調節室，

利用過濾洗滌後，將其與室外的清鮮空氣混合，並進行降溫或升溫處理，然後再利用抽風機將其輸送到物業房屋的各個區域，達到空氣調節的效果。

分離式空調系統是簡單利用空氣壓縮機制冷或加熱，循環室內空氣，同時利用空氣過濾除濕等環節，達到控制室內氣溫與濕度的目的。

空調設備從功能上可分為：

1. 冷氣設備。指房屋設備中可使空氣流動、冷卻的部分。其設備主要有冷氣機、空調機、深井幫浦、冷卻塔、風扇等；

2. 供冷設備。指房屋設備中可使空氣流動、冷卻的部分。其設備主要有冷氣機、空調機、深井泵、冷卻塔、風扇及回龍泵等；

3. 通風設備。是指房屋設備中的通風部分，它包括通風機、排氣口及一些淨化除塵設備等。

(四)照明設備系統

照明設備系統不僅可以為人們創造良好的光照條件，還可以利用光照的方向性和層次性等特點渲染建築物，創造奇特的光環境。照明設備系統主要由照明裝置和電氣部分組成，照明裝置主要是燈具，電氣部分包括照明開關、線路及配電盤等。照明按照其用途可以分成：

1. 工作及生活照明

是保證人們的工作及生活能正常進行所採用的照明。工作照明是電氣照明的基本類型，該類照明還包括室外的一般警衛照明、檢修時用的移動照明等。

2. 事故照明

分備用照明及緊急照明兩種。當正常照明因某事故中斷時，備用照明可供繼續使用，如電腦機房、電話交換機房等都有備用照明；緊急照明是用於房間、走道、樓梯和安全門等處供疏散用。

3. 障礙照明

是在高層建築的頂部和外側上部轉角處，作為航空障礙的標誌。

4.裝飾照明系統

　　房屋的裝飾照明系統是指用於製造和形成某種裝飾效果的照明系統。一般的裝飾照明系統根據不同的應用場合，可以分為節日彩燈、間接照明及專用彩燈等。其中節日彩燈主要用於勾畫房屋的輪廓，顯示建築物的藝術造型，通常用防水彩燈安裝。其耗電大，維護管理簡單，且效果較差，所以目前使用已越來越少。間接照明則是從不同的位置用間接燈從不同的角度照射房屋，其耗電少，維護管理簡單，且效果較理想，所以目前應用越來越廣泛。而專用彩燈則利用圖案及色彩，來體現氣氛，廣泛應用於噴泉、娛樂場所照明。

(五)供電設備系統

　　房屋的供配電系統主要是指接受電源輸入的電力，並進行檢測、計量、變壓和輸送等，然後向用戶和用電設備分配的系統的總稱。

　　物業房屋供配電系統的配置應視供電電壓與用電電壓是否一致，確定是否選用變壓器。並根據供配電過程中的電力輸送、檢測、故障保護等要求，合理選擇並設置諸如由母線、導線和絕緣子組成的電氣裝置，通斷電路設備，檢修指示設備，電壓電流互感器，故障保護設備，雷電保護設備，限制短路電流設備等電氣設備，通常將這些電氣設備安裝在配電箱中，並將其安放在配電室中。有的大型物業，需設置變壓器，這樣就形成了由高、低壓配電室，變壓室等組成的變配電室。

(六)自動控制設備系統

　　房屋的自動控制設備系統是指利用先進的電子技術，建立由計算機網絡統一管理的系統，也稱「5A」型智能化建築設備系統。由於建築的類型、等級不一，所以，許多建築只配有其中的一部分。為了了解現代建築的發展方向，我們對此系統作全面的介紹。自動控制設備系統主要包括：資訊通訊系統，設備控制系統、消防監控系統、保全和車庫管理系統及辦公自動化系統。

1. 資訊通訊系統

資訊通訊系統主要由有線通訊、無線通訊、衛星接收和共用天線、廣播和音響、同聲翻譯設備等組成。

(1)有線通訊主要有電話交換機系統和有線對講系統兩種形式。它們一般由配電、電話站及通訊電纜等組成，一般由專線供電，以避免一般供電系統故障或電壓波動等產生的通訊影響。而電話站通常又由交換機室、配電室、測量室、電池室及電纜進線室等組成。

(2)無線通訊是指建築區域內的無線通訊。包括無線呼叫（BP機）和無線對講兩種形式。無線呼叫的設備有配線架、電話交換機、BP發射機、放大器和天線等；無線對講設備有主機、手機、放大器和天線等。

(3)衛星接收和共用天線包括了衛星接收系統和共用天線系統。衛星接收系統的設備包括拋物面型天線、變頻器、接受器及制式轉換器等；共用電視天線系統也稱CATV系統，它一般由信號源設備、前端設備、傳輸分配系統三個部分組成，其中信號源設備主要包括接收天線、錄影機及其他自辦節目製作設備；前端設備主要包括用於處理、分配信號的天線放大器，頻道轉換器，混合器，分配器，穩壓電源及自動關機裝置等，而傳輸分配系統又稱為用戶系統，主要包括用於將訊號輸送給用戶的信號電纜、分支器、用戶訊號插座及阻抗變換器等。CATV系統在不同的物業中，其組成形式也有所不同。有的小型物業僅僅設置用戶系統。CATV系統效果明顯，使用方便，維護簡單，但作為管理來講要特別注意系統的防雷及天線的防腐，注意定期檢修。

(4)廣播和音響。該系統是指在大型房屋內部，為滿足緊急通知（如消防疏散等）、廣播（新聞、通知等）及播放音樂等需要設置的系統，一般由音源、線路和放音設備組成。音源是指收音機、錄音機、光碟機等；放音設備是指音響喇叭或客房內多功能床頭櫃控制的音響。

(5)同聲翻譯是在高水準的飯店和辦公樓內為進行國際會議或活動而準備的設備。一般包括接受器、發射器、調制器、控制器、錄音機和翻譯機等。

2.設備監控系統

　　本系統對大樓內所有機電設備實行集中監控和管理，使設備始終處於所設定的最佳運作狀態，以延長設備使用壽命和節約能源及人力資源。設備監控系統主要由以下部分組成：

(1)中央電腦。由計算機、彩色顯示器及影印機組成。

(2)通訊設備和接口。由控制中心到各現場的傳輸線路組成。

(3)現場控制器及控制部件。現場控制器以獨立的方式完成數據採集、轉換和傳遞，以及執行控制中心指令對所控制的設備進行啟停和參數調節。它包括探測器、轉換器、傳感器和繼電器開關等。

3.保全和車庫管理系統

　　保全和車庫管理系統可以分為閉路電視監控系統，門禁、報警及巡邏系統，訪客和報警系統，車庫管理系統。

(1)閉路電視監控系統。主要是用於對主要通道、出入口和公共場所的情況進行監控的系統。其設備包括攝影機、影像分配器、切換器、錄影機和電視機等。

(2)門禁、報警及巡邏系統。此系統由三類：門禁設備由磁簧開關、電控鎖、IC讀卡等組成；報警設備由紅外線及微波等各種類型的報警探測器組成；巡邏設備由近距式密碼感應器、手動報警器等。

(3)訪客和報警系統。由對講話機、自動門、控制開關和警鈴等組成。主要用於訪客的身份確定和進入。

(4)車庫管理系統。車庫管理系統的功能主要是控制車輛的進出和車位的安排及收費。其主要設備包括讀卡機、出票機、車輛感應器、柵桿和收票機等。

4.消防監控系統

　　房屋的消防報警系統是探測隨著火災產生和發展而出現的光、溫、煙等參數，以期早期發現火災並及時發出報警信號，以便迅速組織人們疏散和滅火的一種設施的總稱。消防報警系統一般應特別注意報警的準確性與可靠性，並注意防止漏報（有火災而未報），儘量減少誤報（無火災而亂

報），以減少不必要的混亂或不必要的損失。消防報警系統一般由探測設備、布線系統及報警控制器等設備組成。

5.辦公自動化設備系統

　　為了提高辦公效率，保證辦公品質，使各項業務活動和資訊管理工作更加合理化、科學化、規範化和現代化，許多企業單位引進了辦公自動化系統。辦公自動化系統由電腦、影印機、電話、傳真機、繪圖儀等設備組成。

(七)運輸設備系統

　　運輸設備系統主要指房屋設備中的電梯和自動扶梯（還有自動人行道，但它的應用範圍較小）。電梯和自動扶梯是物業中用於垂直運輸的運載工具，主要用於方便人們上下樓或貨物運輸，這對於提高物業功能，改善工作、生活條件具有很大的作用。電梯的應用範圍很廣，不僅是高層物業所不可少的設備，而且目前在多層物業中也很常見。電梯按用途可分為客梯、貨梯、客貨梯、消防梯及各種專用梯等。按驅動方式可分為交流電梯、直流電梯、液壓電梯、直線電機驅動電梯。按速度可分為低速梯（速度低於1m/s）、中速梯（速度為1~2m/s）、高速梯（速度高於2m/s）。按控制方式分為信號控制、集選控制、微處理機程序控制和手動控制等。電梯的組成部分一般包括：傳動設備、升降設備、安全設備和控制設備等。自動扶梯主要用於相鄰樓層的人流輸送，可在很小的空間內運送大量的人員，常見於大型商場、酒店和娛樂場所等。自動扶梯在構造上與電梯相似，但比電梯簡單，主要有驅動裝置、運動裝置和支撐裝置組成。

(八)防雷設備

　　建築物防雷設施有針式和柵式兩大類，其中避雷針又可分為單支、雙支和多支保護等幾種形式。避雷設施一般由接閃器（避雷針、避雷帶）、引下線和接地極組成。

第二節　物業設備管理內容

從物業設備管理的全過程看，物業設備管理的內容範圍很廣，包括設備基礎管理、運作管理、安全管理、維修管理、更新改造管理、備品配件管理和經濟運作管理等。

一、物業設備的基礎管理

物業設備的基礎管理是指為實現物業設備管理目標及職能服務、提供有關資料資訊依據、共同管理準則和基本管理手段的必不可少的基礎管理工作。物業設備的基礎管理工作包括以下四個方面。

(一)資料檔案管理

物業設備檔案資料管理的基本任務有兩個方面：一是做好設備技術檔案資料的保管，二是為設備運作、維護、管理等提供資訊資料。物業設備的檔案資料主要包括：

1. 設備原始資料。如設備清單或裝箱單，設備發票，產品品質合格證明書，開箱驗收報告，產品技術資料，安裝、試驗、測試、驗收報告等。
2. 設備維修資料。如報修單、事故記錄、中大修工程記錄、更新記錄等。
3. 設備管理資料。如設備卡片、運作記錄、普查記錄、考評記錄、技術革新資料等。作為舉例，這裡我們給設備卡片的編製實例（表 9.1）。

(二)標準化管理

物業設備標準化管理的基本任務有兩個方面：一是為設備管理職能的實施提供共同的行為準則和標準；二是為設備的技術經濟活動提供基本的依據和手段。設備管理的標準主要有兩類：

1. 技術標準。如各類設備的驗收標準、完好標準、維修等級標準等。

2. 管理標準。如報修程序、資訊處理標準、服務規範及標準、考核和獎懲標準等。

(三)規章制度建立

設備管理制度主要包括：

1. 責任制度。如崗位責任制度、記錄和報表制度、報告制度、交接班制度和出入登記制度等。

2. 運作管理制度。如巡視抄表制度、安全運作制度、經濟運作制度、文明運作制度及值班制度等。

3. 維修制度。如巡檢和保養制度、定期檢查和保養制度、預防檢修制度、備品配件管理制度、更新改造制度與維修費用管理制度等。

4. 其他制度。包括基礎資料管理制度、節能管理制度、培訓教育制度、設備事故管理制度及獎懲制度等。

表 9.1　設備卡片

編號：

設備名稱				型號規格			設備原值	萬元
設備編號				生產廠家			設備圖號	
設備重量				出廠日期			使用年限	
傳動方式				設備用途				
安裝地點				安裝日期				
安裝單位				保修單位				
安裝負責人				保修負責人			聯繫電話	
				維修記錄	小修			
技術參數	額定電流				中修			
	操作溫度							
	設備形式				大修			
	設計能力							
	現有能力			年檢記錄				
	允許溫度							
	常用介質							
	潤滑形式							
	常用零配件							

序號	1	2	3	4	備	
名稱						
規格型號						
數量					注	
材質						
安裝部位						
					填表人	

(四)教育培訓

教育培訓工作分成兩類：

1. 設備部門的員工教育培訓。對設備部門員工教育培訓包括技術培訓和職業道德規範教育。主要是提高他們的技術水準、工作能力、工作態度和責任心。

2. 其他員工及業主使用人的宣傳教育。主要是要求他們愛護設備並合理和安全使用設備的宣傳教育。

二、物業設備的運作管理

物業設備的運作管理是指設備在日常運作與使用過程中的各項組織管理工作，主要有以下幾方面的內容：

(一)強化勞動組織

強化勞動組織的具體任務是：一是合理配置勞動力，二是採取合理的勞動組織形式。具體來說包括三方面的工作：

1. 定員工作

是指根據勞動分工特點、設備運作和管理的需要，合理確定工作崗位的人數。其主要方法有按設備定員、按崗位定員和按比例定員 3 種。

2.作業組的組織

　　是指為了便於管理和工作，考慮工作性質及管理幅度，對員工進行適當的編組。如電梯設備運作組、水電設備組、空調組等。

3.工作輪班組織

　　是指為了解決設備的連續運作的人員安排問題，也就是勞動的時間組織問題。工作時間組織形式有單班制、雙班制和三班制。除單班制以外，都需要妥善解決輪班組織問題。

(二)嚴格執行設備運作管理制度

要保證設備的正常可靠高效率運作，必須嚴格執行各項設備運作管理制度。運作管理制度是全體員工的工作依據和準則，主要包括：設備操作規程、設備巡視工作制度、工作責任制度、值班與交接班制度、記錄與報表制度、報告制度和服務規範等。

三、物業設備的安全管理

　　物業的設備種類繁多，涉及面廣，具有一定的危險性。設備的安全管理既可避免人身傷亡，又可以減少設備維修損失、延長設備壽命。設備的安全管理主要涉及以下內容：

(一)安全作業培訓教育。設備維修操作人員是安全管理的重點對象，必須對其進行安全作業的培訓教育。其培訓內容有：安全作業訓練、安全意識教育和安全作業管理。

(二)安全使用宣傳教育。對業主及使用人的安全使用宣傳教育，主要是使他們了解安全使用知識，提高自我保護的安全意識，從而為安全管理建立廣泛的群眾基礎。具體的做法可以根據不同設備、不同對象採取有針對性和靈活多樣的形式。如張貼「使用須知」，利用宣傳欄，召開座談會等方式進行安全使用設備的宣傳工作。

(三)安全管理措施建立。為了保證設備的安全、正常運作，還必須做好一系列

安全防範措施，如安裝安全保護裝置，定期進行設備的安全檢查和性能測試，制訂設備的安全管理制度等。

㈣安全責任制度落實。物業管理部門必須由主管負責安全管理工作，安全管理工作必須作為各級工作責任制中的必不可少的內容，任何工作的檢查和評比都必須有安全工作的內容等。要做到安全第一、安全管理人人有責，形成一整套的安全責任體系。

四、物業設備的維修管理

物業設備的維修管理是指對設備維修活動的組織、計畫和控制。其內容包括維護保養和計畫檢修。

㈠維護保養
1.維護保養的含義

設備的維護保養是一種養護性質的工作，其目的是及時處理設備運轉使用過程中由於技術狀態發生變化而引起的大量常見問題，如污染、鬆動、洩漏、堵塞、損耗、振動、發熱或壓力異常等，隨時改善設備的技術狀態，防患於未然，保證設備的正常運作，延長設備的使用壽命。維護保養的方式主要是「清潔、緊固、潤滑、調整、防腐、防凍及外觀表面檢查」等。對不同類型的物業設備，應視其技術特點、使用條件的不同，分類、分片採取不同的有重點的保養措施。如對長時期運作的設備要巡視檢查，定期切換，輪流使用，進行強制保養；對空調設備應在季節變化之前進行檢查保養；對水箱類設備，需定期清洗、換水等。

2.維護保養的種類

維護保養包括日常保養、定期保養及點檢三種形式。

⑴日常保養。是指由使用設備的操作人員在設備正常運作中進行的保養工作。包括班前的外觀檢查和加油、水等，班中的巡視、記錄各種異常現象，班後的清潔交班工作等。

(2)定期保養。設備的定期保養是以操作人員為主，檢修人員協助，有計畫地將設備停止運作而進行的維護保養。設備的定期保養需要對設備進行部分的解體。定期保養是根據設備的用途、結構複雜程度、維護工作量及人員的技術水準等決定維護的間隔周期和維護停機時間。設備的定期保養能夠消除事故隱憂，減少損耗，延長使用壽命，發揮設備的技術功能和經濟特性。

(3)設備點檢。設備的點檢就是對設備有針對性的檢查。設備點檢是對設備的運作情況、工作精確度、損耗程度進行檢查和校驗，是設備維修管理的一個重要環節。利用設備點檢可以及時清除隱憂，防止突發事故，不但保證了設備的正常運作，又為計畫檢修提供了正確的資訊依據。

一些主要設備的製造廠商會提供該設備的點檢卡或者點檢規程，其內容包括檢查的項目、內容、方法、周期及標準等。設備點檢可以按照製造廠商指定的點檢點和點檢方式進行，也可以根據各自的經驗補充增加一些點檢點。

設備的點檢可分為日常點檢和計畫點檢。設備的日常點檢由操作人員隨機檢查；設備的計畫點檢一般以專業維修人員為主，操作人員協助進行，計畫點檢應該使用先進的儀器設備和手段，可以得到正確可靠的點檢結果。

(二)計畫檢修

根據運作規律及計畫點檢的結果對設備確定檢修間隔期，以檢修間隔期為基礎，編制檢修計畫，對設備進行預防性修理，這就是計畫檢修。實行計畫檢修，可以在設備發生故障之前就對其進行修理，使設備始終處於完好能用狀態。

1.計畫檢修的理論依據

設備的計畫檢修是以設備的損耗理論和故障規律為依據的。

根據損耗理論，設備的損耗大致可分成三個階段（圖9.1）：(1)初期損耗階段。主要是由於設備內部相對運動的零件表面較粗糙，在受力的情況下迅速損耗。這一階段的損耗速度較快，但時間較短。(2)正常損耗階段。這一階段的損耗速度較平穩，損耗量增加緩慢。這是設備的最佳技術狀態

時期，其功能與效用的發揮最正常。(3)劇烈損耗階段。這一階段是進入設備壽命的後期，損耗量急劇增加，設備的性能、精確度迅速降低。若不及時修理，就會發生事故。

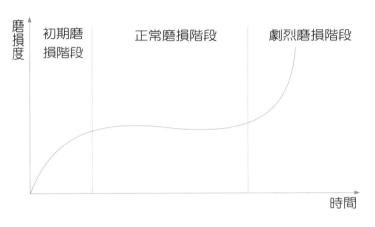

圖 9.1　設備損耗理論曲線

根據故障理論，設備的故障率的發生次數及發展變化，大體可分為三個時期（圖9.2）：(1)初期故障期。這一時期故障發生的原因多數是由於設備的設計製造缺陷；零件咬合不好；搬運、安裝時馬虎；操作者不適應等。這一時期的重點是做好運輸、安裝、測試、驗收工作，並仔細研究、正確掌握設備的操作方法。(2)偶發事故期。這一時期處於設備正常運作階段，故障率最低。偶發的故障往往是由操作者的失誤或疏忽造成。這一時期工作的重點是加強操作管理和日常的維護保養。(3)損耗故障期。這一時期故障率高，主要是由於損耗、腐蝕老化所引起的。要降低故障率，就必須在零件達到使用期限之前進行更換與修理。這一時期的重點是進行預防維修和改善性維修。

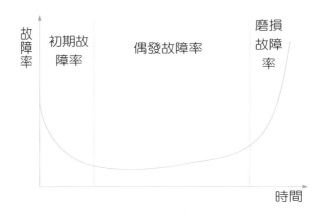

圖 9.2　設備故障理論曲線

　　根據上述兩種理論，我們就可以知道損耗和故障發生的規律，為設備的預防性計畫維修作出合理的安排。

2.計畫檢修的種類

　　根據設備檢修的部位，修理工作量的大小及修理費用的高低，計畫檢修可以分成小修、中修、大修和系統大修四類。

⑴小修。主要是清洗、更換和修復少量易損零件並作適當的調整、緊固和潤滑工作。小修一般由維修人員負責，操作人員協助。

⑵中修。除包括小修內容之外，對設備的主要零組件進行局部的修復和更換。

⑶大修。對設備進行局部或全部的解體，修復或更換損耗或腐蝕的零組件，力求使設備恢復原有的技術特性。中修和大修應由專業檢修人員負責，操作人員只能做一些輔助性的協助工作。

⑷系統大修。這是指一個系統或幾個系統直至整個企業性的停機大檢修。系統大修的範圍很廣，通常將所有設備和相應的管道、閥門、電氣系統及控制系統都安排在系統大修中進行檢修。系統大修過程中，所有操作人員、專業檢修人員及技術管理人員都應參加。

3.計畫檢修與維護保養的關係

　　計畫檢修與維護保養是設備維修管理的兩個重要方面，二者相輔相

成，不可偏廢。這是因為如果設備維護保養馬虎，對發現的問題不能及時處理，則小問題將發展成大問題，此時再檢修時，不但增加了檢修的工作量，而且會對設備造成本可避免的損傷，以至造成故障停機，甚至會因此影響設備的壽命。同時也會打亂計畫檢修的正常秩序，造成被動局面。反過來，如果檢修人員在進行設備檢修時，只是搶時間、爭進度，不重視檢修品質，該修的不好好修，該換的零件也不換，修理後的記錄等資料不全，這樣勢必給以後的維護保養工作增加難度，為設備故障事故的發生埋下了隱憂。由於計畫檢修是費時、費力、費錢且有一段時間間隔的工作，所以為提高設備維修管理的成本效率，為保證用戶的正常安全使用，設備維修管理應建立「維護保養為主，計畫檢修為輔」的原則，從小事做起、從日常做起。

五、物業設備的更新改造管理

1. 設備更新改造的理論依據

　　設備的壽命原理是設備更新改造的重要理論依據。設備的壽命通常可以分成設備的物質壽命、技術壽命和經濟壽命。設備的物質壽命是指設備從開始使用到報廢為止所經歷的時間；設備的技術壽命是指設備從開始使用到因技術落後而被淘汰為止所經歷的時間；設備的經濟壽命是指設備從開始使用到因經濟上不划算而停止使用所經歷的時間。所謂經濟上不划算是指設備繼續使用所需的維修費用大於其繼續使用所能產生的效益。設備物質壽命的長短主要取決於設備本身的品質以及運作過程中的使用、保養和修理。設備技術壽命的長短取決於社會技術進步和技術更新的速度和周期。設備的經濟壽命與設備本身的物理性能、技術進步的速度及設備使用的外部環境變化都有關係。一般來說，設備的技術壽命、經濟壽命要短於其物質壽命，設備的經濟壽命要短於技術壽命。

　　由上述設備壽命理論可見，在進行設備的改造與更新決策時，不能單考慮設備的物質壽命，還要考慮設備的技術壽命和經濟壽命。因為設備經

濟壽命的確定，通常以設備的物質壽命年限為基礎，利用確定一個設備維修費用的經濟界限來確定。所以，設備的經濟壽命是設備更新的主要依據，設備更新的最佳更新時期，應首選設備的經濟壽命年限。

2.設備更新改造的類型

設備的更新改造分成兩類：設備的更新和設備的改造。

(1)設備更新。設備更新是指以新型的設備來替代原有的老設備。原有的老設備在使用相當一段時期後，會因損耗等各種原因降低設備的技術性能和使用價值，影響運作效率，增加檢修費用。如果設備的損壞已非常嚴重，到達了它的技術壽命或經濟壽命，這時，必須考慮設備的更新。

設備更新有原型更新和技術更新兩種形式。設備的原型更新是指相同型號規格設備的以舊換新，即購買一部相同的新設備來代替原設備。原型更新比較方便簡單，操作、維修、管理都不需大的變動。但這種形式不利於提高設備的技術性能和設備管理的業務水準。設備的技術更新是指採用技術上比較先進、使用操作上比較方便，經濟上比較合理，管理上比較進步的新型設備來代替原來使用的老設備。這種更新形式真正達到了設備更新的目的，它對於設備的操作、維修、管理人員提出了較高的要求，有利於企業的發展。

(2)設備改造。設備改造是指應用現代科學的先進技術，對原有的設備進行技術改造，提高設備的技術功能及經濟特性，以適應現代企業發展的要求。技術改造是在原有設備的基礎上進行的，花費的技術改造費用一般比設備更新要少得多，因此，只要利用技術改造能達到同樣的目的，一般就不採用設備更新的方式。

設備技術改造的途徑主要有：①對設備的結構作局部改進；②增加新的零件和各種裝置；③對設備的參數、容量、功率、轉速、形狀和外形尺寸作調整。

對設備進行技術改造，首先要對原設備進行分析論證，編制改造方案。

3.設備購置的技術經濟評價

物業設備的更新，即設備的購置既是物業設備管理中的一項技術性工

作，也是一項物業投資的經濟性活動。因此對於設備，特別是大型設備的購置必須進行技術經濟論證，以保證技術上先進、經濟上合理、功效上適用的目的，方能獲得業主的認可和批准。技術經濟評價考慮的因素主要有以下三個方面：

⑴技術性要求。從技術角度考慮，必須考慮的因素有：功能、可靠性、安全性、耐用性、節能性、環保性和可操作性等。

⑵適用性要求。要考慮設備的用途和功能與物業的總體功能要求及裝修等級、使用環境等方面的要求協調一致；與此同時，設備的用途和功能能滿足業主和用戶的需要及要求。

⑶經濟性要求。從經濟角度考慮，要求設備的壽命周期總費用最低。即在設備選擇時，既考慮設備的購置費用，還要考慮設備的使用費用。因此，要作多方案的比較和經濟性評價，由此做出合理的選擇。

設備購置多方案比較的經濟性評價方法主要有年費法和現值法。這兩種方法的本質上是一樣的，都是考慮了資金的時間價值，區別只是將資金放在那個時間點上計算的問題。

①年費法。這種方法就是將各種方案的一次性投資費用，用投資回收係數，折算成每年的投資費用支出，加上每年的使用費用，估算出每年總費用支出。然後對各方案的年總費用作比較而作抉擇。其數學表達式為：

$$設備的年總費用 = CF（A/P，i，n）+ CV$$

式中　CF——設備初期投資費用；

　　　CV——設備的年均使用費；

　　　（A/P，i，n）——投資回收係數（i 為折現率，n 為設備使用年限）。

②現值法。這種方法就是將每年的平均使用費，用年金現值係數折算成投資初期的現值總額，再加上初期的投資費，估算出壽命周期總費用的現值後進行方案比較。其數學表達式為：

設備的壽命周期總費用現值＝CF＋CV（P/A，i，n）

式中，（P/A，i，n）為年金現值係數。

六、物業設備的備品配件管理

設備在運作過程中要使任何故障得到及時的維修，必須儲備一定的備品配件並對其進行管理。

(一)備品配件管理的原則

備品配件管理的原則是，既要科學地組織備件儲備，及時滿足設備維修的需要，保證設備維修的品質和進度，又要將儲備的數量壓縮到最低限度，降低備件儲備費用，加快資金周轉。其目的是為了：

1. 把突發性故障所造成的停機損失減少到最低程度；

2. 把設備計畫檢修的修理時間和修理費用降低到最低程度；

3. 在合理供應的基礎上，把備品配件的庫存量和儲備資金壓縮到最低程度。

(二)備品配件的技術管理

備品配件的技術管理應由專業技術人員負責，包括備品配件範圍確定，備件設計圖的收集和測繪整理，確定備件來源的途徑和方法，確定合理的儲備定額和儲備形式，編制備件卡和備件台帳，為備件的製造，採購、庫存提供科學的依據。

1. 備件的確定依據。易損耗的零件和使用壽命小於大修理間隔期的其他易損件；製造周期長、加工複雜或需要協作解決的零組件；有較多同類型設備的零組件；停止運作會帶來很大的影響的重要設備的主要零組件。

2. 備件儲備的計算公式。共有五個，分別介紹如下：

(1)備件的年平均消耗量：$N_0 = A \cdot K/P$

式中　N_0——備件的年平均消耗量（件／年）；

　　A——具有相同備件的設備台數；

　　　　K──每台設備中相同的備件數；

　　　　P──備件的平均使用壽命。

(2)備件的年儲備量：$N_1 = N_0$

　　式中，N_1 為備件的年儲備量。

(3)備件的訂購量：$N_2 = N_0 \cdot T$

　　式中　N_2──備件的訂購量（件）；

　　　　T──備件的訂購周期（年）。

　　訂購周期是指以備件設計圖提出到備件入庫的全過程所花的時間。影響訂購周期的因素很多，主要有備件製造加工的難易程度和交通運輸的便捷與否。訂購周期可以小於 1，如訂購周期為 3 個月，則計算為 0.25 年。

(4)備件的最低儲備量：$N_3 = 0.25N_1$（件）

　　式中，N_3 為備件的最低儲備量。

(5)備件的最高儲備量：$N_4 = N_2 + N_2$（件）

　　式中，N_4 為備件的最高儲備量。

第三節　物業設備的維修、保養與管理

一、給排水系統的維修、保養與管理

　　給排水系統不僅是一個城市不可缺少的基礎設施，而且是城市經濟繁榮與發展的一個重要條件，也是一幢房屋的主要組成部分。房屋綜合使用功能及價值的發揮離不開一個完善的給排水系統。房屋給排水系統的維修與管理作為物業管理的一個重要內容，應引起物業管理者的足夠重視。

　　房屋給排水系統的保養與維修管理包括房屋給水系統、排水系統及各種給排水設施的保養與維修管理。物業管理者應組織專門的保養與維修管理人員，定期對房屋給排水系統及設施進行保養，並建立嚴格的值班制度。當班管理人員應對

當班的給排水系統進行巡查，按規定的時間與路線進行認真巡檢，發現問題或故障及時維修，以保證整個給排水系統的正常運作。

(一)給水系統的維修、保養與管理

房屋給水系統的好壞將直接關係到人們的日常生活及生產。給水系統提供的水壓、水量及水質條件將直接影響房屋的使用功能及使用效果，並在很大程度上影響物業的經濟價值，而且飲用水的品質也會直接關係到人的身體健康。所以作為物業管理者應十分注意房屋給水系統的保養與維修管理，一方面需確保房屋供水的正常；另一方面，要確保房屋的飲用水和特殊生產用水的品質。

1. 給水系統的保養與維修管理應注重整個給水系統的每個環節及設施，需對整個系統作定期的檢查與保養，發現故障應及時修復，保證房屋給水系統的正常運作。

2. 定期檢查清洗貯水池及水箱，一般要求每年至少清洗兩次，在清洗時應注意儘量避免影響用戶的正常用水。

3. 加強對馬達的檢查、保養與維修。馬達是給水系統的關鍵設施之一，其運作正常與否將直接影響整個房屋供水的正常。為此，設備管理部門必須：(1)定期檢查馬達的運作效果，一般需每月安排一次，發現故障或缺陷及時修復或調換；(2)定期（一般為每月一次）對馬達進行加油，並檢驗水壓表，以保證足夠的水壓；(3)定期拆洗離心式馬達，一般需隔2～3年拆洗一次；(4)注意對馬達及備用幫浦之間的輪換使用，保證馬達的正常、平衡運轉；(5)保持馬達房的乾淨、整潔，使馬達處於一個良好的運作環境。

4. 對具有淨水系統的給水系統應注意保持淨水系統的正常運轉，要定期進行水質檢查。檢測項目及標準見表9.2。

5. 建立給水系統的報修制度。

6. 定期檢查、測試消防給水系統的狀態。

(二)房屋排水系統的保養與維修管理

房屋的排水系統是房屋給排水系統不可缺少的主要組成部分，房屋給水系統

必需配有一個有效的排水系統，兩大系統共同作用，互相配合。雖然排水系統一般要比給水系統簡單，但排水系統的缺陷或故障也會嚴重影響用戶的正常生活或生產，甚至會嚴重損害房屋的結構及使用效果。

表 9.2　二次供水水質檢測項目及標準

序號	檢驗項目	單位	自來水限制標準
1	色	度	≤ 15
2	渾濁度	NTU	≤ 3
3	臭和味	（級）	無異味（≤ 2 級）
4	肉眼可見物		不得含有
5	pH		6.5～8.5
6	餘氯	kg/L	≥ 0.05
7	細菌總數	個／mL	＜100
8	總大腸菌群	個／L	＜3

通常，一般房屋排水系統的保養與維修管理應做好以下幾個方面的工作：

1. 定期對排水設施，包括地上部分及地下部分進行保養、維修和疏通清理，對用戶申報或管理人員發現的排水設施漏水、堵塞等問題，應及時查明原因並組織維修，保證排水管網的暢通。

2. 監督用戶，不准向排水設施內亂扔雜物，以免發生堵塞，並不准私自挪動、改裝及加裝。

3. 餐飲服務、醫療等行業及單位食堂的排水，應設置諸如沉澱池及隔油池等局部處理設施，並定期檢查、定時檢測處理設施的運作狀況。

4. 監督用戶不准在排水設施的下水管網、窨井及化糞池的蓋面上搭設棚屋和堆放過重物品，以免壓壞排水設施。

5. 防止污水管渠內出現淤塞及蚊蟲滋生，防止污水外洩引起環境污染。

6. 定期（一般為3～5年）對外露的排水管道進行油漆，以加強水管外層的保護及美觀。

7. 建立用戶隨時報修制度及管理人員的巡視制度，發現排水管網堵塞、外漏

及有關設施出現故障，及時進行修復。

二、供電系統的維修、保養與管理

電力是物業用電系統的動力，是提供並改善物業內人們工作及生活條件，保證並提高物業使用功能和經濟價值必不可少的基礎條件；但電力也是非常危險的，使用不當或供電及用電設施的故障都可能引發嚴重的災難。最常見的如：觸電產生的人身傷亡；用電超載造成的火災；供電系統故障、用電設施使用不當產生財物損失等，其危害程度往往遠遠超過其他系統意外所產生的損失。所以，加強物業供電系統的保養與維修管理，保證安全正常的供電，有效地防止各種意外的發生，既是供配電系統的保養與維修管理的根本目的，也是其工作的出發點。

(一)建立嚴密科學的組織保證體系

要有效地實施房屋供配電系統的保養與維修管理，必須要有科學嚴密的組織工作來保證，需要「專人與專管」，並建立、健全各種規章和制度。

1. 嚴格遵守國家、地方政府及電力部門制訂的有關供電、配電、用電及保養、維修管理等方面的各項法規及行政規章，嚴禁違章供配電。
2. 設定專門的職能部門或配備專門人員負責整個物業的供配電的管理、保養與維修。
3. 負責供配電運作和保養維修的人員必須持證就職，並做好相應的就職前培訓，以熟悉物業供配電系統的各種情況和加強他們的工作責任感。
4. 建立各項規章制度，並嚴格執行。如值班制度、交接班制度、安全操作規程、防火制度及清潔衛生制度等。

(二)供配電系統日常保養與維修管理

供配電系統的日常保養與維修管理工作是一項頻繁而持久的工作，要保證物業能安全、正常地供配電，必須注意以下幾方面的內容：

1. 加強房屋配電房的管理，保持配電房安全、正常地供配電。主要包括以下

一些工作：

(1)定期打掃、清理配電房，保持配電房的乾淨、整潔，保證良好的照明、通風和適當的室溫。

(2)建立嚴格的配電房管理制度，實行值班與交接班制度，非值班或無關人員不得任意進入配電房。

(3)定期對配電房內的配電櫃作全面的測試、檢查，包括對配電櫃作電流過載，漏電保護及供電電纜的絕緣性能的測試、檢查，並注意定期清理、添加潤滑油。

(4)定期檢查並記錄配電房設備的工作狀況，一般每班巡查一次，每月仔細檢查一次，半年檢修一次，發現損耗嚴重或損壞的零部件要及時更換，改善設施的使用狀態並延長其使用壽命。

(5)配電房內嚴禁亂接拉電線或改變線路布置，嚴禁亂用其他電器，如屬必須用的電器，需報經公司主管經理同意。

2.加強對物業供配電系統的日常保養與維修，主要的工作有：

(1)定期巡視、檢查物業公共區域供配電設施的運作狀況，保持各開關箱、配電箱及其他供配電設施完好無損；平時應儘量上鎖，以免閒人所為而產生的意外。

(2)建立健全用戶報修制度，對來人來電報修，應及時登記並前往維修，維修結束後應做好工時與材料的統計工作，不能及時維修的應先妥善保持現場安全，然後再及時安排修復。

(3)檢修人員在對供配電系統及設施進行檢修時，必須使用電工絕緣工具，並在有關位置懸掛標識牌，以免發生危險；對在地下室、廚房、廁所等潮濕場地或夾層工作時，應注意先切斷電源，不能斷電的，至少應有兩名檢修人員在場一起工作。

(4)物業停電，限電之前，應提前通知用戶，特別是一些關鍵部門或關鍵設備、設施的用戶；如有可能，要及時啟用備用電源或採用其他應急措施，以免造成傷亡或經濟損失。

(5)物業恢復供電時，管理人員應及時通知各用戶，及時做好受電準備；供電

時還需注意供電情況,發現問題及時與供電部門取得聯繫。

(6)在特殊情況下,如用戶臨時裝修施工或發生火災、地震、水災等情況下,應有切實可行的管理措施或應急措施。

(三)供配電系統管理有關規定

1.配電房管理規定

(1)負責供配電運作和維修的人員必須持證就職,熟悉配電情況、操作方法和安全注意事項。

(2)建立24小時運作值班制度,對配電裝置及高壓室經常進行巡查,做好每日巡視記錄、值班記錄及執行交接班制度。

(3)配電設備由專職人員負責管理和值班,配電設備的關電操作由值班員單獨進行,其他在場人員只作監護,不得插手;嚴禁兩人同時操作,以免發生錯誤。

(4)值班人員應密切注意電壓表、電流表、功率因數表的指示情況;嚴禁變壓器、空氣開關超載運作。

(5)經常保持配電房地面及設備外表清潔無塵。

(6)停電時,應提前向用戶發出通知;恢復送電時,在確認供電線路正常,電氣設備完好後方可送電。

(7)供電線路嚴禁超載,配電房內禁止亂拉亂接線路。在夏季供電高峰時,應按負荷的需求,有計畫地切換變壓器。

(8)做好配電房的防水,防潮工作;堵塞漏洞,嚴防蛇、鼠等小動物進入配電房。

(9)保持配電房消防設施的完好齊備,保證應急燈在停電狀態下能正常使用。

2.發電機房管理規定

(1)發電機房門平時應上鎖,鑰匙由配電房值班員管理,未經部門主管批准,非工作人員嚴禁入內。

(2)配電房值班員必須熟悉發電機的基本性能和操作方法,發電機運作時應作經常性的巡視檢查。

(3)平時應經常檢查發電機的機油油位、冷卻水水位是否合乎要求，柴油箱中的儲備油量應保持能滿足發電機帶負荷運作 8 小時用油量。

(4)發電機每個月空載試運作一次，運作時間不大於 15 分鐘，平時應將發電機置於自動啟動狀態。

(5)發電機一旦啟動運作，值班員應立即前往機房觀察，啟動送風機，檢查發電機各儀表指示是否正常。

(6)嚴格執行發電機保養制度，做好發電機運作記錄和保養記錄。

(7)定期清掃發電機房，保證機房和設備的整潔，發現漏油現象應及時處理。

(8)加強防火和消防管理意識，確保發電機房消防設施完好齊備。

3.電氣維修管理規定

(1)電氣維修人員必須持證就職，嚴格按照電業法作業規定。

(2)進行電氣維修時，維修人員應穿戴好完整的防護用品，配備絕緣良好的電工工具。維修和保養電氣設備時，應按要求做好保證安全的組織和技術措施。維修班班長應在分配工作的同時向維修人員說明工作中的安全注意事項，並在工作中檢查、監督執行情況。

(3)在配電線、變壓器、低壓配電箱上作業時，應設專人看護，並至少由兩人協同進行。

(4)一般情況下，應儘量避免帶電作業；若因特殊需要必須帶電作業時，應裝設隔離擋板，並有專人看護。

(5)在一經合閘即可送電到工作地點的開關和刀閘的操作把手上，應懸掛「有人作業，禁止關閘」的標誌牌。

(6)維修或保養後的電氣設備或線路，在檢查無誤、拆除所有安全措施和全體維修人員撤出工作現場後，方可送電。

三、空調系統維修、保養與管理

空調系統的裝置與保養並無嚴格的法規限制，但一般都會對一些公共物業或客流較大的場所，諸如辦公大樓、餐廳、舞廳、商業大樓及影劇院等要求裝置空

調系統，同時對於空調系統的設計，提出了一定的控制要求：㈠室內氣溫能夠保持在 19℃～23℃；㈡相對濕度保持在 40%～70%；㈢新鮮空氣供應時為 4～6 個換氣量／小時；㈣通風時大於 8L ／人‧秒。而對於有吸煙的情況，通風時應控制在 16～25L ／人‧秒。

空調系統的保養與維修管理目前尚無明確的規定，但對於一般物業的空調系統，保養維修管理的作用是顯而易見的。要保證系統的正常運作，必須進行嚴格的保養維修，特別是一些採用密封設計的物業大廈，空調系統的故障將會使用戶與使用者產生巨大的損失，因為在這種情況下，物業大廈的空氣供應主要是依靠空調系統的運作。

㈠空調系統的保養與維修管理工作內容

1. 指定專人負責物業空調系統的保養與維修管理，或者委託具有資質的承包商負責空調系統的保養維修管理工作，也可外請部分保養維修管理人員作為顧問，協助進行。
2. 嚴格培訓空調系統工作人員，使其熟悉物業空調系統的基本構成及操作，掌握基本的保養與維修管理技術，提高他們的責任心和工作能力。
3. 制訂嚴格的空調系統操作規程，指定專人負責空調系統的運作。
4. 加強對空調系統日常運作的觀察與檢查，發現異聲及故障後要及時關機檢修，不可故障運作，以免帶來更大的損失。
5. 定期清洗空氣過濾裝置，並對整個系統進行定期擦洗或抹油等。
6. 科學制訂物業空調系統的保養維修計畫，並注意系統功能的改革。
7. 加強能源管理，保持空調系統的經濟運作。

㈡空調系統操作、保養和維修的基本內容

1. 熟悉空調設備的工作原理及操作方法，制訂相應的操作規程並嚴格執行。
2. 定期巡查、記錄設備運轉情況，使設備的潤滑油、水、冷氣劑等保持正常範圍。
3. 機組運作時，應注意觀察儀表讀數是否處於正常範圍內；如果不正常，應

及時調整，必要時可關機，以防事故發生。

4. 定時檢查各風機、馬達的運轉情況，有無雜音、振動、滲水情況，並定時加潤滑油及檢修。

5. 定期檢查各風機、冷卻塔皮帶的鬆緊情況，損耗太大時應及時更換。

6. 定期巡查各管網有無裂縫或漏水、堵塞現象，有問題及時排除，保證水管暢通。

7. 定期檢查清理過濾器中積存的塵埃和雜物，對風管中的各種風閥要定期檢查，防止卡死。

8. 根據鍋爐用水量，定期清洗保養鍋爐、軟化用水裝置。

9. 定期檢查鍋爐燃燒室及煙道的炭灰，防止積存太多。

10. 每年停爐期間，對鍋爐進行全面保養，徹底清除水垢及雜質，對安全閥、轉動機械及其附屬設備進行檢修。

(三)空調系統工作制度

1. 空調工對當班空調系統的運轉負有完全責任。領班應組織好空調工按照巡迴檢查制度的要求，定時對外界及各空調區域的溫度、相對濕度進行監視，根據外界天氣變化及時進行調整，努力使空調區域的溫度、相對濕度符合要求的數值範圍。

2. 嚴格執行各種設備的安全操作規程和巡迴檢查制度。

3. 堅守工作崗位，任何時間都不得無人值班或擅自離開工作崗位，值班時間不得做與工作無關的事。

4. 值班人員必須掌握設備運作的技術狀況，發現問題立即報告，並及時處理，且在工作日記上做好詳細記錄。

5. 負責空調系統的日常保養和一般故障檢修；

6. 值班人員違反制度或失職造成設備損壞，將追究其責任；操作人員應認真學習專業知識，熟悉設備結構、性能及系統情況，做到故障判斷準確，處理及時。

四、電梯系統的維修、保養與管理

電梯是高層建築中不可缺少的垂直運輸設備。因此，電梯的維修、保養與管理便成為物業管理中的一項重要內容。能否保證電梯的正常使用，關係到使用者的方便和舒適程度，而電梯的品質問題和運作故障更會對人民的生命財產安全有重大影響。因此，物業管理企業必須加強電梯的安全使用和保養維修管理。

(一)電梯維修等級、周期和要求

1. 小修。指日常的維護保養，其中包括排除故障的急修和定時定點的常規保養。因故障停梯接到報修後，維修人員應在 30 分鐘內到達現場搶修。常規保養分為周保養、半年保養、年保養 3 個等級。

2. 中修。指運作較長時間後進行的全面檢修保養，周期一般定為 3 年。但第 2 個周期是大修周期，如進行大修則免去中修。

3. 大修。指中修後繼續運作 3 年時間，因設施損耗嚴重需要更換主機和較多的機電配套件，以恢復設備原有性能而進行的全面徹底的維修。

4. 專項修理。指不到中、大修周期又超過小修範圍的某些需及時修理的項目，如較大的設備故障或事故造成的損壞，稱專項修理或專項大修。

5. 更新改造。電梯連續運作超過 10 年以上，如主機或其他主要配套件損耗嚴重，不能修復又無法更換（舊型號已淘汰或已換代）時，就需要進行改造或更新。對只要更換主要設備如牽引、控制等設備的稱為改造。如整台電梯需要更換的稱為更新。更新的周期因保養水準的不同而有很大的差別。

(二)電梯機房管理規定

1. 每周對機房進行一次全面清潔，保證機房和設備表面無明顯灰塵，機房及通道內不得住人、堆放雜物。

2. 保證機房通風良好，風口有防雨措施，機房內懸掛溫度計，機房溫度不超過 40℃。

3.保證機房照明良好，並配備應急燈，滅火器和盤車工具掛於明顯處。

4.毗鄰水箱的機房應做好防水、防潮工作。

5.機房門窗應完好並上鎖，未經部門主管允許，禁止外人進入，並注意採取措施，防止小動物進入。

6.電梯困人救援規程、本規定及各種警示牌應掛於顯眼處。

7.按規定定期對機房內設施和設備進行維修保養。

8.每天巡視機房，發現達不到規定要求的及時處理。

(三)電梯安全管理規定

1.電梯工必須持證就職，無證人員禁止操作。

2.電梯工每天對各電梯全面巡視一次，發現問題及時通知有關人員處理。

3.工程部經理在周檢時，組織人員對電梯進行一次全面檢查，發現安全隱憂，立即組織改正。

4.工程部經理組織人員按有關規定對電梯分包方進行評審，評審合格後方能承擔電梯維修保養工作。

5.電梯工和機電工程師負責對電梯保養和維修工作品質進行檢驗。

6.統一設立報警點，保證電梯發生故障時能接到警報。

7.在電梯機房和值班室懸掛電梯困人救援規程，電梯發生困人故障時，嚴格按規程執行。

8.經勞動局檢測不合格、未取得合格證的電梯嚴禁投入使用。

(四)電梯維修保養安全規定

1.電梯在維修保養時，停止運載乘客或貨物，並必須在該梯基站放置「檢修停用」、在電梯開關上懸掛「有人工作，禁止關閘」等告示牌。

2.檢修時，應由主持和助手協同進行，並保持隨時互相呼應。檢修人員作業時應穿工作服，高空作業應繫安全帶，上下交叉作業應戴安全帽。

3.在機房維修保養時，應先斷開機房總電源，然後才能進行各面板的清理、保養等工作，嚴禁用濕毛巾擦機身。

4. 在廂頂工作時，應斷開天窗急停開關或安全聯動開關；在箱內工作時，應斷開轎箱操縱盤內的運作電源開關；在底坑作業時，應斷開底坑檢修按鈕箱的急停開關或限速器張緊裝置的開關。

5. 天窗作業時，應將各廳門關好，作業人員不准將任何部位伸出護欄。嚴禁作業人員雙腳分跨在廳坎和轎箱內工作，或雙腳站在廳坎，身體趴在廂頂工作。嚴禁開啟廳門探身到井道內或在廂頂探身到另一井道檢查電梯。

6. 嚴禁維修人員拉吊井道電纜線，以防電纜線被拉斷。

7. 底坑作業時使用的手燈必須帶護罩，並採用 36V 以下的安全電壓。並隨時清理廢油等易燃品，禁止吸煙和使用明火。

8. 非維修保養人員不得擅自進行維修作業，工作完畢後要裝回安全及擋板，清理工具，不得留工具在設備內。離去前拆除加上的臨時短路線，電梯檢查正常後方可使用。

第四節　物業設備成本管理技術介紹

現代綜合設備管理與傳統設備管理相比較，更具有一定的科學性、合理性和先進性。因為傳統的設備管理只注意設備的技術性能管理；而現代綜合設備管理除此以外還考慮設備壽命期的經濟性管理，即設備購置時一次性投資的經濟性，運作使用時的經濟性，維護檢修和更新改造時的經濟性等。現代綜合設備管理的最終目的是從設備經濟價值的變化過程中，尋求以最少投資得到最大經濟效益的方法，包括初投資費用、運作費用、能源費用、勞動力費用、維修費用、更新改造費用等支出計畫的管理。此外，固定資產的帳目、折舊、報廢等資產管理也應加以關心、了解。

物業設備的成本管理技術有很多，這裡主要介紹以下幾種技術。

一、預防性維修與保養計畫技術

(一)預防性維修與保養計畫的含義

房屋及設備的維修和保養可分為計畫性和突發性兩類。一套全面和不斷完善的維修保養計畫應儘量預先計畫一切工作而將突發性故障減至最低程度並加以控制，從而可以減少維修成本，避免中斷對用戶的服務。這種計畫性的維修和保養由於它的預防性質，又被稱為預防性維修保養計畫。

預防性維修與保養計畫所包含的內容從時間上可分為短期、中期和長期3種。短期計畫是指每日或每月所進行的經常性保養和維修的安排；中期計畫是指每年或每半年所進行的維修和保養安排，主要是指對房屋及設備進行一些較大型的維修、保養及一些平時不能進行的工程；長期計畫是指每3～10年或更長時間才進行的維修和保養的安排，這包括大型維修、翻新、改造或更換整個系統等內容。

(二)預防性維修與保養計畫的制訂步驟

預防性維修與保養計畫的制訂步驟如下：

1. 列出設備和建築清單。預防性維修與保養計畫制訂的第一步必須列出所有建築和設備的清單，其內容包括它們的製造商、操作程序、建築物中的位置、購買的地點、安裝的時間和保修期等。清單應標明在何處可以獲取設備的部件和相關服務；何時需要加油、清洗、檢查和修理；牆、支柱等結構應按位置列出並進行描述。有此清單，物業管理者就可以決定哪些設備和結構應包括在預防性維修與保養計畫內。這樣一套完整的清單將保證預防性維修與保養計畫的系統性，可以減少對用戶服務的中斷，並且為業主和用戶節省不必要的開支。

2. 決定必要的維修任務。根據以上清單，物業管理者就可以確定對各種設施和設備做何種類型的維修與保養以及它們的時間間隔和頻率。例如，牆體、屋頂等結構性部件應定期檢查、粉刷和修補；電梯、空調、供電系統的設備應周期性地檢查和保養，並應準備好備件以便更換失效、損壞的機

械零組件。

3. 估算費用。在確定維修任務以後，物業管理者的任務就是估算出每一任務所需的時間、人力和費用，以此獲得總體的維修預算。

4. 時間規劃。物業管理者接下來的任務就是從時間上安排好各種類型的維修保養任務。安排從三方面來考慮，(1)是考慮維修保養任務的時間特性要求，如日、周、月、季、半年、1年等；(2)是要考慮物業管理企業的資源情況，如維修部門的人力、財力等；(3)還要考慮用戶的生產、工作、生活的特點，綜合安排各類維修的時間。原則上要有利於維修資金的平衡，有利於維修人員工作時間的均衡，並且儘量減少對用戶帶來工作、生產和生活的不便。利用對任務在時間上的落實，這樣預防性維修與保養計畫就形成了。與此計畫相配套的還必須建立一個發布工作指令和檢查工作完成情況的系統。這些均可以利用編制一個預防性維修與保養計畫的計算機軟體來完成以上這些功能。

5. 審閱和保存記錄。預防性維修與保養計畫的執行情況可以利用記錄來檢查驗證。對執行預防性維修與保養計畫進行的所有類型的維修工作，都必須做好記錄。記錄包括實際執行的日期，檢修前的狀況，檢修後的狀況，維修所用的時間、人力、材料等資訊，物業管理者可以利用審閱分析這些記錄，確定某些維修任務是否可以作更切合實際的調整，從而對預防性維修與保養計畫作相應的調整。良好的維修記錄系統不僅可以對計畫調整提供資訊，又可以對維修人員的工作考評提供依據，還可以為維修計畫成本控制和成本效益分析提供資料。

一個設計良好並得到很好執行的預防性維修與保養計畫，可能在半年或1年之內還不能顯示明顯的結果或節約，但它最終將以增加效率和節約運作費用實現回報。

(三)預防性維修與保養計畫成本控制的幾點措施

為了保證預防性維修與保養計畫是一個成本效率高的計畫，以下幾點措施值得採用。

1. 對計畫內的各種維修保養項目，不斷尋找長期或短期的成本降低的機會，對原先的計畫進行修改完善。長期的成本降低機會，如主要機械和電子系統功能性改變所帶來材料、勞動力的節約。短期的成本降低機會如批量採購，工程的招投標等。

2. 將維修保養的管理和操作功能分開。維修工或維修承包商所進行的工作必須由管理人員決定和計畫。管理人員對維修的預算、材料控制和管理報告負責。

3. 詳細的計畫是有效監督維修的基礎，維修人員要完成的維修工作的特殊要求都要列入計畫。詳細的程度隨著建築物的不同而不同。但管理人員實施的控制越多，維修計畫就越有效率，其成本效益就越高。

二、維修管理的「七問題」技術

維修管理成功的關鍵是知道應該做什麼、誰做、費用多少，以及是否做得恰當。從客戶的角度，是希望他們的維修要求能得到及時的回應，而作為物業管理者，就不僅要考慮滿足客戶的需求，而且要考慮維修的成本效率，即如何以最低的成本來最有效地完成維修任務。維修管理的「七問題」技術就是一個簡單易行，行之有效的方法。這個方法要求物業管理企業的維修人員在執行維修任務以前要明確七個問題：維修範圍（內容）、維修地點、維修順序、維修方法、維修工具材料、維修人員和維修時間。要做到這一點，物業管理企業在報修的表格設計和接報人員的培訓上，就要保證儘可能地將所需的資訊收集齊；同時維修管理人員在現場勘查、安排維修計畫和下達維修任務時必須在以下問題上給以明確的表述。

（一）維修範圍。是指維修工派出去要做什麼工作。例如修理電視天線的描述，要比解決電視收看不清的表述來得明確。

（二）維修地點。是指需要維修的是什麼地方，路名、門號、樓層、室號、方位等需要明確。

（三）維修順序。工作的順序要由管理人員決定和指派，維修人員知道每日先修哪家，後修哪家。不僅每日如此，每周、每月的工作順序都必須規定好。

(四)維修方法。維修的安排還應詳細規定完成每項維修任務的最佳方法。

(五)維修的工具材料。知道維修的範圍、地點以及方法，管理人員就可以確定完成維修所需材料，維修人員也事先知道需要帶何種工具、設備以及準備哪些相應的安全措施。

(六)維修人員。確定完成此項工作所需要的維修人員數。

(七)維修時間。確定完成此項工作所需要的工時數。適當地並符合實際地安排人員和時間會導致一個合理成本下的高效率工作。

三、能源管理技術

能源的開支是物業管理中一筆很大的開支，特別在商業建築中，能源的消耗非常大。由於能源資源的缺乏以及能源消耗量的越來越大，能源費用以飛快的速度增長。因此物業管理企業可以利用有效的能源計畫和管理來顯示其專業能力和獲得驚人的節約效果。

一些節能的措施比較簡單，如減小電燈的功率和數量，使用節能燈，安裝二層窗，而有些措施就比較昂貴了，如安裝有自動控制的空調系統。所有的能源專家都一致同意，能獲得最大節約的節能措施是費用很少或者基本上沒有費用的簡單節能措施。包括使用塑料門簾，降低（冬天）或升高（夏天）室內空調的設定溫度，關掉不用時的照明和設備，保持門窗的封閉性等。

不管是簡單的手工方法還是複雜的電腦節能方法，制訂能源管理計畫的基本步驟是一樣的，以下作簡單介紹：

(一)用熱能單位來進行核算。用熱能單位而不是用能源費用來核算能源、考核節能效果是能源管理的一項基礎工作。因為能源的價格是隨著市場供求的變化而變化的，如果用費用來考核能源管理的效果，則無法對過去和將來的消費量進行比較，會誤導用戶和管理人員。

(二)列出用能設備清單。列出所有用能設備的清單，標明這些用能設備的位置及使用要求。照明、冷氣等各種設備應分類計算。因為不同類別的設備會有不同的節能措施，而同類設備的節能措施應該是類似的。

㈢選擇節能潛力可能大的項目。由於用能設備設施種類繁多，不能靠一次能源計畫而將所有的問題解決，這就要有一個側重點。即首先要定性地選擇一些節能潛力可能比較大的項目。這可能是耗能比較大的設備或地方，或與其他單位或行業標準相比較，能耗指標較高的設備和地方等。這裡可以採用 ABC 管理技術確定關鍵的 A 類設備和地方。

㈣列出各種有效的節能方法和相應成本。物業管理企業可以組織有經驗的技術人員或專業諮詢人員，對第三步選出的節能潛力可能較大的項目，提出各種節能的方法和措施，這種措施越多越好，要集思廣益。在列出措施的同時，對每種措施要估算其費用。

㈤分析比較各種節能方法的成本效益。利用投資回收期方法、壽命周期成本方法等對第四步提出的各項措施分析其成本效益。

㈥確定選用的節能措施。這一步就是確定選用的節能措施，選擇的標準不僅是這些措施相對的成本效益率，而且更要考慮這些措施絕對的能源成本節約額。

㈦準備措施實施計畫。由於各種節能措施可能涉及到資金的安排、人員的組織、用能設備的使用，以及能源計畫實施後節能效果的評價等，所以，物業管理企業在實施節能措施時，必須做好詳細的計畫，包括實施的順序和實施的時間。這樣有步驟地進行才可以確定每項節能措施的實際效果。

㈧執行計畫。能源管理系統必須包括公司或組織裡的所有員工，也包括物業的用戶。只有所有相關的人員都理解並在行動上支持和配合，則能源管理計畫的實施將更有效率。

四、價值工程技術

價值工程是 20 世紀 40 年代誕生於美國的一門現代管理科學。它的創始人是美國通用電氣公司的設計師邁爾斯。他在擔任採購工作中偶然發現，用一種紙代替當時緊缺的石棉板，既可以起到防火和防止油漆污染地板的作用，而且可以節省大量的成本。由此他想到，完成同一功能，可以有不同的材料代替，那麼就有

可能用較經濟的材料來完成相同的功能。這樣，他從分析產品功能，尋找代用材料開始，逐步從原材料採購發展到改進產品設計及製造過程並取得了極大的成功，從而奠定了價值工程的基礎。邁爾斯對於價值工程的研究可以歸結為以下幾個方面：

(一)用戶購買產品主要是購買產品的功能，實現這些功能採取怎樣的結構形式是無關重要的；

(二)用戶購買產品時，總希望在達到功能要求的前提下，花費最少；

(三)產品的功能和實現功能所花費的成本之比可看作產品的價值；

(四)價值工程就是研究提高產品價值的管理技術，即在確保用戶要求功能的前提下，應儘量選用價廉的材料、代用品，改變設計、簡化結構來大幅度地降低獲得成本；

(五)提高產品的價值從設計階段開始成效最大，運用集體智慧，有組織、有計畫地對功能與成本進行系統的分析，才能取得良好的效果。

1.價值工程的含義和內容

價值工程是一種以產品功能研究為基礎的有組織的集體創造活動，是一種以最低的壽命周期成本，可靠地實現產品必要功能的管理技術。價值工程活動內容的要點為：

(1)壽命周期成本是分析產品成本的重要依據。即分析產品的成本既要考慮其購置成本，還要考慮其使用成本。

(2)產品的功能分析主要是掌握用戶需要的必要功能，發現並剔除不必要功能。不必要功能包括無用功能、重複功能和過剩功能。剔除不必要功能的過程就是剔除不必要成本的過程。

2.價值工程的指導原則

邁爾斯在價值工程實踐中，總結了 13 條原則：

(1)分析問題避免一般化、概念化，即不要簡單地下「行」或「不行」的結論。

(2)收集一切可用的成本資料。即成本資料對價值工程是非常重要，是成本資訊的重要來源。

(3)使用最可靠的情報。即資訊情報的來源有很多管道，要儘量採用最可靠來源的訊息。

(4)打破框架，進行創新和提高。即價值工程重在創新，要破除一切對權威、專家的迷信，大膽提出各種設想。

(5)發揮真正的獨立性。即要克服盲從心理，堅持獨立思考，不受任何束縛。

(6)找出障礙，克服障礙。任何改進都會遇到技術上和思想上的障礙，對思想上的障礙，除了處理好各方面的關係以外，最主要的還是避免分析問題的一般化和概念化。

(7)充分利用有關專家，擴大專業知識。專家和專業知識的作用對得到理想的方案是極其重要的，價值工程研究要很好地利用這一點。

(8)對重要的公差要換算成費用加以考慮。即不是精度越高越好，表現為精度的公差是與成本密切相關的。

(9)儘量利用專業化工廠的現成產品。即現成產品是成熟產品，生產批量大，成本低。設計一個獨特規格產品的成本極高。

⑽利用和購買專業化工廠的技術和知識。即對一些專用零件，應儘量由專業工廠提供，他們的製造成本要比自己單獨製造要便宜且方便。

⑾利用專門化的生產技術。即選擇技術方法時，一般選擇那些既能提供所需功能、符合產品要求，而又費用低廉的技術。

⑿儘量採用合適的標準。即標準是為了保證產品的功能和降低產品的成本。標準有不同的層次，不是越嚴格越好，應以「合適」為好。

⒀要以「我是否這樣花自己的錢」作為判別標準。即任何人在花自己的錢的時候總是精打細算的。以此態度來分析判斷產品，往往能取得較好的效果。

3.價值工程的一般工作程序

(1)選擇對象；

(2)組成價值工程工作小組；

(3)制訂工作計畫；

(4)收集整理資訊資料；

(5)功能系統分析；

(6)功能評價；

(7)方案創新；

(8)方案評價；

(9)提案編寫；

(10)審核；

(11)實施和檢查；

(12)成果鑑定。

價值工程技術在物業管理的設備更新、原材料採購、翻新改造工程等各項活動中都可以應用。也可以說，只要是需要一定的費用來獲得功能的活動都可進行價值工程。價值工程應用得好，可以帶來可觀的成本節約。

五、壽命周期成本技術

下面利用一個案例，來理解在物業管理工作中，如何應用壽命周期成本技術。

例 9.1　優質地毯的購買成本和安裝成本分別為 8,000 美元和 2,000 美元。按以往的經驗，該地毯的使用壽命是 10 年，每年將需 1,000 美元來維持較高的品質標準。普通地毯的購買成本和安裝成本分別為 6,000 美元和 2,000 美元，使用壽命是 7 年，每年的維護成本是 1,250 元。貼現率為 7%。試分析物業管理者應選購哪種地毯。

解　(1)從初期購買成本或簡單的壽命周期總成本分析：

優質地毯的初期投入為 10,000 美元，簡單壽命周期成本為

10,000＋10×1,000＝20,000（美元）。

普通地毯的初期投入為 8,000 美元，簡單壽命周期成本為

8,000＋7×1,250＝16,750（美元）。

結論：從初期購買成本和簡單壽命周期成本分析應該購買普通地毯。

但這種簡單壽命周期成本分析有兩個缺陷：

①它沒有考慮資金的時間價值

②它沒有考慮項目的不同壽命周期長度的影響

所以必須將壽命周期發生的所有費用，在考慮時間價值的基礎上將其折現。

(2)求取兩個方案的淨現值做比較：

優質地毯方案：

淨現值 $= 10,000 + 1,000 \times [1 - (1 + 0.07)^{-10}]/0.07 \approx 17,024$；

優質地毯的平均年成本為 17,024/10 ＝ 1,702.4（美元）。

普通地毯方案：

淨現值 $= 8,000 + 1,250 \times [1 - (1 + 0.07)^{-7}]/0.07 \approx 14,737$；

普通地毯的平均年成本為 14,737/7 $\approx$ 2,105.28（美元）。

因此物業管理者應該選購優質地毯。

復習思考題

1. 簡述物業設備管理的含義和作用。

2. 物業設備有哪些主要構成？

3. 給排水設備系統的組成有哪些？

4. 天然氣設備系統的組成有哪些？

5. 空調設備系統的組成有哪些？

6. 照明設備系統的組成有哪些？

7. 自動控制設備系統的組成有哪些？

8. 簡述物業設備的基礎管理的內容。

9. 設備管理制度主要有哪些？

10. 簡述物業設備的運作管理的內容。

11.簡述物業設備的安全管理的內容。

12.簡述物業設備維修管理的內容。

13.簡述設備更新改造的理論依據與類型。

14.如何理解計畫檢修與維護保養的關係？

15.簡述電梯維修的等級、周期和要求。

16.簡述預防性維修與保養計畫的含義及制訂步驟。

17.簡述維修管理的「七問題」技術的內容。

18.簡述制訂能源管理計畫的基本步驟。

19.什麼是價值工程？它的內容包括什麼？

20.價值工程的指導原則有哪些？

第十章
物業租賃管理

三、談判和簽約

複習思考題

　　物業租賃是物業交易或房地產交易中的一項主要活動，是房地產市場的一部分，也是物業管理者的業務之一。許多商業性物業的業主將物業的租賃責任委託給管理者，有的業主甚至將租賃業務的好壞作為衡量物業管理者的最重要的標準。這是因為，首先對一個商業性物業來說，收益是首位要考慮的；其次，物業管理者所承擔的其他責任也是主要圍繞增加收益這個目標，並在這個目標上反應出其他責任履行的好壞。為了做好這一項工作，物業管理者必須了解和掌握有關物業租賃的概念、相關法律規定、租約的制訂和管理，以及如何最有效地將所管理的物業租賃出去，即如何做好租賃行銷工作。

第一節　物業租賃概述

一、物業租賃定義

　　物業租賃是指房屋產權人作為出租人將其房屋出租給承租人使用，承租人向出租人支付租金的行為。有關這個定義有幾點說明：

㈠房屋出租人必須是房屋產權所有人。這個產權所有人可以是自然人，也可以是法人；可以是產權人自己，也可以是共有人（包括共同共有和按份共有）；可以是產權所有人自己，也可以是產權所有人的委託代理人，或按照法定程序的指定代管人。

㈡轉租不等於出租，轉租人也不等於出租人。轉租人受制於出租人，沒有出租人的同意轉租現象就不存在，轉租人也就不存在。因此轉租只能是附屬於出租的非獨立活動。

㈢出租不僅將房屋讓與承租人居住或從事商業活動，也包括利用自有房屋以聯營、承包商業、入股商業或合作商業等名義出租或轉租房產。這一條是將所有符合房屋租賃法律特性的一切行為都包括在內，防止逃避租賃管理、逃漏稅收的現象發生。

二、*房屋租賃的法律特性*

房屋租賃是一種特定商品交易的經濟活動形式。它具有以下特性：

(一)房屋租賃是房屋占有權、使用權及部分收益權的轉移。房屋買賣是房屋所有權的轉移，透過買賣，房屋的占有、使用、收益、處分權全部轉移給買方。但租賃不是轉移房屋的所有權，而僅是占有、使用和部分收益權（如轉租中第一承租人收取的租金差額）的轉移。一旦租賃期滿，承租人有義務將房屋歸還出租人。

(二)房屋租賃的標的是特定物而不是種類物。由於房地產的個別性，即世界上不存在完全相同的房地產，即使是同一款式的房屋，也會因為環境、地點、氣候、結構、材料、施工甚至層次的不同而有很大的區別。因此房地產租賃的標的必須是特定物，而不能像大多數其他產品一樣可以以同類物來代替。這反映在租賃契約中對標的物作詳細和區別性的描述。

(三)房屋租賃關係是一種經濟要式契約關係。房屋租賃關係是一種經濟契約關係，它反應契約雙方有償，互利互惠的關係。中國大陸法律規定，由於房屋租賃的特殊性，雙方租賃契約又必須是要式契約，而且是法定要式契約。租賃契約必須採取書面形式，並依法登記。台灣則規定租賃契約為有償契約，或稱為債權契約，不需登記即可生效。而且租賃只是把不動產交付承租人使用，並不涉及物權的轉移、設定或變更，所以，並不強制一定要辦理公證。然而，租賃契約辦理公證有一定功用，若在公證書上載明，任一方如不履行義務，則需受強制執行，這樣一來，如果發生爭議，一方可就此份有公證效力的租約申請強制執行，便可避免曠日費時的訴訟程序。

(四)房屋租賃關係不因所有權的轉移而終止。在房屋租賃有效期內，出租房屋的所有權發生轉移不影響原租賃契約的執行，新房屋所有權人必須承擔原房屋所有權人在租賃契約中確定的義務，尊重承租人的合法利益。用一句簡短的話來說，即是「買賣不破租賃」。

㈤租賃關係主體的法律要求。租賃作為一種民事法律行為，對其主體—租賃雙方都有法律要求。其表現為：租賃雙方除了必須具有民事能力以外，還要求出租人必須是房屋所有權或其指定委託人或法定代管人；要求承租人沒有法律限制承租的情況。由於中國大陸是土地國有制，一般民眾對於土地僅有使用權，而沒有土地擁有權，因此在房屋的買賣或租賃相關規定上較為複雜。例如，中國大陸規定……，外國人不能租用內銷房等。台灣或其他民主國家並無相關規定，且中國大陸在這些規定上，已在陸續放寬中。

㈥租賃客體的法律要求。對於出租房屋的本身也須符合相關的法律規定。有下列情形之一的房屋不得出租：

①未依法取得房屋所有權證的；

②司法機關和行政機關依法裁定、決定查封或者以其他形式限制房地產權利的；

③共有房屋未取得共有人同意的；

④權屬有爭議的；

⑤屬於違法建築的；

⑥不符合安全標準的；

⑦已抵押，未經抵押權人同意的；

⑧不符合公共安全、環保、衛生等主管部門有關規定的；

⑨有關法律、法規規定禁止出租的其他情況。

三、物業租賃的分類

如前所述，中國大陸在房屋買賣或租賃的規定較為複雜，且對合約的內容有較多的限制。台灣或其他國家則依據甲乙雙方簽訂的合約形式與內容，來認定買賣或租賃之間的實質關係。故以下之物業租賃分類大多僅限於中國大陸地區，但因隨時可能會有所調整，故仍應以買賣或租賃當時、當地的法令規定為準。

㈠根據租賃房屋的性質不同可分為公房租賃和私房租賃，也可分為保障性、福利性租賃和市場性租賃。公房租賃又可分為房管部門管的直管公房租賃

和企事業單位自管的系統公房租賃。

㈡根據租賃房屋的用途不同，可分為居住物業、商業物業、辦公樓及工業物業等的租賃。

㈢按照房屋的租賃期限不同，又可分為定期租賃、不定期租賃和階段式租賃。定期租賃是指有確定期限的租賃，租期滿即租賃終止。出租人無須作提前通知，承租人到期必須歸還租用的物業。目前中國大陸一般商品房的租賃都屬於此種情況。不定期租賃是指租賃雙方沒有約定租期，出租人可隨時要求收回房屋。中國大陸的公房出租就屬於這種情況，但在收回房屋上會要求國家作出另外安排居住的要求。階段式租賃是指雙方雖然確定了某個期限，但又約定，雙方如沒有提前通知終止的情況下可自動續約相同一個時期的一種租賃方式，這種情況也經常出現在一些商品房的租賃中。

㈣按照租金的計算和支付方式不同可以分成毛租、純租約以及百分比租約。詳細內容在後面作介紹。

㈤按承租人的國籍不同將租賃分為國內租賃和涉外租賃。

四、租賃登記與納稅

㈠租賃登記

依據台灣的法律規定，房屋租賃不需登記備案。但若為更有效主動地確保租賃合約的法律地位，則可向地方法院提出公證。但根據中國大陸法律規定，房屋租賃需登記備案，且程序與規定繁瑣，由於中國幅地廣大，不同地區可能有些微的差距，其具體要求如下：

1. 房屋租賃當事人應當在租賃契約簽訂後 30 日內（上海市規定 15 日內），到市縣人民政府房地產管理部門辦理登記備案手續。

2. 登記備案時，除提交已簽訂的租賃契約以外，租賃當事人還應分別交驗下列證件：

(1)出租人應提交的證件：出租房屋的房地產權證或房屋所有權證和土地使用權證；出租人的身份證明；共有房屋的共有人同意出租的證明或委託書；

委託代理出租時，房屋所有人委託代理出租的證明。

(2)承租人需提交的證明：境內個人的身份證或戶籍證明；境內單位（包括「三資」企業）的工商註冊登記證明；境外人士的回鄉證明；境外單位的經公證或認證的合法資格證明（法律、法規另有規定的除外）。

3.房屋租賃登記申請經市、縣人民政府房地產管理部門審查合格後，頒發房屋租賃證；審核不合格，則由房地產管理部門將租賃契約和有關證件退還當事人。

4.房屋出租持有關文件至當地稅務機關依法納稅。

5.租賃登記的法律責任：

(1)不按期申報、領取房屋租賃證的，責令其補辦手續，並可處以罰款；

(2)偽造、塗改房屋租賃證的，註銷其證書，並可處以罰款；

(3)未經出租人同意和未辦理登記備案，擅自轉租房屋的，其租賃行為無效，沒收其非法所得，並可處以罰款。

(二)租賃稅收

有關房屋租賃稅收，在申報房屋稅及個人所得稅時，則需主動向稅捐主管機關提出租賃等之相關證明文件，而稅捐主管機關則有查核的權利（相關規定請查閱房屋稅及財產申報等相關規定）。對於印花稅，則僅在房屋契約向法院提出公證時，才需繳納。但在中國大陸，並沒有完全統一的規定，各地的執行都有所不同。在此先介紹一般情況，然後介紹一下上海市新出爐的城鎮租賃房屋租賃稅收徵收管理辦法的主要內容。

1. 房屋租賃一般稅收情況

房屋租賃一般要涉及印花稅、營業稅、城建稅、教育費附加、房產稅、所得稅和土地使用稅等稅收，現分別介紹如下：

(1)印花稅。租賃雙方所持的房屋租賃契約，應按契約所載金額的0.1%，一次性貼足印花稅票。

(2)營業稅、城建稅和教育費附加（兩稅一費）。凡從事房地產租賃的單位和個人，以其應稅收入為營業稅徵稅對象，稅率為5%。城建稅是以營業稅

稅額為計稅依據，一般規定，納稅人所在地在市區內的，稅率為 7%；納稅人所在地在縣城、建制鎮、工礦區的，稅率為 5%；納稅人所在地在農村的，稅率為 1%。教育費附加是以營業稅為計稅依據，稅率為 3%。

(3)房產稅。房產稅計稅方法有兩種。一種是依房產原值扣除 10%～30%後的餘值為計稅依據，稅率為 1.2%。如北京市扣減額為 30%，上海市扣減額為 20%；另一種是房產出租的，以房產租金收入作計稅依據，稅率為 12%。

(4)所得稅。所得稅分兩種：企業所得稅和個人所得稅。企業所得稅的計稅依據是商業企業的年實現利潤淨值，稅率為 33%；個人所得稅的計稅依據是租金所得扣除免徵額的餘額（免徵額現為租金額 4,000 元以上的為減除費用 800 元，4,000 元以上的扣除 20%費用，然後就其餘額納稅）。

(5)土地使用稅。私房業主出租租賃房屋，應按所在地的地段等級適用的稅額，交納土地使用稅。

2.上海市城鎮租賃房屋租賃稅收管理主要內容

(1)領取租賃證的 7 日內向稅務機關辦理納稅申報、申領統一發票。

(2)租賃雙方持有的租賃契約，都必須按契約約定租賃期內的租金收入一次性貼足印花稅票。無租賃期限的，可按 3 年分次貼花。

(3)對營業稅、城建稅、教育附加費、房產稅及個人所得稅統一徵收綜合稅，稅率為每次租金收入的 21%。每次租金收入在 2,000 元以下的，則按 15%徵收（現已改為按 5%徵收）。

(4)轉租和再轉租的按轉租租金收入的 9%徵收綜合稅。每次租金收入在 2,000 元以下的，則按 3%計徵。

(5)按所在地的地段級適用的稅額交納土地使用稅。

(6)不准匿報房租金，不准收取押租、變相租金或其他額外費用。

(7)私房業主或轉租人接收承租人聘用或為其提供勞務的，應將租金收入和工資、勞務收入合理劃分。工資、勞務收入不得超過同類企業的臨時工工資標準。

(8)私房租賃須統一使用稅務機關印製的發票。

(9)以聯營等名義出租或轉租房產但並不承擔商業風險的，其所獲取的固定收

入應作租金收入處理，按規定徵稅。

第二節　租約管理

　　商業性物業的物業管理者一般有出租物業的責任，儘管這種責任根據業主的要求不同會有變化，如有一些物業管理者可能是唯一的出租代理，而另一些則可能與外界獨立房地產經紀人共同承擔責任。即使有些物業管理者不承擔租賃責任，而只有維修保養物業的責任，但是涉及租約的具體條款時，他們往往會被業主或業主的律師所諮詢。他們有關物業運營和維護的費用及其相關的專業知識對租約條款的擬定有直接的影響。因此儘管租賃雙方以及他們的律師一般對租約的技術細節、條款負有法律責任，但是如果物業管理者足夠熟悉租賃契約的基本條款，並非常專業地與業主的律師及房地產經紀人合作的話，業主就可以從物業管理者得到優質的服務，從而增強物業管理者在業主心目中的地位。因此物業管理者有必要對租約、租賃權概念以及租約基本條款進行一定的了解。

一、租約的含義及法律特性

(一)租約的含義

　　房屋租約是一種債權契約，是出租人和承租人就房屋租賃事宜，明確雙方的權利、義務和責任的協議，也即以房屋為租賃標的契約。

(二)房屋租約的法律特性

1. 房屋租約是雙務有償契約。雙務契約是指契約當事人都享有權利和義務的契約。這類契約的每一方當事人即是債權人又是債務人，而且互為等價關係，即雙方各自享有的權利和負有的義務，正是對方應盡的義務和享有的權利。雙務契約的主要意義在於契約的履行，即任何一方在自己未履行契約義務的情況下，無權請求對方履行義務，否則就變成了單務契約。

有償契約是指當事人享有契約規定的權利而必須償付代價的契約。有償契

約大多數是雙務契約。區分有償契約與無償契約的法律意義在於確定當事人履行契約義務時應注意的程度及違約責任大小。一般而言，有償契約義務的履行，其注意程度要高於無償契約，有償契約的義務人的違約責任要比無償契約義務人的違約責任要重。

2. 房屋租約是諾成和要式契約。所謂諾成契約即指當事人意思表示一致即告成立的契約。而雖然當事人表示一致，但還須交付標的物，契約才能成立的，稱為實踐契約。這種法律上的分類，主要用於確定契約成立的時間。即租賃契約一旦簽署，就告成立，而無須出租方出空房子或承租方占有房子才算契約成立。

要式契約是相對不要式契約而言的。凡要求特定形式和履行一定手續的契約稱為要式契約，否則就成不要式契約。要式契約由法律直接規定的，稱為法定要式契約；法律無明文規定的，只是當事人約定必須履行特定方式和手續的契約，稱為約定要式契約。原則上契約以不要式為原則，要式契約為例外。所謂要式契約的履行方式有法定和約定之分，法定要式契約通常是以「書面」及「公開儀式」為履行方式，一般約定要式契約中所約定的方式有以書面為之、證人簽章或須經公證等方式。要式契約不依法定方式履行者，依民法 73 條規定：「法律行為，不依法定方式者無效。但法律另有規定者，不在此限。」。中國大陸的房屋租約是法定要式契約，在城市房屋租賃管理法中明文規定…，法律不予保障。

3. 房屋租約是繼續性契約。房屋租賃當事人雙方的義務，均與契約的存續期間相關，時間作為契約的基本元素，因而房屋租約屬於繼續性契約。

二、租賃權的概念

為了對租賃契約有更深的理解，有必要介紹世界上有關租賃權的概念。租賃權（Leasehold）是相對所有權（Freehold）而言的。租賃權是承租人（Lessee，Tenant）擁有的對租賃物業的一種權利。對於租賃權，不同的國家有不同的理解。在一些國家，這種租賃權被認為是承租戶的動產（Personal Property），可以被出

售、交換和贈與。而在另一些國家它被認為是不動產（Real Property）。如果認為是不動產的話，租賃權的出售、交換和贈與必須有書面契約。除了因政府機關公用徵收或沒收之情況外，出租人將租賃物讓與第三人，承租人之租賃權不受影響,這即是所謂的「買賣不破租」。在中國大陸，雖然沒有租賃權這個名詞，但與租賃權對應的有出讓的土地使用權和出租的房屋使用權。根據中國大陸的法律，也可認為將租賃權歸為不動產。在某些國家和地區，租賃權可以作為擔保物業來進行抵押貸款（如中國大陸出讓的土地使用權）。由於承租人設定的租賃權抵押可能會損害業主的融資信用地位和物業的所有權。為了避免這種侵害，物業管理者應該熟悉當地的有關法律，在租約中明確規定：承租人不得出售、贈與、交換和抵押所有權，除非事先得到物業業主的書面許可。

(一)有年限的租賃權

有年限租賃權（Estate for Years）是大多數物業管理者在出租各類物業中經常採用的方式。有年限租賃權的租約是指租戶在一定的租約條款下，占有物業一段確定的時間，不管是 1 個月、1 年還是 10 年。這種租約有時稱作「規定時間的租約」。當租約指定的時間到期，這種有年限租賃權不需提前通知就可以終止。承租人必須馬上交還物業。有年限租賃權也可以繼承的，不因租賃雙方中的某一位死亡而終止。

(二)周期性租賃權

周期性租賃權（Estate from Period to Period）是指業主將房屋租與承租戶一段時間後可以自動續約相同一個時期的一種出租方式。這種租賃權的最常見例子是年周期租賃權。儘管月周期、周周期租賃權的形式也存在。要終止一個周期性租賃權，簽約一方必須提前給通知。通知形式和提前時間的要求一般由當地的法規確定。時間一般要在終止前至少 1 個月，至多 6 個月之間變化。這種租賃權也可繼承，不因租賃當事人的死亡而終止。

周期性租賃權的產生有兩種途徑。一種是租賃當事人在租約中明確寫明，如「年周期性租有」。另一種是承租戶在按規定的期限已經到期，仍然占有物業並

支付了租金，則法律認為是有效的。在這種情況下，租金支付的頻率將決定了租有周期。如果租金按月支付，則是月周期性租有。由法律規定所產生的周期性租賃權出現的多數情況是原承租戶擁有有年限租賃權到期後還占有房子不走。此時業主或某物業管理者可能選擇讓原承租戶留下來而沒簽新租約，並且同時收取租金。此時法律上就認定業主同意承租者占用。許多國家（包含台灣）的法律認為承租者新的租賃權如前租約所規定的長度，但最長不超過 1 年。中國大陸的民法，也認為這是一種推定形式的民事法律行為，也是有效的。

(三)不定期租賃權

不定期租賃權（Tenancy at Will）是指業主同意給予承租戶不限時間租用物業的權利。這種租賃權的產生和延續依賴於雙方的自願。過去，不定期租賃權可以未經提前通知而隨意終止。現在，一般要求終止一方必須提前以書面形式提出終止租賃的通知。不定期租賃權可以因任何一方的要求而終止。在中國大陸，公房租賃屬於一種特殊的不定期租賃權。雖然沒有確定的租期，但國家不能隨意終止租賃關係收回租賃權。相反，在拆遷時，還要進行使用權的補償。這是與中國大陸原有的收入機制有關係，公房裡已包括了人們應得的一部分關於住房的收入。

(四)默認租賃權

在國外，還有一種稱之為默認租賃權或強占租賃權。默認租賃權是指租戶在租約到期時，未經所有者的許可，強制繼續占有物業。除非業主訴諸法院或租戶自動搬離，否則物業將被繼續占用。如果當業主接受對方繳納的租金時，則表示業主默認對方以周期性的租賃權或不定期租賃權形式擁有對物業的租賃權。

三、租約的類型

租約因不同的目的，有不同的分類方法。我們這裡介紹的是按計租方式的不同，可將租約分成毛租約、純租約和百分比租約。

(一)毛租約

在毛租約的情況下，承租戶支付固定的租金，而業主支付所有有關物業的費用，包括房地產稅和其他有關物業的稅收、保險費和維修費等。至於水電費等公共事業費，則由租賃雙方協商，可由承租戶支付，也可由業主支付。毛租約經常用於公寓的出租，也有用於辦公樓的租賃的。

(二)純租約

純租約，也稱淨租約。純租約一般用於較長租期的租約。純租約主要指承租戶除了支付租金以外，還要承擔其他的費用。在理論上，存在 3 種純租約：單純租約、雙純租約和三純租約。其主要區別是：單純租約的承租戶只支付租金、水電費、房產稅和其他的稅收，雙純租約的承租戶除此以外，還要支付保險費，三純租約的承租戶在雙純的基礎上，還要加上維修費。在三純租約的情況下，承租戶承擔了物業的所有的有關費用。由於目前物業的用途越來越專業化，三純租約的使用越來越廣泛。特別是工業物業的租賃一般都採用三純租約的形式。

(三)百分比租約

百分比租約，有時稱作超額租約，是用於零售商業物業的出租租約。百分比租約租金的支付一般是基於年度來計算的。它要求承租者在支付一個固定額度的基礎租金的基礎上，加上承租戶總收入超過事先確定的最低銷售額部分的一個百分比。例如，一個百分比租約可能要求承租戶每月交基礎租金 1,200 元。再加上年商業收入超過 36 萬元的差額部分的 4%。在這個租約的條件下，一個年總商業收入為 72 萬元的承租戶需要固定租金以外的費用為（720,000 - 360,000）× 4% = 14,400 元。等於每月需多交 1,200 元。

百分比的確定沒有固定的模式，這取決於物業的性質、地點、承租者生意的類型以及總的經濟氣候。百分比租金的計算還可以採取固定百分比和變動百分比兩種方式。變動百分比是租賃雙方商定的百分比隨銷售額超額的數量的增加而減少，以達到鼓勵承租戶提高商業水準、擴大銷售的目的，以使租賃雙方都獲得相

對的好處。

四、有效租約的基本條款

(一)有效租約的基本條款

1.當事人姓名（名稱）及住所；

2.房屋的坐落、面積、裝修及設施狀況；

3.租賃用途；

4.租賃期限；

5.租金及交付方式；

6.房屋修繕責任；

7.轉租約定；

8.變更和解除契約的條件；

9.違約責任；

10.當事人約定的其他條款。

(二)基本條款分析

1.當事人姓名（名稱）及住所

租約既是契約又是房地產權益的轉讓證書。它必須包括租賃雙方的姓名並且有承租戶和業主或業主授權代表簽名。如果租賃當事人是一個組織或公司，則必須有該組織或公司的名稱並有該組織或公司的被授權人員簽名並蓋上組織或公司的章。當事人的住所也是租約的必要要素之一，因為除非當事人有書面改變住所的通知，這樣在涉及到以時間判斷違約責任時就可以有一個客觀的評判標準。法律判定租賃當事人之間的有關通知的送達都以租約上的地址為準。

2.物業的描述

(1)如果物業的出租包括了土地，則在租約中必須有精確的法律描述。如果出租的物業只是一幢大樓的一個部分，則只須提供大樓的地址及房間號碼。

(2)對於商業店面，除了地址、號碼的描述以外還必須有對承租戶使用的描述，除此以外還要有一張表示店面位置的平面圖附在租約後。

(3)一個租約的物業描述中可能需要規定對出租空間的間隔、裝飾、設施方面的要求以及費用的分擔方法。有時這些具體的要求會使租約顯得冗長和複雜，這樣租賃雙方可另立一個補充契約作為正式契約的有效附件。

3.租賃用途

租賃用途也是租約中的一個重要條款。例如在辦公大樓和工業物業租約中非常重要的一條限制性條款，限制承租戶使用房子「只能用於一般租約規定的用途，而不能用於其他目的」。住宅的租約也可以包含限制性條款，如限制住在此租賃物業中的人數。這些限制條款的用詞必須清楚和不含糊。因為法院是根據限制條款的含義來解決任何爭端的。如果沒有書面的限制性條款，承租戶可以將房子用於任何合法的用途。對於多用戶大樓來說，限制房屋用途的另一方法是制訂「大樓管理規則」。它規定了更為詳細的處理日常事務的方法，如承租戶如何使用公共場所、停車場和大樓的運營時間。這些規則是為了保護物業的良好狀態、維護物業的聲譽和安全，以及促進所有承租戶的和睦協調關係而設計的。

4.租賃期限

(1)租約期限的表達應該完整、明確，在說明整個期限長度的同時，寫明開始和終止日期。例如：租期 30 年，從 1996 年 6 月 1 日起，至 2026 年 5 月 31 日止。

(2)在租約期限的條款中常常涉及續租的優先權條款。此條款給予承租戶在規定的條件下，有權續約一段時間。優先權條款一般都規定了承租戶提前通知的時間要求，也確定了通知的形式、遞送方式、通知接受人、續約的期限以及租金多少等。

(3)在某些租約的租賃期限條款中還常常包含有允許承租戶在支付罰金後可提前中止租約的內容。有的租約中還有在租約期限到期後給予承租戶優先購買該物業的選擇權。

5.租金及交付方式

(1)租金支付的時間、數量、支付地點及收款人在租約中必須明確規定。

(2)有的租約規定了租賃保證金，作為承租戶期滿拒遷房屋、延付房租、損壞房屋給業主帶來損失的保證。保證金一般 1 至 3 個月。依甲乙雙方簽訂之契約而定。

(3)在此條款中必須加入一條「允許業主在必要時調整租金的條款」。這是一條極有價值的條款，在此條款之外，則不得以調漲房租為由而要求承租戶搬離。

租金率的調整條款有以下三種方式。

①逐步上升條款。這個條款規定了經過某個規定時間後租金可有一個規定的增長。例如，一個長期租約可能要求前兩年每月支付 400 美金，第 3 年起每月支付 500 美金，最後兩年每月支付 600 美金。逐步上升條款經常用於商業用戶，目的是幫助新的生意或新的專業人員在事業上的起步。

②指數條款。這個條款的特徵是將租金的調整與某種指數結合起來。最經常被使用的是物價指數。例如租約中可以確定：「現在每月租金 600 元，以後每年的月租金的變化要與物價指數的增長率相同」。除了物價指數以外，其他如基本工資，稅率、公用事業費率，以及物業的總的商業成本都可以作為租金調整的控制指數。

③重新估價法。這種租金調整的方法是在雙方同意的某個約定的時間，按出租房屋重新估價的租金值來調整原有的租金值。也就是租賃雙方同意接受「市場租金」。但這種估價必須由獨立的估價師來進行。

6.房屋的修繕責任

從前面對租約種類的討論中，我們知道只有三純租約，租戶才承擔維修費用。大多數居住和商業物業甚至一些工業物業的租約都要求業主負責所有使物業適合標準使用的必要修理。所謂標準就是當地政府規定的建築規範及其他規定。中國大陸的城市房屋租賃管理辦法中規定，「出租住宅用房的自然損壞或契約約定由出租人修繕的，由出租人負責修理」，「租

用房屋從事生產、商業活動的，修繕責任由雙方當事人在租賃契約中約定」。從這一規定中我們可以看出，為了避免不必要的糾紛，租賃雙方必須在租賃契約中明確列出各自的修繕責任。在這裡要注意以下幾點：

(1)修繕責任包括兩個方面，一是修繕的範圍，或修繕的內容，即哪些內容是出租人負責修理，哪些是承租人自己負責修理。例如承租人由於自己生活和工作的特殊需要，超過當地建築規範所規定的標準安置的設備設施及用具，應由承租人自己修理。第二是修繕費用的承擔。即每一次修繕費用誰來承擔。一般來說，誰負責修繕的範圍就承擔相對的費用，但有時會出現不一致的情況。

(2)由於過失損壞的物業，由過失責任人負責。

(3)修繕責任要與租金作平衡。即修繕責任範圍的大小，承擔費用的多少是和租金的高低是相關的。

(4)物業管理者在合法的前提下，應該草擬一個儘可能免除那些超出其控制能力的提供維修和服務的責任。

(5)租約中應說明，如果物業被出售，業主的責任在出售之日結束，除了承擔將保證金歸還承租方或轉移給新的業主的責任以外，其他責任均由新的業主承擔。

7.轉租的規定

中國大陸城市房屋租賃管理方法規定，「承租人在租賃期限內，徵得出租人同意，可以將承租房屋的部分或全部轉租給他人」，「房屋轉租，應當訂立轉租契約。轉租契約必須經原出租人書面同意」。儘管允許轉租會給業主帶來物業易於出租的好處，但也可能由於被轉租方（最終承租方）財務及商業狀況的不良導致出租方租金損失的風險不必要的法律糾紛。因此一般來說，大多數租約中都明確規定禁止承租方未經業主書面同意轉租房屋。

8.變更和解除契約的條件

城市房屋租賃管理方法中規定「有下列情形之一的，房屋租賃當事人可以變更或者解除租賃契約」。

(1)符合法律規定或者契約約定可以變更契約或解除契約條款的；

(2)不可抗力致使租賃契約不能繼續履行的；

(3)當事人協商一致的。

9.違約責任

(1)承租方的主要違約行為有：

①將承租的房屋擅自轉租；

②將承租的房屋擅自轉讓、轉借他人或擅自調換使用的；

③將承租房屋擅自拆改結構或改變用途的；

④拖欠租金；

⑤利用承租房屋進行違法活動的；

⑥故意損壞承租房屋的；

⑦租約終止後非法占有房屋的；

⑧其他違反雙方規定的內容；

(2)承租方違約時，出租方可採取的措施。在合約中可規定，一旦承租方違約，出租方可採取以下的措施：

①出租方在合約規定的時間內向承租方發出書面通知，說明違反合約的性質，要求出租方作出確實的努力，在合理的時間內去改正違約行為以免出租方採取終止租約的行為。

②如果承租方的違約可以用修繕或替換損壞的部分來解決，而承租方在合理的時間內未作這些修繕或替換，業主或其物業管理者可以進入房子並且完成必要的工作，並將工程實際的合理費用清單交給承租方，加在下一次租金上一並收取。

③承租方違約給出租方造成損失的，由承租方賠償。

④如果出租方選擇終止合約時，上述的修理費和賠償金可從保證金中扣除。保證金不夠時，承租方在接到帳單時需馬上支付。

⑤出租方有權透過法律訴訟的途徑來糾正承租方的違約行為。

(3)出租方的主要違約行為有：

①不能保障承租方合法使用房屋。如出租方的房屋有產權糾紛；在正常使

用範圍和期限內，出租方干預承租方使用或毀約等。

②不能保證承租方在租約規定的時間起實際占有。一般來說影響承租方實際占有的情況有 3 種，一是前承租方因種種原因還沒有搬走；二是前承租方雖然人走了，但東西還沒有搬走，甚至還有廢棄物沒有清除；三是出租方對租賃房屋沒有整修或整修未完成，因而沒達到租約規定或國家有關法規規定的標準。這三種情況都使承租戶不能實際占有，都是違約行為。但有時業主或物業管理者為了避免違約而引起法律糾紛，可以在合約中規定這樣的條款「如果承租方在租約規定的開始日期不能獲得實際占有，這不能算是損害，也不影響租約的有效性和其他條款，除了出租方將放棄租金至承租方能獲得實際占有為止。」以此來保護業主或物業管理者的利益。

③不能提供基本服務。由於出租方不能或不能完全提供基本的服務，在法律上會出現「推定驅逐」或「部分驅逐」的情況。「推定驅逐」是指出租方在提供基本服務方面的失職，造成承租方不能正常的生活或營業而必須離開另行擇居。「推定驅逐」的例子包括不能提供當地通常提供的熱和水，不修理已不能使用的房子等實質性的問題而使房子不能為承租方使用。「推定驅逐」為大多數國家的法律認定為終止租約、收回房子或賠償的基礎。「部分驅逐」是指承租方沒有搬出房子，但已不能按照租約規定的條件使用全部租用的房子。

(4)出租方違約時承租方可採取的措施：

①發出書面通知，要求出租方在合理的時間內改正錯誤。

②在合理的時間過後，出租方未能改正，承租方可以自行採取適當的措施以獲得所需要的必要服務，並可從應支付的租金中扣除因此產生的費用。

③承租戶也可能採取拒付租金，直到違約情況被糾正。

④對於出租方違約時，承租方可索取違約金，給承租方帶來損失時，應負賠償責任。

⑤承租方可透過法律訴訟來糾正出租方的違約行為。

*10.*當事人約定的其他條款

　　租賃合約中，當事人可根據各自的情況和要求，以及市場的情況商定某些條款。這些條款有：

(1)稅收與保險費的分擔。當今各國，越來越多的租約中包括一個「稅收分擔」的條款。這個條款要求承租方除了支付租金外，還要按一定的比例分擔任何稅收的增加（如房地產稅）。很顯然這種稅收分擔條款是對出租方的投資是極有價值的保護。保險費的分擔也與此類似。

(2)租戶的改建。通常，大多數租戶的改建是被認為是定著物（Fixture），是物業的一部分。在租賃結束時改建就作為物業不可分割部分歸出租方所有。為了避免日後的麻煩，租約中可規定：

①承租戶的改建必須經出租方書面同意。

②必須明確改建後新增部分的歸屬。

③必須明確改建費用的承擔。一般來說改建費用是由承租方承擔，但有時出租方對那些有利於提高自身物業價值的升級改建也會同意承擔部分費用。在這方面出租方或物業管理者要儘可能將改建認定為承租方本身的需要，從而避免承擔相對的費用。

(3)用於生意的定著物處理。一個商業或工業的承租戶可以有權設置用於生意的定著物，如招牌、燈箱等。一般將這些與生意聯繫在一起的定著物看作承租方的財產，可以在租約結束前或結束時移走。但是建築要恢復到租戶搬進來時的狀況。條款的用詞在允許承租方移走生意定著物時是很關鍵的。一些租約規定物業必須恢復到「租戶搬進來的情況」。而另一些卻要求恢復到「這個租約開始的情況」。這些詞語上的微小差別可能對出租方有很大的影響。如對經過幾個續約期情況的長期租戶來說，承租戶在第 1 個租約期安置了固定物，然後在第 3 個租約期內移走了。如按恢復到「這個租約開始的狀況」，承租戶被要求修復的僅是第 3 個租期內所作的改動，而第 1、第 2 個租期內作的改動就可以不包括在內。此時出租方（業主）就須自己承擔這些修復費用。

(4)保證金。一般租約要列出保證金的數量和種類以及在什麼條件下增加。保

證金的使用方法以及保證金利息的歸屬，各地規定不同，物業管理者應注意當地有關保證金的規定。

五、租賃雙方的權利和義務

(一)出租人的權利和義務

1.出租人的權利

(1)有按期收取租金的權利。

(2)有監督合理使用房屋的權利。這包括對改建裝修、轉租的否決權，合法使用的監督權及必要的進入權。

(3)有依法收回出租房屋的權利。有三種情況可依法收回，①是租賃期滿；②是對不定期租約要收回自住時，需提前通知並要安排好承租人的搬遷；③是承租人違約時。承租人違約違法情況在前面的章節已有敘述，這裡要明確指出的是欠租 6 個月以上，公有住宅無正當理由閒置 6 個月以上的，都符合收回房屋的條件。

2.出租人的義務

(1)保障承租人合法使用。

(2)根據契約對房屋設備維修。

(3)保證租戶不受干擾。

(4)有依靠租戶管理房屋，接受租戶監督，不斷改進工作的義務。

(二)承租人的權利和義務

1.承租人的權利

(1)有按約使用所租房屋的權利。

(2)有要求保障安全居住的權利。

(3)出租房屋出售時有優先購買權。

(4)有對房屋管理狀況監督和建議權。

(5)在出租人同意的情況下，有轉租獲利的權利。

2.承租人的義務

(1)有按期交納租金的義務。

(2)有按約定用途使用房屋，不得私自轉租、轉讓他人的義務。

(3)有維護原有房屋的義務。

(4)有遵守國家政府有關法規和物業管理規定的義務。

第三節　租賃行銷管理

不斷為物業增加收入是收益性物業管理者的最主要效能。增加收益的主要途徑之一是提高出租率。但是，除非潛在客戶能獲知此物業的存在，並被其吸引至該物業，否則，物業管理者有關各種租約的形式及性質方面的知識就無用武之地，增加收入也就成了泡影。因此，物業管理者必須善於利用各種行銷手段充分展示自己的行銷技能和行銷技術，使自己所管理的物業獲得最佳經濟效益。

一、行銷原則

市場行銷的兩個基本原則是「熟悉你的產品」和「新業務的最好來源是你目前的顧客」。這兩個原則不管對哪一種產品的推銷都是一樣的。熟悉產品需要周密的準備，特別對推銷房地產這種特殊的產品來說更是如此。而儘量地利用以往客戶的推薦，對任何產品的行銷，尤其是房地產的行銷都是至關重要的。為了貫徹這兩個原則，物業管理者要做好以下工作。

(一)出租空間的檢查。物業管理者在將待出租空間推向市場以前，必須事先對待出租空間進行仔細的檢查。檢查的目的是：第一，確保每一待出租空間均處於良好的服務狀態。對檢查中發現的一些缺陷能進行及時的整修。第二，使物業管理者全面、深入地熟悉自己所管的物業。檢查為物業管理者提供了一個了解整個建築、公共區域及設施的優缺點，以便有效地向客戶推薦。第三，為了使外界經紀人熟悉待出租空間的特性和格局，也需事先帶他們共同熟悉物業。這樣能充分發揮經紀人的效率，使物業管理者有可

能分享行銷成功的成果──佣金。

(二)重視現有租戶的推薦介紹。來自對物業管理者所提供服務感到滿意的現有租戶的推薦是花費最少、成功可能最大的出租物業的方法。不管這些客戶出於何種動機進行推薦，物業管理者都要感謝他們，並充分重視、積極鼓勵這種行為，要給予一定的物質或金錢的獎勵以致謝意。

二、行銷活動

一個完整的市場行銷活動可以分成三類：廣告推銷、形象宣傳和個人直接推銷。

廣告推銷是指客戶通過媒體的廣告，直接激起潛在消費者的需求和購買行動，而客戶為此必須支付廣告費的行為。形象宣傳是指不用支付直接的廣告費而獲得公開宣傳的方法。個人銷售活動是指行銷人員直接與潛在客戶接觸，完成交易的整個過程。所有這些行銷方法，都要服從業主及物業管理者的目標：儘快地以最合適的租金將房子租給信譽良好的客戶。

(一)廣告推銷

實現物業管理者行銷目標的第一步是有效的廣告推銷。一般來說，一個有著精心設計的廣告計畫推動的好產品，在市場上要比一般競爭者的產品要銷售得快，獲利也高。同樣，在市場上能得到較好展示其品質的物業要比類似品質的，但廣告推銷很差的物業有更好的租金回報。當房地產市場環境好的時候，精心策劃的有效廣告甚至可以使物業有高額的租金回報。

1. 廣告推銷的制約因素

物業管理者不能無限制、無選擇地大做廣告。一個有效的廣告推銷計畫受以下因素制約。

(1)物業類型。物業類型對廣告推銷策劃的影響最大。物業類型不僅是指住宅、商業、工業物業這種用途上的分類，也不僅是每一大類物業中不同等級等更小的分類，例如住宅中有內銷商品房和外銷商品房之分，外銷房中

又有公寓、別墅之分等；另外還指同一類，同一等級中的新舊物業之分。顯然，不同類型、等級的物業都有其特殊的潛在客戶來源。而新建成的物業需要比既有物業有更積極的初始出租競爭。所以對不同類型的物業要有不同的廣告推銷策略。用於每種類型的特定廣告策劃，通常同該廣告推銷所要吸引的潛在客戶的性質和數量有關。例如尋找公寓的家庭往往瀏覽報紙的分類廣告或在他所中意的區段尋找空屋出租的小廣告。而懸掛在辦公大樓上的待租標示牌、橫幅能有效吸引尋找辦公室的客戶。立在工業區附近主要路口的大型廣告牌，對吸引工業用戶來說也是一個有效的方法。

(2)供需關係。供需情況是廣告推銷策劃的第 2 個決定性因素。供需情況的不同可以導致對一個物業產生兩種不同的廣告推銷方法。在一個低空屋率或穩定的市場上，如果所管理的大樓在這個地區較為熱門，或者此大樓的租金率與顧客的消費能力相適應，則不需要大規模的廣告推銷來吸引潛在的客戶。然而，一個精心設計、印象深刻、通常花費較大的形象宣傳廣告卻可以加強此大樓的聲譽，因而增加對該大樓的需求並能保持較高的租金率。

當該地區的空屋率高時，廣告推銷就必須以儘可能快和儘可能多地吸引潛在客戶為目的。這種政策可能與某些物業管理者的想法相違背，在他們看來，商業狀況不佳時，應降低開支，削減廣告費。但事實上，避免將來損失的最好方法是加緊宣傳和促銷此物業。在高空屋率的市場上，廣告推銷的焦點、力度和頻率是不同於高占有率的市場的，此時需要吸引潛在客戶儘快來租用該物業。在這種情況下，廣告推銷強調眼前的結果要比長期的利益具有更重要的經濟意義。

(3)可用的廣告資金。第 3 個影響廣告推銷策劃的是可用的廣告資金，來自物業的收入對用於物業的廣告和促銷活動的各項資金有直接的影響。當全部廣告預算在管理契約中事先規定的話，則物業管理者廣告策略的採用是受到影響的。如何在現有的資金條件下選擇最佳的廣告策略，即以最低的成本獲得最大的目標客戶群，這就必須依賴物業管理者的市場分析和物業分析。因為透過市場分析和物業分析以後，就能對目標客戶的來源和市場對

特定物業的需求有了比較清楚的了解。根據這些有效資訊，結合可用的廣告資金，就可以選擇適當的廣告策略。

2. 廣告方法

物業管理者可以從眾多的廣告方式中進行選擇和組合，目的是使所商業的物業儘量地接觸目標客戶。在任何給定的市場情況下，由於資金的有限性，廣告媒介的選擇主要還是取決於所涉及物業的類型。下面簡單介紹一下推銷租賃物業所涉及的種種廣告方法，並從一般原則上說明哪一類技術和媒介對推銷哪一類物業最為有效。

⑴標示牌。標示牌是應用最為廣泛的廣告方式。相對來說，此方式成本較低，持續時間長。標示牌有各種形式：有豎立在交通要道的大型廣告看板，也有小型的燈箱廣告，可以是懸掛在大樓上的大型橫幅，也可以是商店櫥窗上的「出租」標記，甚至可以是在較大型物業裡設置的指示物業管理辦公室位置的標示牌，它可以使原租戶和目標客戶能方便地接觸物業管理者。一般來說，在主要交通要道設立的大型廣告牌是最有效地宣傳大型工業物業和商業物業的方式。橫幅大多用在待出租的新建或改建物業的本身建築上。不管什麼樣的標示牌，在性質上都是導向性的，即只載有一些基本的資訊、位置及聯繫方式。

⑵報紙廣告。報紙廣告也是租賃物業採用的主要方法之一。一般可以分成兩類：一類是分類廣告，另一類是商業廣告。分類廣告相對商業廣告要便宜一些。一般以地區的順序排列在報紙底部或中縫刊登。這是最流行的住宅出租的廣告方式，有時也用於零星的等級較低的辦公大樓和商店的出租。商業廣告比分類廣告更有視覺影響，這是由於它們所占的版面較大並經過精心設計。商業廣告在推銷新的高級辦公大樓、商場、公寓以及別墅上有較好的作用。有時大型住宅的營造商為使其新物業能儘快達到一定的租賃量，也會採用商業廣告的形式。

⑶雜誌和其他公共場所。本地雜誌和其他出版物也是房地產租賃廣告的可靠載體。有時非本地的雜誌刊登廣告也能獲得一些合適的目標顧客。但是這必須是該物業規模較大並且有足夠的非本地區的需求。如高級的辦公大

樓，外銷的豪華公寓、別墅就可以在非本地區性的出版物上登載廣告。另外還可以利用當地的公共場所，如體育比賽、大型音樂會和其他熱門活動作廣告。這種方法在出租住宅、商業和工業物業中都很有效。

(4)電台。電台的費用一般較高，初看起來它的聽眾很多，但絕大多數聽眾不是目標客戶。因此，對單位目標客戶廣告費的仔細分析，在利用電台作廣告時是很關鍵的。特別是在中國，目前收聽廣播的人數越來越少。因此很多情況下，這種方式得不償失。

(5)電視。電視廣告能同時給人以視覺和聽覺影響，因此效果最強。但瞬時性、昂貴性的缺點使人們對電視廣告效果的看法差別很大。這裡，物業的類型和可使用的廣告資金顯然對任何使用電視廣告的決策有很大的影響。由於電視是最昂貴的傳播媒介，物業管理者必須仔細研究該地區房地產市場電視廣告的成本效率。如果作為物業管理者決策指南的、可比較的電視廣告成本效率的案例找不到，為保險起見，則一開始只以一個試探性節目，用來測定電視廣告成功的可能性。

(6)郵寄廣告。郵寄廣告的方式一般為工業物業、辦公大樓及商業物業的業主所喜歡。有時在推銷高級的外銷公寓和別墅方面也較有效。但由於在圖案設計、印刷和郵寄方面的成本很大，為了提高其有效性，要注意以下幾點：首先是郵寄的對象必須是物業真正的目標客戶；其次，郵寄的名單還要包括當地主要的商業該類物業的經紀人；第三，廣告冊（單）的設計要適合目標客戶的地位、興趣及收入水準。精致昂貴的宣傳冊未經選擇地寄給一個廣大的讀者群將是極大的浪費；第四，廣告冊應該有一個明確的主題，這個主題應反映在小冊子的標題、效果圖及說明中。第五，外觀別緻、圖示簡潔、文字精煉並緊扣中心主題。

(7)組合廣告。廣告推銷不應該侷限於單一媒介，一般可根據需要選擇幾種媒介的組合。如送給經選擇過的工商企業的郵寄廣告，可以與安置在物業附近的大型廣告牌，以及該物業大廳內的標示牌相結合。但無論什麼媒介組合，如果能配合一些長久性的參照物，如在建築上設置管理集團的標記或在電話黃頁本上登載該物業的廣告，可使行銷競爭更富有成效。

(二)形象宣傳

1. 形象宣傳的方式

很多潛在的目標客戶為某個物業所吸引或對該物業感興趣，經常是因為該物業和管理此物業的物業公司在公眾中的良好聲譽。因此加強物業的形象宣傳，提高物業的聲譽極為重要。在這方面，物業管理者主要可以從 3 個方面來開展工作：

(1)保持與社交界、新聞界以及社會公眾之間的良好關係。這種關係的建立可以透過積極主動地與各社會團體聯繫，參與他們的活動並交流分享各自的專業經驗。

(2)準備新聞稿供發表。物業管理者可以以自己的名義寫一份有趣的、有事實根據的「小文章」來分析一個他們完成的交易案例，一個建設性的建議，一個培訓方面的成就等，而這些內容又都是當前公眾關心的社會熱點或所願意了解的資訊。這種新聞稿應該強調物業有意義的特徵。例如規模、設施、歷史上的重要性、新用途的特點，以及那些不同凡響的建築藝術特色。這種形式的新聞稿在開始出租新的大型商業和大的住宅社區項目上特別有效。

(3)利用電視作宣傳。電視經常可被用於新的大型項目的開工、封頂和落成典禮的宣傳。如果物業管理者有機會、有能力做到這一點的話，應儘量抓住這種機會。

2. 形象宣傳的優點

形象宣傳相對於廣告來說，其主要優點是：

(1)宣傳從本質上來說是免費的。它僅花了物業管理者撰寫文章和其他必要的公關工作的時間和努力。

(2)能得到廣泛和影響深刻的宣傳。使物業和物業管理公司迅速地為目標客戶所了解。

(3)公眾可信度強。由於本質上的免費性使得其比付費廣告具有更高的公眾可信度。

一個出色的形象宣傳的優點如此之多，以至國內外許多物業管理公司經常僱傭獨立的真實客戶公司為他們出謀劃策。

(三)個人銷售活動

由於所有行銷活動的最終目的是與客戶締結租約。也就是要與客戶直接打交道才能完成行銷工作，這就需要個人的銷售活動。個人的銷售活動包括兩個方面，一是與獨立的房地產經紀人（公司）的合作，二是物業管理者直接與有意向的客戶打交道。

1. 與代理商、經紀人合作

推銷住宅、商業以及工業物業最有效的方法之一是與外界的獨立經紀人、代理商合作。特別在出租一個新的或相當規模的物業時，與外界經紀人的合作特別有效。但與外界經紀人合作時必須要注意以下幾點：

(1)選擇有信譽的主要經紀人。經紀人的信譽、能力對物業的行銷至關重要。只有有信譽的經紀人才能有較大規模的客源，而有能力的經紀人能使潛在的客戶變成符合業主需要的現實客戶。另外經紀人的信譽不佳還會給業主帶來時間和金錢損失的風險。

(2)向經紀人提供與物業有關的詳細資料和資訊，使經紀人能充分熟悉和了解該物業的情況及物業業主及管理者的意圖。

(3)雙方事先要就合作方式、各自的權責以及佣金分配等內容達成明確的協議。這是至關重要的一步。如果在合作之前，這些條款不明確，會給今後的工作帶來很多麻煩。這種協議的達成有兩種方式：一種是物業管理者與經紀公司事先就簽有協議，到時就按協議執行；另一種是一些經紀人找到合適的客戶時，在沒將客戶帶來見物業管理者之前，先與物業管理者就他的條件，特別是佣金分配方案達成書面協議，然後才將客戶帶來。除非經紀人是買方的獨家代理，否則事先明確的協議是不可少的。

(4)創造條件便於外界經紀人接觸了解物業。這可以透過個別介紹或者安排樣品屋來展示出租房間的特徵。

2. 直接銷售

除了與外界經紀人合作以外，物業管理者的直接銷售也是租賃的主要途徑之一。當有意向的客戶來到物業管理者的辦公室或來到此物業時，行銷的第一個過程——尋找客戶，已經結束了。物業管理者的任務就是說服

這個對此物業有一定興趣的客戶，使其確信此物業是本地區任何物業中對此客戶是最適合的。為了做到這一點，物業管理者需要銷售技巧。這些技巧包括了解有意向的客戶、創造興趣和欲望、處理異議、如何談判及達成協議，下面作具體的介紹。

(1)了解客戶。具體從以下幾個方面對客戶進行了解：

①了解客戶的真正要求。如客戶對面積、房間數、能接受的租金範圍、停車和交通方面的要求以及對各種設施的要求。當那些客戶的要求與你所提供的物業大相逕庭時，物業管理者應該實事求是地答覆客戶，即與其浪費時間帶客戶去看屋，還不如把客戶的姓名、地址、電話記下來，事後了解一下同一公司管理的其他物業中有否合適的地方。如果客戶帶著對此物業以及管理公司的良好印象離去時，則他可能以後會為自己或朋友的需求再次光臨的。

②了解客戶搬遷的迫切性。即什麼時候打算搬遷？他的搬遷是否是必要的，還是可搬可不搬？有哪些因素會影響（增加或減少）這種迫切性？了解這些資訊，對接下來有關租約的談判是很有幫助的。

③了解客戶的決策因素。客戶在作決策時的決策因素是各不相同的。有的注重金錢，有的注重聲望，有的注重外表，甚至有的特別注重所謂的「風水」。因此與客戶接觸時要能儘可能地掌握這些促使客戶作決策的決策因素。

④了解客戶是否是最終的決策者。特別是與商業及工業物業客戶打交道時，更要知道誰有權利最終決定租用此空間。物業管理者應努力使主要的決策者儘可能早地介入交易中。但注意避免使最初的接觸者有疏遠感而形成不必要的阻力。

(2)創造興趣和願望。如何來加強客戶的興趣，使其產生租用此物業的強烈願望呢？物業管理者親自帶領客戶看屋是一個有效的方法。儘管在看屋以前，物業管理者會對物業作各種介紹，但百聞不如一見。只有透過實地看屋，才能充分展示房子真正的好處，給客戶以直觀而深刻的印象，從而激起客戶租房的願望。為了做好這項工作，看屋時必須注意以下幾點：

①選擇物業最具優勢的路線，給客戶一個良好的總體影響。

②有效地介紹，適時指出那些使客戶感興趣但不一定注意到的各種設施和服務，增加客戶的滿意度。

③給客戶看乾淨的、適於出租的空間。凌亂骯髒的空間將給客戶帶來不良影響。

④控制看屋的數量。不能讓客戶看太多的空間，要有針對性，一般不要超過3間。如果有太多的房間出示，一方面將使顧客無所適從，難於決策；另一方面將使客戶產生疑問：「為什麼有這麼多的房間空置，是否有什麼不了解的問題」；另外也會使客戶在租約談判時提出過高的要求和條件。

(3)處理異議。客戶在看屋的過程中肯定會提出這樣那樣的問題，這是很正常的。如何處理這些異議，也是行銷工作能否順利進行下去的關鍵。要正確處理異議，物業管理者必須注意以下幾點：

①事先做好充分的工作準備，這包括事先對房間的仔細檢查，及時改正，或者在一開始就對客戶要求作深入了解。這樣使物業管理者能做到「胸有成竹」，能給出及時、圓滿的答覆。

②對確實存在的問題要坦率地承認並作出確切的承諾，這反應了物業管理者的誠實態度和專業精神。

③對顧客提出的過高要求，不宜予以反駁，可答應在商談租約時進一步協商。

在異議方面的處理不當，會導致交易的中斷。然而，不幸的是，許多物業管理者沒有認識這方面的重要性，沒有著重於目標客戶的特殊需要，結果導致交易的失敗。物業管理工作千頭萬緒，包括各種效能，理解每一位客戶的確切要求是其中最重要的效能。

(4)出租中心。在房地產行銷的過程中，建立出租中心的做法越來越普遍，儘管費用較大，但位置佳、配有稱職的專業人員並穩定運轉的出租中心，是推銷大型住宅和商業綜合大樓的最佳途徑。是否建立出租中心要取決於欲出租物業的數量、達到一定出租率的期望時間、預期租戶的周轉率以及競

爭者的情況等。

出租中心一般都設有供參觀的樣品屋。樣品屋的裝飾必須符合目標客戶的
口味。對樣品屋的位置有兩種不同的看法，一種認為應設在本大樓的最佳
位置，以增強它的吸引力；也有認為設在本大樓最少吸引人的區域，並宣
布該樣品屋本身就可以出租。如果該樣品屋出租，則另一個較好位置的房
間又可裝飾成樣品屋，這樣可以加快出租的速度。

每一個出租中心需要一個單獨分開的、配有桌子椅子進行談判簽約的地
方，目的是避開吵雜的人群，能向客戶提供私密和周到的服務。如果沒有
設立出租中心，則在客戶看屋以後，物業管理者應將客戶帶回辦公室進一
步討論雙方關心的細節。

三、談判和簽約

所有行銷活動的最終目的是簽訂一個符合業主要求的租約。如果其他的行銷
活動做得很好，而在簽約階段沒有處理好，則會出現兩種情況：一種是客戶沒有
簽約而離去；另一種是雖然簽了租約，但這個租約帶有很大的風險性。這兩種情
況不論出現哪一種，都會使整個行銷工作功虧一簣。因此，可以毫不誇張地說，
在邁向成功的過程中，在客戶初步表示興趣後，物業管理者在談判與簽約階段的
管理工作更顯重要。

整個談判與簽約階段可以分成四步：引導客戶，鑑別客戶，談判條款，簽
約。下面分別作介紹。

(一)引導客戶

租用房屋對客戶來說也是一項重大決策，一是涉及金額比較大；另外，客戶
一旦租賃下來感到不適合，再搬遷會帶來很大的麻煩和損失。因此客戶在作決策
時都比較慎重。一般來說，一個客戶至少需要作兩方面的判斷和決策：第一，所
看的房子在此價位上是否合適？第二，是否當場決定？

因此物業管理者在此階段要做的工作或者目標是緊緊圍繞這兩個方面來引導

客戶，使客戶在這兩個問題上作出肯定的有利於業主的回答。在這方面有一些成功的技巧值得採用：

(1)封閉問題法。封閉問題法的本質是有意識地使客戶在這個或那個方案之間作決定，而不是在「是與否」、「同意不同意」中作選擇。例如在帶領看屋時，物業管理者只能問「你喜歡哪一間？」而不能問「你決定租嗎？」「是與否」的提問容易使租賃過程中斷，而在多項肯定答覆的選擇中，可以使過程延續，轉到解決具體問題的談判中去。

(2)好處強調法。在整個看屋過程中要適時指出所看屋子的好處，並反覆強調這些好處正是客戶所需要的。這種方法對一些猶豫不決的客戶來說是很有效的。

(3)提供完整的已填好的租約。這種方法對一些商業物業的出租更有效。這樣做有兩個好處。第一，完整的租約提供了雙方談判基礎；第二，對於出租人（物業管理者、經紀人）來說，由於有現成的租約作依據，所以在回答客戶問題時能夠有自信心，給客戶以良好的專業形象，從而產生信任感。

(二)鑑別客戶

客戶的鑑別工作是一項極其重要的工作，它可以使締約工作更有針對性、有效性和準確性，能收到事半功倍的效果。客戶的鑑別工作在客戶一來到物業時就開始了，上一節的了解客戶就是客戶鑑別工作的基礎。這一階段的客戶鑑別主要著重於客戶的身份、租賃歷史和客戶的財務狀況以及長期的營業目標的審核。租戶的鑑別主要透過填寫租賃申請表和資料評估兩方面進行。

1.填寫租賃申請表

租賃申請表是客戶鑑別的最主要方法和資訊來源。一張設計完善、針對性強的申請表能向物業管理者提供許多有用的資訊。因此任何有意向的客戶，不管是租用住宅、辦公樓、商場或工業物業都應該填寫租賃申請表。這種申請表的內容隨著客戶的性質及業主的要求不同而不同。但是，不管內容如何不同，在一些主要方面，例如對客戶的身份、租賃歷史，以及財務狀況的了解應該是一致的。

下面舉兩個租賃申請表的例子：

⑴住宅租賃申請表。它包括的主要內容為：客戶目前的住址和聯繫電話，租戶的身份證號碼，租戶的工作經歷，租戶的銀行融資信用證明，租戶配偶的工作情況，租戶目前房東的姓名、地址及聯繫電話。

⑵工商業用戶租賃申請表。它適合於辦公大樓、商場和工業用房，它包括的主要內容為：公司的地址，法人的姓名、聯繫電話，公司的組織結構及財務體系，銀行的融資信用證明，過去幾年的財務報告。

2.資料評估

在客戶填寫申請表以後，接下來的工作就是對申請表的內容或資訊進行評估。

資料評估一般圍繞以下方面進行：

⑴身份認定。這裡的身份認定，不僅是對租戶的身份證等有關證明的核實，其主要的目的還在於以下兩方面：

①確認客戶的相容性和相宜性。因為一個租戶的滿意程度不僅在於物業管理者所提供服務的優劣，而且在某種程度上還取決於租戶整體之間的相容性和相宜性，這就是說租戶的家庭情況或生意性質要與此物業的其他租戶相容和相宜。相容是指互相能接受和相處，相宜要求更高，不但要求平安相處，而且要能互補互利、相得益彰。對身份的認定，主要是要滿足相容性。

②確認客戶租賃身份的合法性。例如，中國大陸有關法規規定，內銷房不能出租給外國人；私房不能出租給國家機關、團體、軍隊和企事業單位等。當然身份認定本身不能違反相關的法律，如有些國家制訂的公平居住法、公民權法以及中國大陸的憲法等法律規定，物業管理者必須熟悉當地法令在這方面的規定。

⑵租賃歷史。客戶的租賃歷史對物業管理者或業主的最後決策有重要影響。一個家庭或公司若在以往的歷史中頻繁地改變住址，一般被認為其租賃風險較大。理由如下：首先，高頻率的周轉率將導致管理成本的增加，這包括行銷費用，維修費的增加等；其次，高頻率的周轉率也會對其他的租戶

產生負面影響，他們會懷疑這裡的服務和價格是否沒有其他地方好，同時頻繁地搬家也給其他租戶的生活或工作帶來不便。特別是商業和工業用戶，由於各自生產商業的性質不同，對所租用的房子會有特定的要求。因此，每一次變動後，業主或物業管理者需要作較大的變動來滿足新租戶的要求，這樣無論從成本角度或管理角度都帶來較多的問題。因此，工業和商業物業的管理者或業主會更重視租戶的租賃歷史。

對租戶租賃歷史的評估，不僅要看其穩定性，還要看租戶的成長性或擴展性。將房子租給那些近期處於迅速成長階段的租戶是不太明智的，因為這些租戶大多帶有臨時居住的特徵。因此，物業管理者必須仔細地評估這些情況。

(3)財務狀況。在評估客戶資料時，業主或物業管理者最感興趣的是查核有關客戶財務狀況的證明資料。對客戶的財務狀況的查核，根據需要可分成兩類：簡單查核和詳細的查核。

①簡單查核。對一個居住物業的租賃客戶，如果其各方面條件合適，租金數量不大，租期不長，則只需要作簡單查核。即對於申請表中有關銀行融資信用和雇主的內容，用電話就表格中的情況查核一下即可。

②詳細查核。一般來說，對商業或工業物業的租戶要求有較詳細的融資信用查核。這種調查可以通過以下幾個方面來進行：透過專業的融資信用調查公司提供租戶的融資信用報告，這種融資信用報告除了提供租戶的財務狀況以外，還將提供客戶的支付方式、支付習慣，是否經常拖欠款等內容；另外也可以透過當地的行業協會、商會或客戶的主要供應商了解客戶的財務狀況及社會信譽方面的資訊。

在詳細核查中還要弄清楚工商業客戶的企業組織結構和財務體制。特別是對某些大公司的子公司、特許公司等，要了解他們之間的財務責任關係。因為很多子公司、特許公司的財務是獨立的，總公司沒有責任承擔這些小公司財務上的債務。

查核客戶財務狀況的目的是顯而易見的，主要便於業主、物業管理者選擇客戶時作決策。對那些財務狀況不佳、信譽不好的客戶要加以小心，一般

最好加以拒絕。

(三)談判和協商

　　租約條款的談判或協商是一項至關重要的事情，租賃雙方都會在此階段盡最大可能地爭取自己最大的利益，並使這種利益反映在租約的條款中。每一方都有自己最大的期望值和最低可接受值。物業管理者的談判水準就反應在既使客戶能接受，又要使自己的利益儘可能地大。這裡簡單介紹談判的技巧或需掌握的要點。

　　1. 談判的技巧和注意要點

(1)物業管理經理應控制談判全程。由於談判或協商是租賃雙方一系列互相妥協讓步的過程，如果物業管理經理不能對談判或協商的全過程加以控制，則交易就有可能流產。如何能控制全過程呢？除了保持資訊管道暢通以外（如由外界經紀人談判），關鍵在於物業管理經理的職業形象和豐富的專業知識。物業管理經理在談判過程中顯示出對專業知識的精通和優良的職業形象，會使租賃客戶對其產生很強的信任感。

(2)簽約前，業主與客戶一般避免接觸。由於物業管理者就是業主僱傭來防止和解決可能引起拖延甚至破壞交易的各種矛盾和衝突的，因此在簽約前業主與客戶一般不要接觸。這樣做的好處是：可以充分利用代理人（物業管理者、經紀人）的經驗、知識和技巧；避免租賃雙方極易發生的直接衝突；有充分的時間來分析客戶的要求，並在主要點上作出令客戶滿意的答覆；代理人有避免讓步的推脫或回旋的餘地，此時，他往往可以打出「業主恐怕很難同意」的招牌。

(3)讓價幅度不宜太大。讓價幅度過大反而會使顧客降低對你的信任度，造成談判中討價還價的持續。

(4)要有充分的自信心。在談判過程中，要表現充分的自信心，相信自己所說的每一句話。只有這樣，你的自信才會感染客戶，增加對你所講內容的信任度。

(5)喜怒不形於色。在談判過程中，要盡力不將自己的不安或喜悅表露出來，否則會給談判帶來不必要的障礙。

(6)讓客戶感到你是站在客戶立場上的。談判過程中，物業管理者要時時把握
說話的技巧，讓客戶覺得你是為他考慮的，這樣能消除不利的對立情緒，
容易將談判引向有利於自己的方向。

2.讓步

在租約條款談判的過程中，不可避免地要涉及到讓步。讓步的目的是
很明顯的，就是為了順利簽約。因為必要的讓步可能會減低客戶在某些問
題上的壓力，使談判走出僵局。在很多情況下，有些讓步對業主來說花費
不大，但對客戶卻有價值（包括心理價值）。在這樣的情況下，如果不從
業主的整體利益出發，不放棄一些對業主來說價值不高的內容，則很可能
會使談判破裂，最終使業主什麼也得不到。

讓步的控制因素及注意點簡述如下：

(1)讓步的控制因素。讓步不是隨意的，不是任何讓步都可以作出的，這裡的
控制因素為：業主的財務和戰略目標、本地市場的競爭情況、客戶搬遷的
緊迫性。物業管理者的任務就是在這三種因素的影響下進行平衡，作出相
對的讓步。

(2)讓步時應注意：不要作出超出業主所能承擔的讓步，這是因為每一種讓步
都和金錢有關，都會影響出租物業的經濟價值；每一次讓步都要表現出某
種程度的不情願，這樣做的目的是增加這些讓步在客戶心目中的價值，並
且減少客戶提出進一步要求讓步的可能性；注意讓步引起的連鎖反應，因
為給一個人的讓步可能要給所有的人，包括原來的租戶。

3.談判所涉及的一些主要條款

(1)租金。談判時，最重要最複雜的條款就是確定租金。對業主和物業管理者
來說，是不希望降低租金的，但市場競爭又迫使他們不得不這樣做。此時
一個正確的決策是，必須同時考慮出租空間的價值和整個租期的費用。接
受一個不能回收費用的低租金客戶或接受一個很少甚至沒有利潤的長期租
約對業主來說比閒置還要差。物業管理者必須清楚地知道，輕易降低租金
會導致租金結構的整體下降，導致物業價值的下降，因此物業管理者必須
慎重地對待租金折扣讓步。這裡有兩個技巧可採用：

①暫時減免租金。臨時免費租金是平衡租戶的需要和目前市場條件的最主要的讓步手段。物業經理在提供一次性和一個短期的折扣的同時，設法保持了原來的租金結構。這樣可以保持原物業的價值，而且降低租金所帶來整個租期的損失一般將超過臨時免費租金的損失。

②降低租金或打折扣的談判必須個別進行。這是因為不是所有的客戶都想得到讓步，也不是所有的客戶應得到同樣的讓步。如果讓步不是個別進行的話，則對一個人的讓步會影響其他人提出類似的要求，或使一些客戶提出不切實際的要求，因而會帶來一系列管理問題。

(2)租期。在談判租期長度時，以下原則可作為物業管理者參考：

①對於住宅來說，除非在租約中有逐步加租的條款，否則通常租期不超過1年。

②對重新改造地區的翻新建築，為了吸引客戶可以給那些可靠租戶2～3年的租期，因為他們的存在可以提高該街區和該物業的聲譽。

③辦公室、商店的租期一般為5～10年，而工業物業一般為10～25年甚至更長。這裡，物業管理者掌握的談判原則是，租期的長短要保證至少能回收為租戶所作的特殊改建費用。

④對長期租約，租金逐期上升的條款對業主有利；而按比例收取租金的租約只有對那些聲譽、前途看好的大公司租戶才值得採用。

⑤續約優先權在本質上也是一種讓步。因此續約優先權一般考慮給那些能提高物業聲譽或能吸引客流量的工商業租戶，而其他客戶的續約優先權一般要以提高租金或其他對業主有利的條件作為交換。

⑥當租戶在租約中要求有提前終止全部空間或縮小租用面積的條款時，一般業主要對此條款伴以一定量的罰款和堅持租戶支付業主為其所作的特殊改建費用。

(3)擴張優先權。所謂擴張優先權是指答應某個客戶在將來某個時間有權優先租用鄰近空間的權利。這種優先權在住宅中較少見，但對於那些成長中的工商企業來說是一項很有價值的讓步。一般來說，空屋率越低的物業就儘量避免給予擴張優先權的讓步。

(4)非競爭租戶的約束。這個條款是保證租戶在這個物業內有獨家商業某一行業的特權。這個條款在零售商業物業的租賃中很多見。一般來說，如果非競爭租戶的約束在其不損害業主利益或客戶打算支付額外費用作為補償的話，這樣的讓步是可以作出的。但這個條款如果排斥對物業有價值的租戶時就不能答應，特別是大型的購物中心，它本身就需要許多商業同類商品的類似小商鋪來刺激營業和鼓勵競爭，從而吸引大量的客流。

(四)簽約

經過租戶鑑別，確定符合要求的客戶後，再透過租賃雙方的談判和協商，此時，如果租約的全部價值與讓步所帶來的損失相比是值得的，則租賃雙方就可以簽約了。

簽約時，一般要預收租金和保證金，並且發給大樓管理原則，進一步明確雙方的權利和義務。至此整個行銷工作就結束了。剩下的問題是如何辦理入住手續和處理好租賃雙方今後的關係。

複習思考題

1.物業租賃的定義是什麼？

2.房屋租賃的法律特徵是什麼？

3.簡述租約的含義及法律特徵。

4.什麼是租賃權？

5.按計租方式的不同，租約可分成哪幾類？

6.租金率的調整有哪幾種方式？

7.房屋的修繕責任應注意什麼？

8.租戶的改建應注意什麼問題？

9.簡述租賃雙方的權利和義務。

10.什麼是市場行銷的兩個基本原則？物業管理行業中如何應用這些原則？

11.完整的市場行銷活動包括哪些？它們各自的含義是什麼？

12.廣告推銷有哪些制約因素？

13.形象宣傳的優點有哪些？

14.與外界經紀人合作時必須注意哪幾點？

15.鑑別客戶包括哪些內容？

16.身份認定的目的是什麼？

17.簡述客戶的租賃歷史對物業管理者或業主最後決策的影響。

18.談判的技巧和注意要點有哪些？

19.如何理解非競爭租戶約束的概念？

第十一章
物業風險管理與保險

第一節　風險管理理論

一、風險理論

(一)風險的定義

風險的同義詞有很多，人們常常從不同的角度和不同的面向去定義風險。從管理角度來說，所謂「風險」，是指發生某種不利事件或損失的各種可能性的總和。此定義給出了構成風險的三個特徵：

1.風險的負面性

即風險是與損失或不利事件相聯繫的，沒有損失就沒有風險和風險管理。

2.風險的不確定性

風險是與偶然事件相聯繫的，即發生不利事件或損失是不確定的，是可能發生也可能不發生的。這種不確定性表現在以下方面：(1)風險發生頻率的不確定性，(2)風險發生時間的不確定性，(3)風險發生空間的不確定性，(4)風險導致的損失程度的不確定性。

3.風險的可測性

凡是風險都是與特定的時間和空間條件相聯繫，從此角度來看，風險事故的發生是可以測定的，這就是風險的可測性。這種可測性也就是數學或統計學所說的概率或機率。所以，風險可以透過大量的觀測結果來解釋其潛在的必然性。這種風險的可測性是保險公司能夠經營保險的基礎。

(二)風險的類型

風險的類別是根據不同的標準或參照物，對風險的內容進行適當的歸類和劃分的結果。從物業管理的需要來說，主要介紹以下幾種分類：

1. 純粹風險與投機風險

這是按照損失的性質來分的。純粹風險是指只有損失機會而無獲利可能的風險；而投機風險是指既有損失機會，也有獲利可能的風險。例如，房屋所有權人遭受火災損失，這是無利可得的風險；而購買股票，既有股票上漲而獲利的可能，也有股票下跌遭受損失的可能。

2. 財產風險、責任風險與人身風險

這是依風險的對象來分的。財產風險是指一切財產發生損毀、滅失和貶值的風險。責任風險是指對他人遭受的財產損失或身體傷害，在法律上負有賠償責任的風險。人身風險是指人們因生、老、病、死而遭致損失的風險，這種風險的產生時間是不確定的。一般來說，財產風險和人身風險比較容易了解和控制，但責任風險則比較複雜且難以控制。

3. 自然風險、社會風險、政治風險、經濟風險和技術風險

這是按風險發生的原因來分的。自然風險是指由自然因素和物理現象造成的實質性風險，例如，火災、洪水、雷電等造成損失的風險。社會風險是指由於個人或團體的不可預料的反常行為造成的風險，如盜竊、罷工、動亂等所帶來的損失。政治風險是由於種族、宗教、政治勢力之間的衝突、暴亂、戰爭而導致的風險。經濟風險是指在商品生產和銷售活動中，由於經營不善、市場預測錯誤或者市場情況的變化而導致的價格漲跌、產銷脫節等風險。技術風險是指由於技術進步、技術結構及相關因素的變動而導致的設備無形損耗、工人結構性失業、產品被迅速淘汰等風險。事實上，上述五種風險很難嚴格區分。自然風險、經濟風險、社會風險因積累過久，處理不當，很可能導致政治問題而引發政治風險。自然風險、社會風險、技術風險又通常伴隨著經濟風險。

4. 基本風險與特殊風險

這是從風險影響的程度和範圍來分的。基本風險是指影響整個社會或社會主要生產部門的風險，這種風險從本質上不易防止。特殊風險是指影響個人或企業的某項特定的風險。特殊風險發生的原因多屬個別現象，其結果侷限於較小的範圍，本質上較容易控制。

(三)風險產生的條件和成本

　1. 風險產生的條件

(1)有形的客觀因素。這是指由地理、物理等客觀條件的差異性而可能導致損害的因素。地理的因素如，建築物所在的位置如果處於地震帶，則受到地震損害的風險就比較大。物理的因素如，擁有易燃、易爆原材料或產品的工廠就有很大的火災風險。

(2)無形的主觀因素。這是指由於人的道德心理因素而引發的損害因素。如人的惡意行為、不良行為或無意疏忽過失而引發的損失，比如故意縱火、破壞、亂丟煙蒂、違規操作電器設備等行為。

　2. 風險產生的成本

　　　風險成本是指人們在處理風險過程中所付出的代價或遭受的損失。人們在處理風險時，必須對風險的成本進行分析。只有對每一風險成本有所了解，才能選擇成本最小的方式，有效地控制風險的發生。一般來說，風險成本包括以下三項內容：(1)防範、分散或轉移風險的費用；(2)風險帶來的損失及處理費用；(3)風險的社會成本。風險的社會成本比較難以估計，另外作為企業和個人來說，無形的社會成本對於他們沒有直接的影響，因此，在考慮風險成本時，人們一般不考慮社會成本的影響。

二、風險管理理論

(一)風險管理的定義

　　風險通常與損失相關，物業管理者很有必要藉由管理來防止損失的發生，減輕損失發生的影響程度，為業主獲取最大的利益。這種有目的、有意識地通過計畫、組織和控制等管理活動來避免或降低風險帶來的損失，就是風險管理。確切地說，風險管理就是利用各種自然資源和技術手段對各種導致人們利益損失的風險事件加以防範、控制以致消除的全部過程。其目的是以最小的經濟成本達到分散、轉移、消除風險，保障人們的經濟利益和社會穩定的基本目的。

(二)風險管理的步驟

通常來說，風險管理的整個過程可以分成識別、評估、控制、檢查與調整四個步驟。

1.風險的識別

風險的重要特徵是它的不確定性和潛在性，不易被人們感受到或了解到。因此，風險管理首要的就是要識別風險，也就是要根據某種科學方法去認識和區別風險。這些科學方法通常有：問卷調查、財務報表分析、審查組織的相關數據和文件、對設備和設施的自檢、企業內外專家諮詢等。在識別時可以運用其中一個方法，也可以同時兼用幾個方法。運用這些方法的目的不在於重溫過去的損失，而在於分析未來損失的可能性。例如，物業管理公司可以對其所管轄的房屋、設備和設施進行全面的調查，了解掌握產生各種風險的潛在因素；也可以向風險專家（如保險公司的專業人員）諮詢，掌握了解各種風險的存在和發生可能性的大小。

2.風險評估

進行風險評估的目的是為了對帶來不同程度損失的風險採取不同的對策。風險評估就是應用各種機率與數理統計方法，測算出某一風險發生的頻率以及損害程度，既包括直接損害程度，即防範和處理風險所消耗的人財物，又包括與直接損失相關聯的間接損失程度。風險發生的頻率以及損害程度的估算不僅要考慮標的物遭受單一風險的頻率和損害程度，而且要考慮標的物遭受多種風險的頻率和相應的損害程度。然後可算出遭受各種不同程度損失的概率，以及遭受各種風險的預期損失值。下面來看一個例子。

例 11.1　某物業公司在對自己管轄的一棟大樓可能遭受的風險進行評估。其具體數據如下：大樓的總價值為 5,000 萬元，可能遭遇的風險有火災、颱風和暴雨水災。根據以往的資料可以得到，該地區發生火災的概率為 0.1，遭遇颱風的概率為 0.4，發生暴雨水災的概率為 0.5；發生火災導致全損的概率為 0.2，發生部分損失 3,000 萬元的概率為 0.3，發生部分損失 1,000 萬元的概率

為 0.5；標的物遭受颶風而全損的概率為 0.2，遭受部分損失 3000 萬元的概率為 0.4，遭受部分損失 1,000 萬元的概率為 0.4；標的物遭受暴雨水災而全損的概率為 0，部分損失 3,000 萬元的概率為 0.3，部分損失 1,000 萬元的概率為 0.7。該標的物的風險評估的相應數據計算見表 11.1。

表 11.1　標的物風險評估資料

某種風險發生概率		風險程度概率	損失的價值（萬元）	綜合機率
火災	0.1	0.2	5,000 萬元	0.02
		0.3	3,000 萬元	0.03
		0.5	1,000 萬元	0.05
颶風	0.4	0.2	5,000 萬元	0.08
		0.4	3,000 萬元	0.16
		0.4	1,000 萬元	0.16
暴雨水災	0.5	0.3	3,000 萬元	0.15
		0.7	1,000 萬元	0.35

其中，綜合概率＝發生概率×程度概率。

則該標的物遭受全損 5,000 萬元的概率＝ 0.02 ＋ 0.08 ＝ 0.10；

遭受部分損失 3,000 萬元的概率＝ 0.03 ＋ 0.16 ＝ 0.19；

遭受部分損失 1,000 萬元的概率＝ 0.05 ＋ 0.16 ＋ 0.35 ＝ 0.56；

標的物遭受火災的預期損失值＝ 5,000×0.02 ＋ 3,000×0.03 ＋ 1,000×0.05 ＝ 100 ＋ 90 ＋ 50 ＝ 240（萬元）；

標的物遭受颶風的預期損失值＝ 5,000×0.08 ＋ 3,000×0.16 ＋ 1,000×0.16 ＝ 400 ＋ 480 ＋ 160 ＝ 1040（萬元）；

標的物遭受暴雨的預期損失值＝ 3,000×0.15 ＋ 1,000×0.35 ＝ 450 ＋ 350 ＝ 800（萬元）。

3.風險的控制

　　為了經濟有效地進行風險管理，就必須針對不同性質的風險採取不同的手段或措施。這些手段或措施從技術角度來說可以分成兩大類：(1)是技

術控制法，包括主動避免和預防與抑制；(2)是財物準備法，包括自擔或自留和風險轉移。

(1)主動避免。指在風險識別和評估的基礎上，事先就避開風險源或改變行為方式來消除風險隱患。衡量是否應採取迴避的標準是：凡由風險所可能引起的損失大於或等於冒此風險所可能獲得的利益時，就可以採取迴避政策。避免損失的最簡單方法是不要涉及有風險的活動或物體。例如游泳池裡不設跳台（板）就可以避免因跳水受傷的風險。又如，建築物建造區域的選擇應儘量避免在 7 級和 7 級以上的地震區，土壤的耐壓力應滿足擬建建築的要求。有的家庭裝飾公司為避免施工場地引起火災等危險，不允許施工人員接裝使用用戶的瓦斯設施做飯，有的物業管理公司不允許施工隊晚上留宿。這些都是透過主動避免來消除風險的。

(2)預防與抑制。是指直接面對風險採取行動，以減少損失發生的可能。損失的預防是指消除或減少引起損失的原因。如增加有關預防風險知識的教育和改進預防技術等。損失的抑制是指當預防措施不能充分發揮作用，風險事件依然發生時，為減輕損失的嚴重程度所採取的行動。預防與抑制的區別在於前者施之於事前，後者施之於事中。損失的預防措施有物理性質方面的控制也有人們行為方面的控制。物理性質方面的控制措施有安裝避雷針，防火設施、防盜設施的安裝，安全保衛人員的配備，利用明顯的標記和物理障礙防止人們進入危險區域和接觸危險物質等。人們行為方面的控制措施有制訂職工培訓計畫，經常進行職業安全教育及消防知識的教育，組織緊急事故處理演練等。

(3)自擔與保留。是指人們經過對風險的評估，自己準備要承擔某項風險的部分以至全部損失。自擔與保留的選擇，取決於當事人本身的財務狀況和各種風險的發生頻率及損失幅度。如若當事人經濟實力雄厚且資金結構合理、變現性強的，則按一定比例提取的損失準備金就足以補償日常的小額損失，保持其經濟狀況的穩定。另外，風險發生頻率與損失幅度的不同組合也制約當事人是否採取自擔與保留的態度。對於那些低頻率、低幅度的風險，當事人完全可以對全部損失採取自留的方式。例如，物業管理者一

般不會對他所管轄建築的窗戶玻璃投保，而承擔了偶爾損毀的窗戶玻璃的全部替換費用。而對於那些高頻率、低幅度的風險，可選用保險中的自負額的方法，即將自擔風險損失控制於一定的幅度內，又可降低保險費，使風險轉嫁更為合理。還有一種自擔部分損失，如房屋業主對自己的房子或設備投保低於原價值的財產險，一旦投保的風險事件發生，投保人不能獲得全部損失值的賠償，其中損失的一部分就由投保人自己來承擔。

(4)轉移。是指個人或團體通過一定的方式將風險轉移給其他個人或團體。轉移的形式主要有兩種：一種是保險形式轉移，即通過購買保險，將風險責任部分或全部地轉移給承保方。另一種是非保險轉移，即通過契約方式將某些風險責任轉移給對方。例如，物業管理者與工程承包商在簽契約時可以明確規定，在施工過程中發生的自然或人為的災害所導致的損失，均由承包商承擔。

4.檢查評估與調整

這主要是針對各種風險控制措施的結果進行檢查和評估，從而對風險管理的規劃或對策進行適當的調整。這是風險管理不可缺少的一步，因為客觀世界的情況是在不斷變化的，又由於人們主觀能力的侷限，原來確定的風險管理規劃或措施難免有錯或有不適應的情況。這樣，透過定期或不定期的檢查、評估來不斷完善整個風險管理系統，以獲得最佳的成本效益。

第二節　保險理論

一、保險的定義及承保條件

(一)保險的定義

保險是以契約的形式，由承保人按損失分攤原則，預收保險費，組織保險基金，用貨幣形式補償投保人的經濟補償制度。這個定義包含三層意思。

1. 保險是一種契約行為。它不同於災害救濟，不同於銀行儲蓄，不同於賭博，保險契約雙方存在著一定的權利和義務關係。

2. 保險實質上是一種面臨同類風險的投保人用保險費作為互助合作的共同基金。

3. 保險是人們應付意外風險損失所採取的一種必要的補償措施。

(二)保險的承保條件

從前面的論述中，我們可以看出，保險是風險控制最常用的方法之一，但保險只是分散轉移風險，不能從根本上消除風險。保險公司也不可能承擔一切風險，它承擔的風險是有一定條件限制的。就目前的保險技術來說，保險承保的風險大多為純粹風險，並且需要滿足以下條件：

1. 必須是多數人可能遭遇的風險

這是實現風險和風險損失最廣泛、最合理的分散和分攤的基礎，只有多數人可能遭受到的風險，保險公司才能組合到足夠數量的風險單位，才能運用大數法則確定符合客觀實際的損失機率，進而計算出準確的保險費率。

2. 風險損失發生必須是意外的、不可抗力的，但損失結果又必須是可以確定的

「意外」的發生是指風險導致的損失只能是偶然的，不是投保人故意製造的或已經發生的。「損失結果可以測定的」是指損失發生的時間、地點、原因及損失程度都是明確的和可以測定的。例如，古董書畫、藝術品、技術資料、電腦軟體等無一定價，保險金額很難確定，所以，如果沒有特別的約定，這些物品一般不作為承保的對象。

3. 風險損失是適度的、可經營的和符合經濟原則的

「適度」是指風險損失對於投保者來說不能太小或損失機率偏高，這種情況，採用保險方式不合乎經濟原則。例如，有人作過測算，一位 99 歲的老人購買 1 萬元的人壽保險，其保費加上保險經營費用幾乎相當於 1 萬元，因此這種保險就失去了意義。「可經營的」是從保險公司的角度來說的，即風險損失對於保險公司來說不能太大而超過其承受能力，否則保險

公司難以持續經營。這也不符合經濟原則。

二、保險的基本原則

在世界各國長期的保險實際活動中，為了確保保險雙方的合法權益，保證保險活動正常運行，形成了一些行之有效並為世界各國所公認的基本原則，這些原則有：最大誠信原則、可保利益原則、損害補償原則、近因原則、代位求償原則及重複保險分攤原則。

(一)最大誠信原則

最大誠信原則是指保險雙方在簽訂和履行保險契約的整個過程中，必須誠實守信。這就要求雙方如實告知重要情況，並保證忠實履行各自的權利和義務。這就要求保險人在訂立契約時，要向投保人如實說明保險契約的責任條款，尤其是免責條款；而投保人不僅在簽訂契約時要如實說明重要情況，而且在投保後情況有所變化時需及時通知保險人，否則也會違反最大誠信原則的。例如，在責任保險中，一般對被保險僱員的工作性質都有詳細說明。如果僱員的工作性質變了，則必須向保險人申請改動，否則在索賠上會引起糾紛。

(二)可保利益原則

可保利益原則是指投保人對投保標的具有一定的經濟利益、經濟效益或責任關係。如果投保人對投保標的無可保利益則保險契約為無效契約。可保利益不僅要考慮利益的有無，還要考慮利益的大小。例如，兩人共有的房屋，價值 100 萬元，如其中一人以自己的名義為該房屋投保財產保險，即使房屋在保險有效期間內發生火災而遭全損，該被保險人也只能獲取 50 萬元的賠償。因為，被保險人對該房屋的可保利益是保險公司履行賠償責任的客觀依據。可保利益還必須符合以下條件：合法性、經濟可測性、客觀性。合法性是指可保利益必須符合法律規定和社會道德的要求；經濟可測性是指可保利益是可以用貨幣形式確認或估價的利益；客觀性是指可保利益是事實上的利益，而非保險當事人主觀推斷的利益。事

實上的利益既包括現有的利益，也包括基於現有利益而產生的期待利益。如，現有利益可以表現為物業財產的損失，而期待利益可以表現為由於營業中斷而造成利潤損失等。可保利益原則的意義在於：1.有利於防止道德風險，保障社會公共利益。如無利益受損而獲得賠償的話，則將鼓勵賭博心理，甚至會產生故意促使事故發生的事件。2.有利於控制保險的數量，準確履行保險效能。這是因為可保利益可以作為確定保險金額的客觀依據。

(三)損害補償原則

損害補償原則是指承保人對投保人的實際損失給予補償的原則。其含義有三層意思：其一，以保險金額為限。是指一旦發生保險契約範圍內的風險事故，投保人能獲得保險額度內的充分賠償；其二，以實際損失為限。是指賠償以實際損失為尺度，不能讓被保險人從中獲得額外利益；其三，以可保障利益為限。是指投保人獲得的賠償金額以其可保障利益為限。

確立損害補償原則的意義在於：第一，能使保險基金能公平而有效地發揮其職能，避免個別人損害眾多保險人的經濟利益而獲得額外利益；第二，可以減少道德危險的發生，劃清賭博和保險的根本界限。要注意損害補償原則一般不適用人身保險，並且如果契約有另外約定，如採用自負額條款、定值保險方式或重置重建方式時，損害補償原則將作一定的修正。

(四)近因原則

近因原則是指造成保險標的損失的最直接和最有效的原因，而非時間順序上最接近損失的原因。對近因的正確判斷意義非常大，因為按保險慣例，保險人承擔的責任都是以造成損失的近因是否屬於保險責任範圍作為依據的。這將直接關係到保險雙方的權利和義務，關係雙方的經濟利益。但是近因的判定方法相當複雜，必須仔細而客觀地按邏輯嚴密推斷，方可在複雜的案情中分析得出正確的結論。通常的情況是，在損失的原因有兩個以上、且各個原因之間互有因果關係的情況下，則最先發生的原因為近因。

(五)代位求償原則

代位求償原則是指保險事故是由第三者故意或過失行為所導致，保險人在賠償了被保險人的損失後，有取代被保險人向第三者請求賠償的權利。代位求償原則是損害補償原則的衍生和補充。因此代位求償原則適用的範圍與損害補償原則適用的範圍是一樣的，一般只運用於財產保險等補償性質的契約。代位求償原則的意義是為了貫徹補償原則的精神，避免被保險人獲得額外的利益。因為由於第三者的責任引發的保險事故的損失，被保險人可以從保險人和第三者處請求賠償，這樣賠償金就將超過其實際損失金額。顯然這不符合保險的宗旨，也不符合損害補償原則中以實際損失為限的精神。這個原則要求被保險人有義務保護好代位求償權，即被保險人未經保險人同意，私下不能與肇事者達成放棄進一步追償權利的協議。

(六)重複保險分攤原則

重複保險分攤原則是指投保人對同一保險標的、同一可保利益，有重複的時期（段），就相同責任險種分別與兩個或兩個以上保險人訂立保險契約，在保險事故發生後，所獲賠償總額不超過實際損失，並由所有保險人之間按相應的責任比例分攤承擔的原則。這個原則也是損害補償原則的衍生和補充，也是為了避免額外利益的產生，其適用的範圍與損害補償原則的範圍相同。重複保險分攤的方法通常有以下幾種：

1. 比例分攤責任制

比例分攤責任制就是依照各家保險公司承保的保險金額占各家保險公司承保金額總和的比例來分攤保險責任。

其計算公式為：

各家保險公司承擔的賠償額＝
該保險公司的責任限額×損失金額÷各保險人責任限額總和

例 11.2　某業主向甲保險公司投保 80 萬元財產保險，又同時就同一標的向乙保險公司投保 60 萬元財產保險，在保險有效期內，由於火災，保險標的受損

42 萬元。則甲乙兩公司分擔的賠償額為：

$$甲公司分擔的賠償額 = (80 \times 42) \div (80 + 60) ≒ 24（萬元）$$

$$乙公司分擔的賠償額 = (60 \times 42) \div (80 + 60) ≒ 18（萬元）$$

2.限額責任制

限額責任制就是按照如無他保而單獨所占責任的限額比例分攤保險責任。其計算公式為：

各家保險公司承擔的賠償額 =

該保險公司的責任限額 × 損失金額 ÷ 各保險人責任限額總和

例 11.3　某業主向甲保險公司投保 50 萬元的財產保險，又同時就同一標的向乙保險公司投保 70 萬元財產保險，在保險有效期內，由於火災，保險標的受損 60 萬元，則甲乙兩公司分擔的賠償額為：

$$甲公司分擔 1 的賠償額 = (50 \times 60) \div (50 + 60) ≒ 27.27（萬元）$$

$$乙公司分擔的賠償額 = (60 \times 60) \div (50 + 60) ≒ 32.73（萬元）$$

3.超額責任制

超額責任制是指甲乙保險公司分別以基本責任與超額責任承保，其中甲公司以基本責任承保，乙公司以超額責任承保。若以上例為例，則甲公司的賠償額為 50 萬元，而乙公司的賠償額是剩下的 10 萬元。

三、保險契約概述

(一)保險契約的定義及法律特性

保險契約是經濟契約的一種，是投保人與保險人之間關於承擔風險的一種民事協議。按照保險契約，投保人向保險人交付契約商定的保險費，而保險人在雙方約定的保險事件出現時，向投保人支付保險賠償或保險金。保險契約除了一般

經濟契約所共有的特徵以外,還有其獨特的法律特徵,具體如下:

1. 保險契約是要式契約

所謂要式契約是指需要履行特定的程序或採用特定的形式才能成立的契約。根據中國大陸契約法規定,保險契約必須採取書面形式,否則將無效。

2. 保險契約是附合契約

附合契約是相對於商議契約而言的。商議契約是雙方協商一致後達成的契約。而附合契約是由一方提出契約的主要內容,另一方只能作接受與否的選擇。從這方面來說,保險契約實際上是保險人一方的片面文件。正因為如此,各國在司法實務中,當當事人雙方對保險契約發生異議時,法院一般都傾向於作有利於投保人的解釋,以維護投保人的利益。

3. 保險契約是雙務有償契約

所謂雙務有償,就是契約雙方相互承擔對對方的經濟義務,是一種有經濟代價的交換。當然這並不要求等價交換。

4. 保險契約是射倖契約

所謂射倖契約是相對於交換契約而言。交換契約假定雙方交換的價值是相等的,它適合於民法中的等價交換原則。射倖契約,又稱為僥倖契約,是指契約的一方支付的代價所得到的僅是一個機會,是一個或是「一本萬利」或是「一無所獲」的可能性。具體來說,在保險契約有效期內,一旦發生契約約定的保險事故,投保人就可以獲得大大超過其所支付的保險費的賠償額;而如果在此期間無保險事故發生,則投保人將一無所獲。

(二)保險契約的一般內容

根據契約法規定,保險契約一般應載明以下主要內容:

1. 當事人的姓名及地址

姓名包括自然人姓名或法人名稱或經濟組織名稱。地址包括住址或經營地址。

2.保險標的

為了確定保險的種類以及判斷投保人或被保險人對所保標的有無保險利益的存在,保險人一般要求投保人在契約中詳細明確記載投保標的。一個保險契約可以有單一的保險標的,也可以允許一個以上保險標的的集合。

3.保險金額

也稱保險額或保額,它是保險人計收保險費的基礎,也是保險人在損失發生時給付的最高金額。保額不得超過保險標的的保險價值,超過保險價值的,超過部分無效。

4.保險責任範圍

保險責任範圍是指那些風險的實際發生所帶來的損害應由保險人承擔補償或給付責任的風險。責任範圍可以是單一的,可以是多種責任的綜合險,也可以是除了除外責任以外的一切險。

5.除外責任

除外責任是指保險契約明確指明保險人不予承擔的風險責任。一般包括戰爭造成的損失、自然損耗、被保險人的故意行為所造成損失等。

6.保費

也稱保險費,是被保險人根據契約約定向保險人支付的費用。保費的多少取決於保險額的大小以及保險費率的高低這兩個因素。

7.保險期間

保險期間是指保險契約的有效期間。只有在此期間,保險人才承擔保險責任。保險期間的開始,也就是保險契約的生效時間,它不同於保險契約的訂立時間。訂立時間可以是生效時間,也可以不是,這取決於雙方契約的約定。中國大陸規定,保險期的起訖時間為契約生效日當天北京時間的零點開始,至規定終止日北京時間 24 時止。

8.違約責任

由於保險契約是保障性契約,也是最大誠信契約,所以保險契約當事人在契約中明確規定違約責任是至關重要的,否則會引起今後不必要的法

律糾紛。

(三)保險契約當事人的義務

1. 投保人的義務

(1)如實告知義務。該項義務要求投保人在投保時，必須將保險標的的有關重要情況如實向保險人申報。下列行為屬違反告知義務：①不申報，是由於投保人不知該事實的重要性而漏報；②錯報，投保人所報的內容與事實不符，但不屬於有意為之；③隱瞞，是指投保人故意不申報重要情況；④欺騙，是指投保人故意作錯誤的申報。但需說明的是，投保人告知義務是以投保人已知或應知的事實為限。並且對於下列情況可不履行告知義務，即保險人已知或通常情況下應知的事實以及保險人及其代理人已經聲明不需告知的事實。

(2)「危險增加」通知義務。該項義務指的是投保人在保險標的危險程度增加的情況下，負有及時通知保險方的義務。所謂「危險增加」指的是簽訂契約時未曾估計到的危險增加的可能性。保險人接到危險增加通知後，可以作出終止契約或增加保費的決定；但如果不作出答覆，則視作默認。該項義務在危險增加不影響保險人負擔或為了保護保險人的利益而引起的危險增加，以及投保人履行道德義務而引起的危險增加的情況下可以免除。

(3)出險通知義務。指的是投保人在事故發生後及時向保險方通知的義務。何謂及時，中國大陸法律尚無明確的規定，這可由保險當事人在契約中明訂。

(4)防災減損的義務。防災減損分為兩個階段：防災指的是事故未發生時，投保人有義務按照法律法規的規定做好各項預防措施，而保險人有權對投保標的作安全檢查，對發現的不安全因素有權要求投保方及時改善。減損指的是，一旦保險事故發生，投保方有責任採取一切必要措施，避免損失擴大。這項義務意味著要求投保方對保險標的應像未保險一樣謹慎管理，以免發生一些可以避免的事故。

(5)及時交付保費的義務。投保人必須按照保險契約規定的時間、地點、方法

交付保費，這是投保人的一項最重要的義務。投保人不能及時履行此項義務將導致違約以致使保險契約失效。

2. 保險人的義務

保險人的主要義務就是在契約規定的保險事故出現後負責賠償部分或全部由保險事故帶來的實際損失。實際損失還包括發生保險責任範圍內的事故時，被保險人搶救、保護、整理保險財產的施救費用，訴訟支出，以及為了確定損失的檢驗、估價、和出售的合理費用。保險人的賠償責任是以實際損失為限，但最高不可超過保險金額。如果有分項保險金額，最高以該分項保險標的的保險金額為限。

(四)索賠概念及程序

1. 索賠和索賠時效概念

索賠，即指投保人在保險事故所造成的損失出現後，按照契約向保險人要求給予經濟補償或給付保險金的行為。索賠，原則上由投保人或其法定代理人提出（汽車第三者責任險，可由受害人直接向保險人行使索賠權）。

索賠時效，是指投保人在保險事故發生後，向保險人索賠的最長有效期限。在中國大陸，索賠期限通常規定為 1 年，也有超過 1 年的。索賠期限原則上從保險事故發生之日起或投保人或其代理人知情之日起。

2. 索賠程序

投保人在保險事故發生後，索賠程序如下：

(1)及時發出出險通知並提出索賠要求；

(2)採取一切合理的措施搶救、保護以及整理出險財產，防止損失擴大；

(3)保護現場，配合檢驗；

(4)提供必要的索賠單證，主要有保險單正本，已付保險費，有關保險財產的原始單據，本人的身份證明，保險事故及損害結果證明和索賠清單；

(5)領取保險金；

(6)開具權益轉讓證書。當保險事故涉及第三者責任時，被保險人在領取保險

金後需出具權益轉讓證書，並協助保險方向造成保險事故依法應承擔賠償責任的第三方追償。

四、物業保險的目的及注意事項

(一)購買物業保險的目的

1.分散意外損失

由於物業管理所涉及的某些風險所造成的損失金額巨大，物業管理者或業主即使已在預算中預備了備用金也難以應付如此巨大的數額。如果投了保，一旦事故發生，物業管理者就可以將此意外經濟損失分散、轉移到保險人身上，以減輕物業管理者和其所服務的業主受經濟損失衝擊的程度。例如，某物業管理企業負責管理的一部電梯因火災損壞而需要更換，其中涉及的費用可能要上百萬元。如果物業管理者事前已為該電梯買了足額的保險，那麼更換電梯的費用將由保險人負責，而業主只有很少的經濟損失。否則的話，業主將承擔全部費用。

2.利於善後工作

購買保險不僅可以分散、轉移巨大的經濟損失，還可以在意外發生後，減輕物業管理者處理索賠方面的負擔，轉而可專心處理意外事故的善後工作。例如，由於公共水管的爆裂浸壞了用戶的存貨或其他財產，受害的用戶將會向物業管理者提出索賠。這樣會有一系列的調查、評估損失以至訴訟等工作。如果這些工作全由物業管理者獨自應付，將會影響其處理水管更換和恢復供水的工作。而如果物業管理者購買了相應的保險的話，他就可將有關的索賠處理工作交由保險公司負責，從而專心處理水管更換以及維修工程，及時保證對用戶的服務。這樣，不但在經濟上將此次事故所帶來的損失大部或全部轉嫁給保險公司，而且將處理用戶賠償談判的責任也轉嫁給保險公司。否則，不但在索賠方面會帶來不應有的損失（這是由於物業管理者在處理賠償估價能力方面肯定沒有專業保險人有經驗），而且由於缺少精力顧及善後工作，不能及時恢復對用戶的服務，從而導致

物業管理者的信譽受損。

(二)物業保險後的注意事項

要特別提請注意的是物業管理者在購買保險後並不意味著可以高枕無憂、輕率從事。有的物業管理者認為，反正我已購買保險，出事也沒有關係，天塌下來有人頂著。這種想法是極其錯誤的。其理由是：

1. 一旦發生保險事故，不僅會帶來重大的經濟損失，而且會給用戶帶來諸多不便。這會給提供優質的物業管理服務造成不利影響。例如，如果電梯被火災損壞，在更換期間，將給各用戶帶來非常的不便；

2. 有些意外除了涉及經濟責任以外，還會涉及法律責任，而在這方面，保險公司就無能為力了；

3. 如果保險公司察覺物業管理者處事輕率致使他們賠償，則他們會將保費提高，增加了業主或物業管理者的負擔。

第三節　物業風險管理

一、物業管理風險分析

在很多人的頭腦裡，好像風險管理是一件與物業管理風馬牛不相及的事，或者至少是沒有維修、保安、保潔等工作明確而重要。物業管理實際的發展，使越來越多的人意識到，物業管理中的風險管理是一件極其重要的事情，甚至是一件事關企業生死存亡的大事。下面對目前物業管理企業面臨的一些主要風險作簡單的分析。

(一)市場風險（經濟風險）

1. 盲目擴張帶來的風險

管理規模的擴張是物業管理企業發展的基本方式，也是企業風險的主

要來源。實際證明，大多數風險都是在承接新項目時就已經存在了。但是一些物業管理企業缺少風險意識，常常在未做深入研究的情況下就輕率作出承接的決定，結果當物業公司交屋物業以後，發現物業的實際情況與預先掌握的情況出入很大，收取的管理費不能滿足實際開支的需要，物業管理公司必須不斷投注資金才能保持管理正常運轉，從而跌入「陷阱」，造成公司很大的損失。這種項目通常存在的問題有：居民繳納物業管理費的觀念差，物業設備損耗嚴重、品質差，廠商與業主的糾紛不清，管理費過低等。像這樣由於企業盲目擴張規模進入「陷阱」的事件已不在少數，而且一旦進入，要退出來並不是那麼容易，除了可能要承擔違約的經濟責任外，還可能由於市場機制的不充分，相當程度還保留著政府的干預，使企業進退兩難。

2. 不了解經濟規律帶來的風險

　　有些物業管理公司由於缺乏對市場經濟規律的認識，不能動態地、長遠地、前瞻地看問題，為了一時的利益，簽訂了帶有不良條款的租賃契約，給自己帶來了極大的經濟風險。例如，作者作為認證機構的特約專家，對某都市工業園區的物業管理公司進行 ISO 9000 認證時，發現該企業與租賃戶簽的一個契約裡有這樣的條款：每日每平方米的租金為 0.40 元，租期為 10 年，期間如果出租方違約不再出租，出租方將賠償給承租方 10 年的租金。經了解，這是一家破產企業轉制的物業管理公司，當時企業經濟十分困難，能把廠房租出去，況且承租戶還是一個大企業，承租了其原有廠區的一半。當時，他們覺得，有了一筆大收入能解決員工的工資發放，都無不為這樣一個成功的出租而高興。當時，作者對總經理說，你們現在簽了一個固定租金的契約，你是否知道 5 年、10 年以後整個經濟情況將如何？物價上漲的情況將如何？今後，可能市場租金將漲 5 倍、10 倍，員工的收入也會要求很大的提高，你現在 0.4 元的租金，將來可能連水電維修費都不夠。況且，如果你不執行，違約要賠 10 年的租金，你簽的這個租約給你帶來的風險太大了，搞不好，企業還要面臨第二次破產。該企業的總經理聽了以後覺得很有道理，要想辦法妥善解決。

3.惡性低價競爭帶來的風險

　　世界上沒有白吃的午餐，任何服務都是需要成本的，任何資本都是要求回報的，任何企業都是必須盈利的。但有些物業管理企業忘記了這一法則，為了獲得成交，不惜一切代價，甚至明知道入不敷出，也參與惡性競爭。結果，不是導致企業嚴重虧損，就是不得不降低服務標準、減少服務項目，這兩方面，不管那一種情況出現，都將導致物業管理委託人的不滿，而最終導致該物業管理企業出局。

(二)法律風險

1.業委會行為不規範帶來的風險

　　由於業委會成員的素質不一，又缺少培訓和教育，加上法律對業委會的權利和義務缺乏明確詳細的規定，所以出現隨意的「炒」物業管理公司現象，給物業公司帶來很大的損失。我們知道，物業管理公司在新接一個大樓的初期投入很大，如果，被隨意炒魷魚，給物業管理企業則將帶來經濟上和管理上的很大損失。這種現象，中國政府已注意到，所以在2003年頒布的物業管理條例中規定「業主大會作出制訂和修改業主公約、業主大會議事日程、選聘和解聘物業管理企業……的決定，必須經物業管理區域內全體業主所持投票權2/3以上通過。」這一條款對降低這種風險有了積極的作用。

2.物業管理費屬性不清帶來的風險

　　目前，物業管理費的屬性，它所包含的內容，甚至它的確切名稱都不很明確，因而給物業管理企業帶來了風險。從國外許多國家的實踐中可知，物業管理企業提供的是委託代理服務，它的物業管理費用的收支有兩個基本原則：「業主支付，按實結算」。這兩個原則說明的是，物業管理費屬業主的費用，物業管理企業只是代理業主花錢，是「以出定進」。如果預收的物業管理費不夠，則由業主負責另外分攤支付。而物業管理公司的真正收入是管理佣金。因此，對物業管理費，業主可以藉由多種方式進行嚴格監管；而對於管理佣金，則由國家進行徵稅。而中國大陸目前實行

的是另外兩個原則，即「定額支付，盈虧自負」。這兩個原則說明的是，物業管理費是屬於物業管理公司的收入，物業管理企業花的是自己的錢（自己的收入），是「以進定出」。如果物業管理費不夠，那只能由物業管理公司「進行多種經營來補貼」，想方設法賺錢來補貼物業管理費的不足。既然物業管理費是物業管理公司的營業收入，則國家對此徵收全額的營業稅，這無可非議。可是，各地政府又公布了一系列規定，如要求物業管理企業定期向業主公布帳目，業主對物業管理公司的帳目要進行審查，甚至要求對預收的物業管理服務費用按實結算，多餘部分予以退還等，使得物業管理企業無所適從。由於業主的要求會越來越高，這些要求的滿足又是在不增加管理費用的情況下提出，這都大大增加了物業管理企業的風險。

3.物業管理企業權限不清帶來的風險

物業管理企業的權限來源於兩方面：一方面是政府的法律法規的授予，另一方面是物業管理委託契約的約定。物業管理企業如果對這些權限不了解，沒有行使這些權限或超越這些權限，都將給自己帶來風險。例如，對於小區居民的違章建築，物業管理公司進行拆除，就有可能違法，因為物業管理公司沒有執法權。另外，物業管理公司在簽訂委託契約或租賃契約時，沒有在契約中給自己設置「進入權」條款，即在某種特定情況下，物業管理企業有權進入業主、使用人或承租戶所占有的物業。那麼就有可能出現需要進入的時候不能進入、不能進入卻進入的情況，物業管理企業就有可能面臨違法或使物業得不到及時的保護而受損的兩難境地。

例如，某物業內水管漏水，業主一時聯繫不上，如果物業管理委託契約沒有規定「進入權」，物業管理企業擅自把門打開而進入，就有可能面臨業主的起訴；又如，在工業廠房出租的契約中，未規定物業管理企業的「進入權」，就有可能不能及時發現承租企業違反消防規定或造成結構荷載超重的隱憂，給物業以至物業管理企業帶來風險。

(三)財產風險

財產風險是物業管理公司面臨的眾多風險之一。其中最經常發生的是「火災風險」、「竊盜風險」。物業管理公司如果缺乏嚴格的保全及消防管理制度和措施，火災或盜竊的情況就有可能發生，使企業財產受損。

(四)責任風險

物業管理企業從事的是一種受託管理，因此對物業管理企業來說，他們面臨最多的風險是責任風險。如「財產保管責任風險」、「雨天大廳行人滑倒受傷」、「小區健身場地、器材傷人事故」、「維修施工致人受傷、致物受損」事故，這樣的事情引起法律糾紛而導致物業管理企業承擔賠償責任的事情已經屢見不鮮了。還有刑事傷害事件引起的責任風險，如「電梯搶劫案」、「深圳筆架山命案」等給物業管理企業帶來了法律糾紛或賠償責任。

(五)人身風險

物業管理企業在人身傷害的風險也不少見。如：

1. 由於物業管理的勞務特性引起的風險，如大樓清洗粉刷引起的工人跌落傷亡事故。
2. 配電設備、電梯、高壓鍋爐維修保養中引起的人身傷害事故。
3. 工作特性的風險。物業的固定性帶來物業管理的分散性，從而帶來的交通事故的風險等。

二、風險的原因分析及對策

(一)物業管理風險原因分析

物業管理企業面臨如此之多的風險，究其原因不外乎有以下幾點：

1.缺乏風險意識

企業缺乏風險意識本身是一種最大的風險。沒有風險意識，就等於失

去了警惕，本來可以發現和避免的風險也無法規避。

2. 物業管理法律法規不健全

物業管理的法規長期以來滯後於物業管理發展，即使已出爐的全國性的物業管理條例，但是缺乏具體化，特別是物業管理雙方當事人的權利義務方面缺乏細化，結果使許多問題缺乏明確的法律依據，這樣就加大了物業管理企業的風險。

3. 物業管理從業人員素質不高

物業管理是一個新興的行業，也是一個發展速度極快的行業，大量人員都是來自於其他行業的轉業人員，整體素質不高，缺乏經濟、技術、法律方面的知識和經驗，難以應付物業管理中複雜多變的情況，從而帶來了風險。

4. 政府執法缺乏時效性

政府對物業管理中發生的問題不能及時反應，如一個拆除違章建築的糾紛可能需要3～6個月的時間進行行政處理，這無疑等於影響了物業管理公司的管理權，使得違章現象得不到及時處置而氾濫。同時又由於政府對管理費收取的一些不恰當的規定，給物業管理企業帶來風險。

5. 物業管理契約中不恰當的承諾

多數企業在訂立物業管理契約時，不重視保護自身應有的權益，不仔細研究契約免責條款的約定，不注意風險的規避。有的企業為了爭一點市場占有率，在交屋項目前，作出不發生汽車遺失、不發生人身安全事故、不發生重大刑事案件等承諾，這都給物業管理企業帶來了極大的風險。

6. 物業公司缺乏保險意識

物業管理公司缺乏保險意識，也是風險產生的原因之一。物業管理公司沒有重視企業的風險管理，沒有將一些風險大，即對物業管理公司或業主會帶來難以承受的損失的風險適時適度地進行保險，從而一旦這樣的風險事故發生，就會給物業管理企業致命的打擊。

(二)物業管理企業風險管理對策

針對以上分析，物業管理可以採取的風險管理對策簡述如下：

1. 提高風險意識；

2. 掌握法律法規；

3. 掌握經濟規律，避免經濟風險；

4. 謹慎承諾，避免契約風險；

5. 完善管理、防範各類安全事故；

6. 提高保險意識，適當轉移風險。

第四節　物業管理企業的保險決策

一、物業管理所涉及的主要保險類型

保險的種類很多，但物業管理工作中經常涉及的主要有以下三類：財產保險、公共場所責任保險和雇主責任保險。

(一)財產保險

財產保險的含義有廣義和狹義兩種。廣義的財產保險，正如中國大陸財產保險契約條例第 3 條規定，「條例所指財產保險，包括財產保險、農業保險、責任保險、信用保險等以財產或利益為保險標的的各種保險」。狹義的財產保險，是指條例中的財產保險，它包括的主要險種為火災保險、企業財產保險、家庭財產保險、涉外財產保險等。物業管理中主要涉及的財產保險主要是物業的火險。

1. 火災保險

火災保險是財產保險的一種，它是對因火災及保險單中列明的各種自然災害和意外事故所引起的財產損失給予經濟保障的保險。傳統的火災保險僅承保三種危險：即火災、閃電、爆炸，其餘保險如地震、洪水、空中飛行物墜落等均視為火災保險的附加險。而中國大陸現行的企業財產保

險、家庭財產保險、涉外財產保險實際上是由火災保險及其附加險組成的財產綜合險。

(1)火災保險的承保範圍。火災保險對因火災、閃電、爆炸所造成的保險標的物的損失負賠償責任。除非經保險人同意並締結特別合約，對下列財產的損失，火災保險契約不予承保：寄託或寄售的貨物；金銀珠寶、古玩、古畫、藝術珍品、電腦資料等；票據、現金、郵票等有價證券以及圖冊、文件、槍支彈藥、爆炸物品等。

(2)火災保險的除外責任。火災保險的除外責任包括：保險標的自身變化、自身發熱或烘焙所致的損失；由於地震、颶風、洪水、冰雹等自然災害，以及戰爭、暴亂、罷工等政治風險所造成的損失；直接或間接由於核反應、核子輻射和放射性污染所帶來的損失；投保人的故意行為或重大過失所造成的損失。

(3)火災保險的保險金額和賠償計算。固定財產的保險金額可以按照帳面原值或原值加成數確定，也可以按重置重建價值確定。固定資產的保險價值是指出險時的重置價值。保險標的發生保險責任範圍內的損失，按以下方式計算賠償金額：

①全部損失。保險金額等於或高於保險價值時，其賠償金額以不超過保險價值為限；保險金額低於保險價值時，按保險金額賠償。

②部分損失。按帳面原值投保的財產保險金額等於或高於保險價值時，其賠償金額按實際損失計算，保險金額低於保險價值時，其賠償金額按保險金額與保險價值比例計算；如果是按帳面價值加成數，或按重建重置價值投保的財產，則按實際損失計算賠償金額。

③多項財產。如果保險單所載財產不是一項時，應分項計算，其中每項固定財產的賠償額分別不得超過其投保時確定的保險金額。

(4)火災保險的費率。火災保險費率的計算方法有分類法和表定法兩種：

①分類費率：即將性質相同的危險進行歸類，給每類以確定的費率。沒有特殊明顯的因素存在，通常不作調整。中國大陸按建築物占有性質分為工業險、倉儲險和普通險三類，其中又分為六級工業險、五級倉儲險及

五級普通險。

②表定費率：即在以上分類費率的基礎上，按各種危險因素的大小進行調整而形成的費率。表定費率調整所考慮的因素有：用途，指建築物使用的目的；位置，指建築物因周圍環境被延燒的可能性；構造，主要指建築物的材料，也考慮建築物的大小及形式；防護，指消防設備及消防人員的配備。

2.物業火險的投保範圍

物業火險投保的範圍有兩種：一種是建築結構火險，另一種是建築物內部物件火險。也可以說成是不動產火災保險和動產火災保險。對於這兩種情況，物業管理者應作不同的考慮。

(1)建築結構火險。建築結構火險通常包括建築物的外牆、地基、樑柱、室內固定間隔、公共設施和設備等。考慮購買建築結構火險時，物業管理者要作這樣的決策：是選擇購買整座建築的結構火險，還是只購買公共部位的結構火險。具體決策原則是：如果管理契約已有明確規定，則遵守管理契約的規定；如果管理契約沒有約定，則物業管理者就可以根據實際的財政狀況進行綜合考慮。因為整座大樓的結構火險與公共部位的火險，在投保範圍上有很大的不同，因而其保險費也有相當大的差別。值得注意的是，如果物業管理者決定只購買公共部位的火險，則必須同時通知該座建築物內的所有業主，讓他們知道這個決定。因為他們有權知道這個重大的決定，從而為他們各自的專有部分作出投保與否的決策。

(2)建築物內部物品的火險。由於物業內物品在遭受火災時所受到的損失程度和機率都較高，所以其保金也較高。除非物業管理者負責管理的建築物為單一業主所擁有，並清楚地知道物業內物品的數量和價值，否則是很難掌握各單位所存放物品的數量並作出準確的估價來投保的。因此物業管理者通常不會為物業內的物品購買保險。

(3)物業的綜合險。除了保火險外，通常對物業的其他風險，如地震、颶風、洪水、自動滅火系統漏水、破壞、暴動、空中運行物體墜落、水箱滿溢或水管爆裂所引起的損失也進行保險。一般說來對這些風險的保險結合火險

一起購買一個物業（財產）的綜合險為好。

(二)雇主責任保險

雇主責任保險，又稱勞工保險，在香港稱作「僱員賠償保險」。這個險種是為了配合改革開放，引進外資，保障三資企業、外國駐華機構所僱用人員的經濟利益而舉辦的一種責任保險。隨著中國大陸勞動就業和福利制度改革的深入，這一險種將有很大的發展前途。

1.責任範圍

凡投保人所僱用的員工（包括短期工、臨時工、季節工和徒工）在保險有效期內，在受僱用過程中，從事保險契約所載明的、與投保人的業務有關的工作時，遭受意外而致受傷、死亡或者與業務有關的職業性疾病所致傷殘或死亡，投保人根據僱傭契約，須負醫藥費及經濟賠償責任，包括應支付的訴訟費用。

2.除外責任

除外責任的範圍包括：戰爭、類似戰爭的行為、叛亂、罷工、暴動或由於核子輻射所致的被僱人員傷殘、死亡或疾病；被僱人員由於疾病、傳染病、分娩、流產，以及因這些疾病而實行內外科手術治療所致的傷殘或死亡；由於被僱人員自傷、自殺、犯罪行為、酗酒及無照駕駛各種機動車輛所致的傷殘或死亡；投保人的故意行為或重大過失；投保人對其承包商僱傭的員工的責任。

3.賠償額度

(1)死亡。最高賠償額度按保險契約規定辦理。

(2)傷殘。①永久喪失全部工作能力，按保險契約規定的最高賠償額度給付；②永久喪失部分工作能力，根據受傷的部位和程度，參照僱主責任賠償金額表的比率乘以最高賠償額給付；暫時喪失工作能力5天以上者，經醫生證明，按該僱員的工資給付。

(3)說明。①保險人對上述各項總的賠償金額，最高不超過保險契約規定的賠償限額；②僱員的月工資是按事故發生之日或經醫生發現疾病之日該僱員

的前 12 個月的平均工資，不足 12 個月的按實際月數平均。

4.保險費的計算

僱主責任保險採用預收保險費制。在訂立保險契約時，根據投保人的估計，在保險契約有效期內各僱員工資（包括獎金、津貼等）總額，乘以不同僱員的使用費率來計算，並在保險契約到期 1 月內，憑投保人提供的各僱員實際工資總額的證明，對保險費進行調整，預付保險費多退少補。

5.雇主責任保險的擴展責任

(1)附加醫藥費保險。這是保險人應投保人的要求擴展承保投保人的僱員在保險期限內因患病所需的醫療費用，包括醫療、藥品、手術和住院費用。除另有約定以外，一般只限於在中國境內的醫院或診療所治療，並憑其出具的單據賠付。醫療費的最高賠償金額，不論一次或多次賠償，每人累計以不超過保險契約所確定的保險金額為限。

(2)附加第三者責任險。雇主責任保險可擴大承保對僱員在保險契約有效期內，從事保險契約所載明的與投保人業務有關工作時，由於意外或疏忽，造成第三者人身傷亡或財產損失，以及所引起的對第三者的撫恤、醫療費和賠償費用，依法應由被保險人賠付的金額，保險人負責賠償。

(三)公眾責任保險

公眾責任保險，又稱普通責任險。主要承保各種團體及個人在固定場所從事生產、經營等活動，以及日常生活中由於意外事故而造成他人人身傷害或財產損失、依法應由投保人所承擔的各種經濟賠償責任。它是一種無形財產保險，它承保的是投保人的損害賠償責任，是沒有實際標的的。

1.保險責任

公眾責任保險承保的是被保險人在保險期限內，在保險地點發生的，依法應由被保險人承擔的，由於被保險人的侵權行為造成的對第三者的民事賠償責任。保險人承擔的公眾責任保險賠償責任包括被保險人應付給受害方的賠償金和有關費用。這裡要注意的是：

(1)保險人在任何情況下均不承擔任何刑事責任；

(2)被保險人依法應承擔對第三者人身傷害的經濟賠償僅指身體上的傷殘、疾病、死亡，不包括受害人的精神傷害；

(3)公眾責任保險直接保障的對象是被保險人，受害人無權直接向保險人索賠；

(4)有關費用是指被保險人因侵權行為而應付受害人的法律訴訟費用及經保險人事先同意的被保險人自己支付的費用。

2.除外責任

公眾責任保險的除外責任可以分成三方面：

(1)絕對除外責任。除了一般所共有的除外責任，如被保險人的故意行為、戰爭及政治動亂、人力不可抗拒的自然原因外，有其特定的內容。如任何與被保險人一起居住的親屬引起的損害事故；由於震動、移動或減弱支撐引起的任何土地、財產或房屋的損害責任。

(2)公眾責任不能保，但其他保險可承保的除外責任。如為被保險人服務的僱員受到的傷害，被保險人及僱傭人員或其代理人所擁有、照管、控制的財產，被保險人所有或以其名義使用的各種機動車輛、飛機、船舶等引起的損害事故等；

(3)可以附加承保的除外責任。如公眾場所的歸被保險人占有或以其名義使用的電梯、起重機或其他升降機導致的損害事故，一般公眾責任險不予承保，但可在基本保險單上擴展加保。

3.保險費率及保險費的計算

(1)保險費率。沒有固定的保險費率，而是視每一被保險人的風險情況逐筆議定費率。

(2)保險費的計算是按賠償限額選擇適用的費率計算的。一般分三種：

①有累計賠償限額的：保險費＝累計賠償限額×適用的費率；

②無累計賠償限額的：保險費＝每次事故賠償限額×適用費率；

③其他，按經營場所面積計算：保險費＝場地占有面積×單位面積保險費。

4.賠償限額與自負額

(1)賠償限額是公眾責任保險人承擔經濟賠償責任的最高限額。由於公眾責任險承保了人身傷害和財產損失兩種情況,因此賠償限額的計算有幾種不同的方法:

①規定每次事故的混合限額,無分項限額、無累計限額;

②規定每次事故的人身事故和財產損失的分項限額,再規定保險期內累計賠償限額;

③規定每次事故賠償限額,不分項,再規定整個保險期內累計賠償限額。

(2)自負額是保險人的免責限度。公眾責任保險對他人財產損失一般規定了每次事故的自負額。即無論受害人財產損失程度如何,保險人不負責自負額以內的賠償,而是由被保險人自己承擔。

(3)法律費用的承擔。如果被保險人承擔的對第三者的賠償金超過了賠償限額,則法律費用按以下公式分攤:保險人應攤費用＝全部法律費用×賠償限額÷被保險人應付賠償額。

二、投保決策及保險公司的選擇

購買保險可以轉移風險,並且可以獲得保險機構在降低風險方面的有效服務。但是為了獲得上述好處,物業管理者及業主必須支付一定的保險費,從而加大了管理開支或業主的負擔。因此,正確地進行投保決策就顯得極為重要。

(一)投保決策過程

物業管理者為了能正確地投保,必須遵循一定的決策步驟,以獲得降低風險和增加成本之間的最佳平衡。其基本步驟如下:

1.詳細調查

物業管理者必須了解在其管轄的範圍內存在那些風險因素。為此就必須對所有的建築、道路、設施、設備以及各種物業管理工作,特別是維修領域進行徹底的調查,並進行分類登記。

2.確定所需的保險

　　在調查登記的情況下，對各種風險按照前面講的風險管理的方法來進行分類。也就是確定哪些風險是可以避免的，哪些風險是可以忍受而保留的，哪些風險是可以採取種種措施進行預防和抑制的，只有對那些上述三種方法不能解決的，並且潛在的損失將超出業主或物業管理者能夠或願意承擔的風險才確定購買保險。但需指出的是，還有一種保險是不管投保人願意與否都非買不可的，這帶有強制性質，如機動車輛的第三者責任險。

3.保險費和保險金的確定

　　保險金和保險費的確定是根據風險帶來損失程度以及物業管理者或業主的財務預算狀況來確定的。因此保險金過多或不足都會對投保人不利。保險金過多，則投保人平時的開支增加；保險金不足，則一旦風險發生，投保人得不到足夠的補償。在這方面要注意保險的幾個特點：(1)保險價值一般是以重建、重置成本計算，一般不考慮市場價值，因此在投保時應注意重建、重置價值，並且在續保時根據當時的重建重置成本進行調整；(2)賠償額一般是根據保險金的比例來賠償的；(3)多重保險不會得到多重賠償，因為保險的原則是保障損失，而不是借意外事件來謀利。

4.選擇信譽良好的保險公司

5.分析保險條款

　　保單的條款與投保雙方今後的權利義務關係極大，對此，物業管理者或通過代理人要仔細分析各項條款，比較各種不同保險公司的同一類保單的各種條款的優劣，儘可能地為自己爭得更多的利益，選擇最有利於自己的條款。

(二)保險公司的選擇

目前中國大陸保險公司已有很多家，而且隨著改革開放的深入，保險公司或保險機構會越來越多，因此如何選擇保險公司是一個重大的問題。一般來說，選擇的標準有以下幾項：

1. 保險公司的實力

保險公司的實力是第一位要考慮的。因為對投保人來說，重要的是一旦發生損失，保險人能否得到足額的補償。

2. 工作效率與服務態度

工作效率與服務態度可以統稱為服務品質，這是選擇保險公司第二位要考慮的。通常保險人能提供的服務有：(1)幫助投保人進行風險分析，提供諮詢；(2)協助投保人採取損失預防和減輕的技術措施；(3)及時合理地處理投保人提出的索賠要求；(4)對保險契約的各項條款給以諮詢。對物業管理來說，保險公司的工作效率和態度，會直接影響到物業管理者的工作進度和聲譽。例如電梯受火災而損壞，如果保險公司遲遲不派員來鑑定損失情況，則電梯的修復工作就不能及時進行；又如消防水龍頭爆裂給住戶帶來損失，如保險公司的人員在處理過程中態度惡劣，也會引起住戶對物業管理者的不滿，從而影響物業管理者的聲譽。

3. 保險成本

保險成本一般是投保人支付的保險費。如果在前兩個標準類似的情況下，則保險成本就成了選擇保險公司的關鍵。很顯然，保險費是越低越好。在計算比較保險成本時，由於保險契約的有效期限不同，因此必須考慮貨幣的時間價值因素。

(三) 保險顧問和保險經紀人

由於風險的識別及管理、保險契約的內容、投保額的計算、索賠的程序都是複雜的，其中涉及大量的專業知識。為了避免太多的麻煩，同時能提高投保的成本效益，在經濟許可的情況下，物業管理者可藉助保險顧問或保險經紀人的幫助。保險顧問或保險經紀人的優點是有較深的專業知識，能幫助設計合適的保險計畫和選擇合適的保險公司。又由於保險顧問同時代表著許多投保人，因此在爭取合理保費時要比單獨的投保人處於更有利的地位。

複習思考題

1. 簡述風險的意義及特徵。

2. 風險的類型有哪些？

3. 簡述風險產生的條件和成本。

4. 風險管理的主要步驟有哪些？

5. 風險控制的手段有哪些？

6. 簡述保險的定義及承保條件。

7. 保險的基本原則是什麼？

8. 簡述保險契約的定義及法律特徵。

9. 簡述保險契約當事人的義務。

10. 簡述索賠和索賠時效概念。

11. 購買物業保險的目的是什麼？

12. 為什麼物業管理者在購買保險後不可以高枕無憂、輕率從事？

13. 物業管理企業面臨的一些主要風險有哪些？

14. 物業管理企業面臨的經濟風險有哪些？

15. 物業管理企業面臨的法律風險有哪些？

16. 物業管理中風險產生原因有哪些？

17. 物業管理企業風險管理對策有哪些？

18. 物業管理企業如何進行投保決策及保險公司的選擇？

第十二章
物業管理企業的財務管理

第一節　概　述

一、財務管理的含義及特點

(一)物業企業財務管理的含義

財務管理是指以貨幣為計量尺度，全面、系統、不間斷地反映企業經濟活動的各種實際情況，對各種經濟管理的事前、事中、事後的財務狀況通過預算、核算、決算等方法表示出來，從而把指導、調節、組織、控制企業的各項經濟活動有機地結合起來，使企業不斷地強化有效管理，提高經濟效益。簡單地說，財務管理就是對企業經營活動中的資金運用的管理。

物業管理企業的財務管理就是對物業經營管理中的資金運用的管理。它包括對整個物業經營、管理、服務收費等資金的籌集、使用、收入和分配的管理。物業管理企業的經營業績、經營優勢和缺點、今後努力的方向及措施都可以透過財務報表反映或分析出來。因此，任何企業包括物業管理企業都十分重視企業的財務管理。

(二)物業企業財務管理的特點

1.財務管理的內容複雜

物業財務管理的內容複雜是由於物業管理內容的複雜所引起的。物業管理融經營、管理、服務於一體，管理對象各式各樣，資金的來源和支出各不相同，因此，物業的財務管理的內容勢必複雜。

2.財務管理成本較高

除了少數大企業占用的物業，通常物業管理的收支項目數額比較小，而發生的頻率較高。因此由於費用的收取、催繳、支付、帳務處理工作量的增大，帶來財務管理成本較高。

3.管理費性質內容複雜

由於政府對物業管理行業的干預性，以及物業業主或使用人需求的多樣性，所以管理費的性質和內容比較複雜。例如，對於不同的居住物業，物業管理的收費就有政府定價、政府指導價以及市場價；從內容來說，有的屬於經營收益性質的定額型管理費，而有的屬於代收代付性質的實報實銷型管理費；有的管理費包括了租售的佣金，有的管理費與佣金分別計算；甚至，至今有關物業管理費的名稱都是五花八門，沒有統一。即使最新公布的物業管理條例對此也沒有作具體規定，只是籠統地說物業服務收費的原則，具體由雙方當事人在物業服務契約中約定。

4.財務監督的多元化

由於物業管理性質內容複雜，所以，對於物業財務管理的監督也呈多元性。例如，對於物業的維修基金，由於其屬於業主所有，因此，物業管理企業在使用過程中必須受到業主的監督，大筆的工程維修費，需審計部門審計；對於商品住宅物業管理費的定價，需經物價局核准；對於屬於實報實銷型的物業管理費，其財務收支還要經審計部門或業主的審核並公布，接受廣大業主的監督等；對物業管理企業提供的相關服務，其價格由政府統一定價，並要求公告。

二、財務管理的內容與任務

(一)財務管理的內容

財務管理是物業管理企業經營活動中重要的組成部分，主要內容包括：資金籌集和使用管理、固定資產管理、流動資金管理、專項資金管理，租金收支管理、物業管理費的收取與管理、資金分配管理，以及財務收支匯總平衡管理等。

(二)財務管理的任務

1.開源節流，增加企業經營活力

物業管理行業風險相對較低，因此其收益回報率相對也是較低的。特

別是對於普通的居住物業，由於老百姓的經濟和心理承受能力還不高，政府為了社會穩定的需要，通常對物業管理收費實行政府定價和政府指導價，所以物業管理企業從物業管理收費中獲得的收入總體上來講是不高的，有些承擔大量售後公房管理的原房管所轉制的物業管理企業甚至還會虧損。因此為了使企業不僅能良性運轉，而且能使企業及員工的經濟效益不斷提高，物業管理企業必須進行開源節流。具體措施有兩種：一是擴大經營規模，取得規模效應；二是實施「一業為主，多種經營」的戰略，不斷拓展物業經營管理服務的新領域。

2.盡心盡力，確保應收資金到位

物業管理的基本財源是修繕基金和管理費，而這些費用的收取是面對廣大的住用戶，因此確保應收基金和費用的到位是物業財務管理的一項重要而繁重的任務。物業管理企業應採取多種方法和措施，如宣傳教育，制訂制度，落實責任，上門催討，甚至進行法律訴訟，來確保應收的資金到位。

3.嚴格把關，堵塞漏洞，提高效益

在資金使用上，對各項支出要妥善安排，嚴格控制，注意節約，防止浪費；同時要加強經濟核算，在保證服務內容和質量的基礎上儘量降低成本，提高成本效益。即使是屬於業主的資金，如維修基金，也要盡委託代理人的誠信義務和善良管理人的注意義務，嚴格把關。這樣也可以建立物業管理企業的信譽。

4.強化監督，做好財務安全工作

要建立對資金的籌集運用和分配活動進行監督的制度，使得資金籌集合理合法，資金運用效果不斷提高，確保資金分配合理；同時財務管理還要保護企業財產不受侵犯，貪污、盜竊等違法行為。

三、財務部門的基本職責及財務管理制度

(一)財務部門的基本職責

為了有效地經營管理，物業管理企業一般均設置專門的財務管理部門來進行財務的日常管理。財務部門的基本職責為：

1. 遵守財經紀律，建立健全各項財務管理制度；
2. 做好各種應收款項的收取工作，督促經辦人限期結案；
3. 參與招投標工作，並對重要的經濟契約及投資項目進行評議及審核；
4. 按契約的要求，做好工程費用的撥付、結算工作；
5. 執行審核制度，按規定的開支範圍和標準核報各項費用，負責員工工資獎金的發放；
6. 嚴格執行現金管理制度和支票使用規定，作好收費發票的購買、保管、使用和回收工作；
7. 編制記帳憑證，及時記帳，及時編制各種報表，妥善管理會計帳冊檔案；
8. 擬定各項財務計畫，提供財務分析報告，當好參謀。

(二)財務管理制度

物業管理企業應根據自己經營規模、管理特點及內部經營機制，建立一套適合自身條件的財務管理制度：

1. 財務預算制度；
2. 財務借款制度；
3. 財務報銷審核制度；
4. 財務審核制度；
5. 現金管理制度；
6. 固定資產管理制度；
7. 倉庫管理制度；
8. 材料報廢制度；

9.支票憑證管理制度；

10.往來帳目結案制度；

11.印章使用制度；

12.計帳檔案管理制度；

13.定期公布制度；

14.會計報表制度；

15.財務管理安全制度。

四、財務分析方法及效益指標

(一)財務分析的含義和目的

1.財務分析的含義

物業管理企業的財務分析是指以財務報表和其他資料為依據和起點，採用專門方法，系統分析和評價企業的過去和現在的經營成果、財務狀況及其變動，目的是為了了解過去、評價現在、預測未來，以利於企業改善決策。財務分析的對象是物業管理經營服務活動中資金運用的過程和結果。財務分析的結果是對企業的償債能力、盈利能力和抗風險能力作出評價，或找出存在的問題。財務分析是認識過程，通常只能發現問題而不能提供解決問題的現成答案，只能作出評價而不能改善企業的狀況。例如，某物業企業投資報酬率低，經分析其原因是利潤總額低，進一步分析利潤總額低的原因是成本高，而成本高的原因主要是中央空調費用高。但如何解決中央空調費用高，財務分析不能回答。財務分析是一種對企業償債、獲利和抗風險能力的診斷，但診斷不能代替治療。解決問題還需要專業人員和廣大員工群策群力、獻計獻策。

2.財務分析的目的

企業財務報表的主要使用人有七種：投資人、債權人、經理人、供應商、政府、工會和中介機構。他們的分析目的各不相同。有的為了決定是否投資，有的為了決定是否轉讓股份，有的考慮是否貸款，有的關心是否

能合作，而有的則關心企業的納稅。作為物業管理企業的經理人員，其主要目的是為了改善財務決策而進行財務分析，涉及的內容最廣泛，幾乎包括外部使用人關心的所有問題。

　　財務分析的一般目的可以概括為：評價過去的業績，衡量現在的財務狀況及預測未來的發展趨勢。根據財務分析的具體的目的，財務分析可以分為：(1)流動性分析；(2)盈利性分析；(3)財務風險分析；(4)專題分析，如破產預測、審計師分析性檢查程序等。

(二)經濟活動分析含義

物業管理企業經濟活動分析是指對物業經營、服務、管理全程的每一個環節的消耗、費用、成本或出租率、呆帳率、收入等經濟指標用科學的方法進行分析，找出問題和解決措施，以期在各個環節獲得最佳的經濟效益或效率。物業管理企業的經濟活動分析主要有以下內容：

1. 對任何一項任務或項目都應作出預測，確定計畫成本；

2. 分析人力占用是否符合各項任務的定員標準，有無人力占用的浪費現象；

3. 分析物資的採購、運輸、倉儲、使用過程中有否節約的潛力；

4. 從設備設施的選擇、使用率、利用率、能源消耗、良率等方面，分析提高設備效率、延長使用壽命及降低能耗的效果或管理不善造成的損失和浪費；

5. 對各項管理費用的分析，找出開源節流的措施；

6. 從租金率、出租率、壞帳率以及各項收入的分析，研究提高出租率，追繳欠租、欠費，提高物業收入的具體措施；

7. 分析房屋修繕費用使用情況，尋找增產節約的途徑，爭取最大的經濟效益；

8. 對各項經濟活動進行預決算對比分析，檢查有否高估冒算、漏項以及不合理收費現象。

(三)財務分析方法

根據不同的標準，財務分析的方法可以分成以下幾類：

1.按分析對象包括的範圍，可以分成全面分析、部分分析（就公司的某一核算單位、某一核算內容）和專題分析（就某一核算項目或特定問題）。

2.按分析進行的時間，可以分為定期分析（年、季、月）、日常分析和臨時分析（考核、評定的需要）。

3.按分析的目的，可以分為總結性分析、控制性分析、預測性分析。

4.按分析的數學方法，可以分為比較分析法和因素分析法等。其各自的內容簡述如下：

(1)比較分析法。它是對兩個或兩個以上有關的可比數據進行對比，揭示差異和矛盾。比較分析是分析的最基本的方法，沒有比較，分析就無法開始。比較分析的具體方法種類繁多。

①按比較對象，可以分為趨勢分析（與本企業歷史比）、橫向分析（與同類企業比）和差異分析（與計畫預算比）。

②按比較內容，可以分為比較會計要素的總量（總資產、淨資產、淨利潤等）、比較結構百分比（將財務報表轉換成結構百分比報表）及比較財務比率等。

(2)因素分析法。因素分析是依據分析指標和影響因素的關係，從數量上確定各因素對指標的影響程度，從而可以幫助人們了解主要問題，或更有說服力地評估經營狀況。因素分析法具體又分為：

①差額分析法。例如固定資產淨值增加的原因分析，分解為原值增加和折舊增加兩部分。

②指標分解法。例如資產利潤率，可分解為資產周轉率和銷售利潤率的乘積。

③連環替代法。依次用分析值替代標準值，測定各因素對財務指標的影響，例如，影響成本降低的因素分析。

④定基替代法。分別用分析值替代標準值，測定各因素對財務指標的影響，例如標準成本的差異分析。

在實際的分析中，各種方法是結合使用的。

(四)物業管理效益評估指標

物業管理企業財務綜合效益指標主要有：

1. 人均利潤。它反映公司員工創造利潤高低的指標。

$$人均利潤＝淨利 ÷ 員工總數$$

2. 投資報酬率。它是衡量投資者投入公司資本金獲利水平高低的指標。投資報酬率越高，則說明公司運用資金的效果越好。

$$投資報酬率＝淨利 ÷ 投資總額 × 100\%$$

3. 成本費用利潤率。它是反映公司所花成本的效益水準指標。成本費用利潤率越高，說明化同樣代價所獲得的利潤越高。

$$成本費用利潤率＝淨利 ÷ 總成本費用 × 100\%$$

4. 純益率。它是反映公司所創造的利潤與經營淨收入的比例關係的指標。純益率越高，則表明相同營業收入所創造的利稅額越高。

$$純益率＝稅後淨利 ÷ 總收入 × 100\%$$

5. 資產報酬率。它是反映公司利用資產創利效果的指標。資產報酬率越高，說明公司的資產利用率越高。

$$資產報酬率＝稅前淨利 ÷ 資產總額 × 100\%$$

第二節　物業管理中的資金分類與收繳管理

一、物業管理所涉及的資金種類

物業管理所涉及的資金種類主要有以下六種。

(一)物業管理企業的資本額

物業管理企業的資本額，又稱登記資本額。它是物業管理企業的啟動資金。按照中國法人登記條例規定，企業申請設立，必須要有法定的資本額，它是國家規定的開辦某類企業要有的最低的本錢。據上海市工商局的規定，物業管理企業的最低登記資本額是 10 萬元人民幣。

(二)物業交屋驗收費及開辦費

物業交屋驗收費是物業管理企業在接受、交屋物業時，由營建商向物業管理企業提供的專項驗收費用。它主要用於物業管理企業參與驗收物業時，所花費的專業人員和管理人員的費用，包括人工費、辦公費、交通費和零星雜費等。

物業管理開辦費通常是一些高級物業的營建商，對物業管理的要求較高，因此要求物業管理企業為此物業的正常運轉做較大的初期投入。為了解決物業管理企業資金籌措的困難，通常由營造廠商向物業管理企業提供一筆資金，作為該物業管理項目初期啟動資金的補充。這筆資金可能部分或全部由以後的物業管理費收入中歸還。

交屋驗收費或開辦費根據各地的有關標準或雙方協商確定。

(三)物業管理費

業主和租用者入住或使用物業，接受物業管理公司的管理與服務，同時需向

物業管理公司交納管理費，這也是物業管理委託服務契約中所規定的。

1. 物業管理費的含義

它是指物業管理企業為房屋所有人、使用人提供的物業公共區域的清潔、公共設施的維修保養和保安、綠化等服務所收取的費用。

有關物業管理費的名稱和內容，由於全國沒有統一的名稱，各地的名稱中所包含的內容各不相同，我們這裡實質上指的是物業管理公共服務收費。但是在實踐中，通常使用的名稱是物業管理費。

物業管理費按照計費方式的不同，可以分成定額制和酬金制兩種。定額制即是物業管理企業根據國家制訂的標準或與業主、使用人商定的標準，對提供的各項服務向業主或使用人收取費用，作為物業管理企業的營業收入，在提供服務的過程中，定額收入、自負盈虧；酬金制即是物業管理企業根據一定的標準或歷年的經驗數據，向業主或使用人預收一定的費用作為物業管理的服務支出，年終根據實際支出，實報實銷，物業管理企業以此實際支出（經營性的業主或使用人有的是以經營收入或租金收入）為基數，按照事先商定的比例或方式，收取一定的費用作為物業管理企業的酬金。從嚴格意義上來講，物業管理企業收取的這種酬金，才是物業管理企業真正意義上的收入。定額制所收取的物業管理費，其中大多數（如保安、清潔、綠化等費用）是物業管理企業代業主或使用人花錢，屬於代收費性質的收費，不是物業管理公司的真正收入。

2. 物業管理費定價方式及標準

根據中國國務院物業管理條例，中國物業管理服務費將實行質價相符的原則。但目前的物業管理費按照定價的主體，可以分為政府定價、政府指導價和經營者定價。

(1)政府定價。政府定價的物業管理費是指對售後公房的物業管理收費。它又分成了管理費、保安費及清潔費、電梯水泵運行費幾項。例如，上海市滬房地物（1995）522 號規定有關的收取標準為：

① 1995 年住宅管理費。多層住宅每戶每月 3～5 元，高層住宅每戶每月 5～10 元，由房屋業主支付。

② 1995 年電梯水泵運行費。每平方米建築面積為 0.5 元。房屋業主直接支付 0.1 元，0.4 元由住宅修繕基金列支。

③非居住房管理費。按租金的 25%計算，由房屋業主支付。

④清潔費：住宅每戶每月 3～6 元，由房屋業主支付；非居住房按每平方米建築面積 0.2～0.5 元／月計算，由房屋使用人支付。

⑤保安費。每戶每月 3～6 元，由房屋業主支付；非居住房按每平方米建築面積 0.2～0.4 元／月計算，由房屋使用人支付。

　　清潔保安費的收取，由物業管理企業與業主管理組織協商，在上述範圍內制訂標準，並應實收實銷，合理分攤，無此項服務的，不得收取此項服務費。

(2)政府指導價。政府指導價是指對普通商品住宅收取的物業管理費實行政府指導價，即房屋所有人按經所在地物價部門認可的標準繳納費用。政府指導價是物價管理部門根據當地經濟發展水準和物業管理的服務水準，徵求同級房產管理部門的意見，制訂的收費標準。如上海市就給出了全市不同地區的物業管理費的標準價及浮動幅度。要求全市的普通商品住宅的物業管理單位遵照執行。按照 1996 頒布的標準，市區多層住宅每平方米建築面積每月為 0.40～0.50 元；市區高層住宅每平方米每月 0.50～0.80 元；浮動幅度為正負 10%～30%不等；

(3)經營者定價。外銷商品住宅、高級內銷商品住宅或非居住用房的物業管理費實行經營者定價。即由產權人（或產生的業主委員會）同所委託的物業管理單位商定收費標準，並報所在地的物價部門備案。經營者定價沒有固定的標準，根據物業管理企業提供的服務標準，根據業主對服務的要求及經濟承受能力，由雙方協商確定（具體定價方法見第三節）。

3.管理佣金的定價方法及標準

　　管理佣金是物業管理公司為組織物業管理服務而應取得的報酬。物業管理者在履行了物業管理職責，完成了物業管理協議所規定的服務項目後，物業業主應支付給物業管理者相應的管理佣金。管理佣金的確定因物業管理協議的不同而不同。通常訂定的方法為：

(1)業主出租物業時，按照租金收入訂定：

$$管理佣金＝業主年租金收入 \times 佣金比率$$

(2)業主直接使用物業時，根據物業價值和約定使用年限計算：

$$管理佣金＝\frac{物業價值}{物業約定使用年限} \times 佣金比率$$

管理佣金比率一般為 4%～5%，具體的佣金比率和佣金支付方式由雙方協商確定，並在管理協議中作出明確規定。

(3)按定額佣金或行業利潤率訂定。該種佣金訂定辦法目前被廣泛採用。在採用行業利潤率的情況下，管理佣金的基數可以為管理費收入，也可以為實際支出額，其計算公式為：

$$管理佣金＝管理佣金基數 \times 行業利潤率$$

行業利潤率一般為 8%～15%，具體利潤率可由雙方根據物業的等級和管理能力等協商訂定。深圳市物業管理行業管理辦法明確規定有關管理佣金不得超過物業管理成本的 10%，而管理成本主要由下列各項支出組成：管理人員工資及福利、清潔消毒費、治安防範費、公用配套設施日常維修養護費、園林綠地維修養護費、固定資產折舊及辦公費、公用部位水電費、電梯運作維修費、中央空調費等。

(四)房屋維修資金

為了維護物業的正常使用功能，延長物業壽命，需要對物業不斷進行日常養護和維修，並進行必要的大修或更新。房屋維修資金是指新建住宅保修期滿後，用於物業共用部位、公共設備、公共設施的突發事故處理及大、中修理等費用的儲備基金，這項費用一般由業主及營造商共同提供。

房屋維修資金屬全體業主所有，應當按幢立帳，按戶核算，不能挪作他用。維修資金應當以業主委員會的名義存入銀行專業帳戶，專款專用。在深圳，物業管理修繕資金主要由住宅區公共設施專用基金和本體維修基金組成。

1. 住宅區公共設施專用基金

住宅區公共設施專用基金，有些地方又稱之為物業售後服務專用基金。公共設施專用基金一般是由營造商提供，主要用於購買管理用房、墊支購買部分商業用房及公共設施的重大維修工程（含改造）項目。對於該項基金的建立及其有關標準，目前國家尚無統一的明確規定，各地做法亦有所不同。深圳市規定開發建設單位必須按住宅區建設總投資 2%的比例一次性向管委會劃撥，並由區住宅管理部門設立專門帳戶管理。住宅區公共設施專用基金的所有權屬住宅區全體業主和業主管理委員會；專用基金的主管部門是市住宅主管部門和區住宅管理部門。

公共設施專用資金的使用必須經業主大會審議通過後，報區住宅管理部門申請。公共設施專用資金用於重大維修工程的範圍包括：區內道路、路燈、溝渠、池、井、園林綠化地、地下排水管等，以及產權屬於全體業主共有的文化娛樂體育場所、停車場、走廊、自行車房（棚）等物業。專用基金用於重大維修養護項目的標準是：

(1)區內道路路面、路基嚴重損壞、造成無法通行的；

(2)路燈線路需要改造或重新鋪設的；

(3)溝、渠、池、井壁（面）出現嚴重斷裂或破損的；

(4)園林綠化地樹木、草皮及雕塑、裝飾品等設施需重新造植或更新改造的；

(5)文化娛樂體育場所需改造、改建，或因房屋的基礎傾斜造成裂縫，或因結構等原因造成柱、樑、板牆、裂縫嚴重損壞的；

(6)停車場、走廊、自行車房（棚）需更新、改造、改建的；

(7)地下排水管網大修、更新、改造等。

專用基金用於住宅區公共設施重大維修養護工程項目時，只能使用基金的增值部分。管委會有權監督使用專用基金的重大維修工程項目的施工品質。專用基金的收支帳目，由管委會、物業管理公司定期進行公布。

2. 房屋本體維修基金

房屋本體維修基金又稱為公共基金，用於房屋本體共（公）用部位及設施的維修養護。共用部分是指結構相連或具有共有、共用性質的部位、

設施和設備，包括：房屋的承重結構部位（包括基礎、屋蓋、樑、柱、牆體等）、抗震結構部位（包括構造柱、樑、牆等）、外牆面、樓梯間、公共通道、門廳，公共屋面、本體共用排煙道（管）、電梯、機電設備、本體消防設施、公共天線、本體上下水主管道及共用智能化系統等。

房屋本體維修基金是屬於全體業主共有的財產，各業主按其所占的管理份額分擔費用來源、費用支出及擁有其所應占有部分的所有權。任何不再擁有業權的原業主，將不再具有在維修基金中的所有權益。在深圳，業主自房屋竣工交付使用保修期滿後的第一個月起，按月向物業管理公司下屬的管理處繳交本體維修基金。有關基金繳交標準可依據測算標準或參照政府指導標準。本體維修基金的 30%用於房屋本體共用部位的日常維修和零星小修，其餘 70%用於房屋本體共用部位中修以上維護工程（含新增和改造工作）

在香港等其他地方，維修基金的來源通常有以下途徑：
(1)各業主在入夥獲得其物業的同時，應繳納相當於 3～6 個月管理費的基金費用。
(2)管理公司與業主委員會協商，每年從管理費中提出 1%～5%（預算時就應列入）補充基金，逐年積存。
(3)當年度管理費有結餘時，將其中部分費用納入基金中。

基金是業主共有的，因此基金的管理必須有業主委員會的參與，接受全體業主的監督、查詢。通常管理處對本體基金以房屋本體每棟為單位進行專（記）帳管理，並設立專用帳號存儲本物業的本體基金。管理公司應制訂嚴密的基金管理制度，以防止基金的無謂消耗及損失。基金的使用情況應及時、透明地通告全體業主。

當物業維修基金數額巨大時，若存於銀行不使用，必然會隨著時間的增加和物價的上漲而貶值。因此，在保證資金安全的前提下，促使資金的增值運作是十分重要的。當然，資金的增值運作必須經過業主大會討論通過。在業主大會明確授權的前提下，業主管理委員會的和物業管理公司可以將這一資金委託專業資金管理公司或企業，由其利用專業知識和經驗進

行操作，從而實現資金的增值運作。

　　例如，在上海市實施物業管理條例的若干意見中規定：新建成商品住宅以及住宅物業管理區域內的非住宅物業的維修資金籌集、使用和管理，應按照市政府有關維修基金的規定執行。

　　新建非住宅物業出售時應設立維修基金，具體標準和設立方式由物業出售人和物業買受人參照上海市商品住宅維修基金管理辦法的規定，在房屋出售契約中約定。成立業主大會的維修基金應以業主大會的名義存入專戶銀行，設立專門帳戶，按幢立帳、按戶核算。

　　在前期物業管理期間，按規定設立的維修基金由區縣房地產管理部門代為監管；業主大會成立並選聘物業管理企業後，由區縣房地產管理部門移交給業主大會。

(五)綜合服務與多種經營收費

綜合服務與多種經營收費是一種個別化的有償服務收費，由物業管理者根據「使用者付費」的原則，向接受服務的對象收取。

服務收費的基本範圍：

1.同社區服務相結合的項目，主要包括：

(1)家務代勞：如搬家，代聘保姆，代收各種公用事業費，代訂報刊雜誌，代送早點，代接送小孩……

(2)教育衛生：如照料病人，代請醫生，幼兒托顧中心，業餘培訓……

(3)文化娛樂：如各種文化、娛樂、體育設施，俱樂部，文化活動室，健身房，舞蹈教室等；

(4)商業據點：小型商場，飲食店，菜場，公用電信服務，家電維修等；

(5)社會福利：老年活動室，照顧孤寡老人等。

2.多種經營的項目，主要包括：

(1)諮詢，房屋裝修，建材買賣，中介服務，車輛維修，花木服務……

(2)旅遊，餐飲，飯店，零售百貨……

(六)其他費用收取

這部分費用主要指物業管理者在進行物業管理過程中，所收取的費用，例如建築垃圾清運費，物業管理區域內的停車費等。前者為代收代繳性質。後者則分為兩種情況：產權屬營建商的地下車庫停車費歸營建商，地面停車費屬於全體業主，納入維修資金，物業公司在用於成本支出外，不可挪作他用。

二、物業管理費的收繳、催收管理

物業管理費是依管理支出預算，按業主面積來計算分配並由業主共同承擔的。管理費的按時收繳是維持物業日常管理正常運作的重要保證。管理公司在實際管理中，管理費的收繳率難以做到 100%。因此，如何做好管理費收繳或催收工作是物業公司財務管理的重要內容。

對於用戶拖欠管理費用，管理公司通常採取以下應對措施，以確保有關費用能及時收繳：

(一)如遇用戶日間無暇，可與用戶預約繳費方式、時間或由管理處安排人員親自收取。

(二)如用戶一段時間內不在該處，管理公司可建議其預備一筆費用存入銀行，由管理公司透過銀行代為繳扣。

(三)倘若用戶在繳款期屆滿之後仍未繳費，管理公司可按章向其收取滯納金。為維護與用戶之間的良好合作關係，管理公司在收取滯納金時可視不同情況酌情處理，比如遇繳款日適逢節假日或個別用戶確實不在該處等。

(四)對於拖欠、拒交管理費用的用戶，管理公司首先應通過電話或登門禮貌催收，並了解其拖欠、拒付原因。如屬營建商應承擔的房屋品質問題，管理公司應耐心做好工作，解釋交管理費與處理這些投訴並不矛盾，是兩碼事。當然管理公司也應站在業主一邊，協助業主共同與營建商交涉，但不交管理費將損害到其他用戶的利益。如屬管理服務品質問題，並經確認情況屬實，則應認真對待，妥善解決，在向用戶表示歉意後再行向其收繳所欠的管理費用；對於遭遇不順或感覺不舒服便動輒以拒交管理費為手段

的，則應多做溝通工作，講明道理，消除積怨；如屬費用不明或有異議，則可進行解釋、說明；對一些不了解、不理解物業管理費的用戶應耐心地做說明。

㈤對於個別採取不合作或持冷漠態度的用戶，或新業主不願意承擔上家業主欠費的情況，管理公司應依據公約及其他規章耐心說服解釋。長遠來說，要加強管理公司與用戶間的友好關係，鼓勵更多用戶參與關心管理事務，讓他們產生歸屬感。

㈥對於無故拖欠、藉口拖欠或無理拒交的用戶，管理公司可透過電話或寄發通知單、掛號郵件等催繳追討，並照章計收滯納金。連續 3 個月不交的，管理公司可在公布欄張貼有關用戶的欠費情況，並依據管理公約之授權實施相應措施。對於累計欠費達 6 個月以上的用戶可循法律途徑追討。

㈦租賃物業管理費通常由承租方來繳交，如若房客結束租約尚欠管理費用時，業主必須承擔該用戶所欠交的一切費用。

由於物業管理工作的特點，管理公司不可能長期墊支費用，使管理費周轉出現困難。因此除及時收款外，還應加大透明度，每年年終將應收款帳目整理公布。在催繳函中可附列有關繳費涉及法律責任、訴訟權益的條款，再次讓業主或用戶明確了解。此外，所有資料都應存檔並妥善保管，以備日後查驗或取證時使用。

第三節　物業管理費的內容及訂定

一、物業管理費的內容

物業管理費是指物業管理企業接受物業產權人、使用人委託對建築及其設備、公用設施、綠化、衛生、交通、治安和環境等項目開展日常維護、修繕、整治服務及提供其他與用戶生活相關的服務所收取的費用。對管理費用的收取，必須按物業分類計算，合理分攤，量出為入。

管理費開支主要有以下方面內容：

㈠員工薪金。包括員工工資、津貼、年資津貼、加班補貼、膳食補貼和年終
　獎金等。

㈡人事福利費用。包含勞動保險、福利、醫療和住房公積金等。

㈢管理機構行政管理費用。包括通訊費用、辦公用品費用、應酬費用、宣傳
　及印刷複印費用和交通費用等。

㈣保險費。含財產一切險、設備損壞險及公共責任險等。

㈤設備設施維修及保養費用。包括中央空調、供電設備、電梯、公共電視天
　線系統、給排水、消防系統、備用電源及玻璃帷幕等的維護保養費。

㈥清潔衛生費用。包括垃圾清運、衛生清潔、環境消毒、衛生防疫（含二次
　供水檢疫）、化糞池清污費、清潔工具及物料損耗費等。

㈦公共綠化費用。包括綠化、室內園藝布置、花木養護和工具等的費用。

㈧保全費用。包括保全制服、警械及對講設備（含無線電頻道管理費）等的
　費用。

㈨管理佣金。指管理者履行管理義務時，全體業主（用戶）向其支付的報
　酬，通常不超過管理成本的 15%。

㈩物業管理單位固定資產折舊費。包括車輛、電腦、影印機、冰箱、辦公家
　具及維修管理設備等的折舊費用。

㈠稅費。除代收代繳的水電費以外的管理、服務項目的法定稅費。

㈡其他未知費用。其他為管理而發生的合理支出。

此外，物業項目管理的前 3 年，可將開辦費用納入管理費中分 3 年分攤收回。

物業管理費標準的核定是物業管理工作中一項非常重要的內容。制訂收費標
準的一般原則是參照當地政府頒布的指導標準，結合建物等級，遵循合理、公開、
競爭的準則制訂。合理的物業收費標準應同時兼顧管理者和用戶的利益，報當地
物價部門批准或經業主委員會同意批准後方可實施。

二、物業管理費的訂定

(一)物業管理費的分類

1. 按照計費的方式不同，可以分成定額制和佣金制兩種（具體內容前面已有敘述）。

2. 按照管理費的形式不同，可以分成三種：

(1)定額管理費。即物業管理企業每年或每月收取固定數額的管理費。這種方式一般普遍適用於非營利性物業管理，或一些變動因素（如中央空調運行費、維修基金）單列核算的物業，如住宅、辦公大樓等。而對於一般的營利性物業，這種管理費收取方式則顯得不科學，因為定額管理費都是預先商定的，往往易使物業管理公司不願意花精力，更不願意花錢去改善物業的管理，而維持現狀。

(2)百分比管理費。即物業管理企業收取管理費時以物業管理支出的某個百分比，或以物業收入的某個百分比計算。以下為物業收入百分比管理費的計算公式：

$$百分比＝預算管理費總額 \div 預計物業總收入－預計空屋及呆帳損失 \times 100\%$$
$$某單位物業管理費＝某單位的營業收入 \times 確定的百分比$$

物業支出百分比管理費的特點是支出越多則其業主或租住戶支出的管理費就越多，這種取費標準有其科學的一面，即物業的支出越多，反映了物業管理公司所進行的管理工作量越大，故其所收取的管理費也應該越大。採用這種收費標準會有助於鼓勵物業管理公司積極開展物業的改善工作；但這種方式往往會使物業管理公司浪費管理費的支出，影響物業管理資金的合理、有效的使用，所以這種方式在物業管理實務中實用性較差。而收入百分比形式僅適用於營利性物業，物業的收益越大，則物業管理公司獲取的管理費收入也越大，這種方式常常受到業主與物業管理公司的歡迎，因為它可以激勵物業管理公司千方百計，透過完善

的管理、服務及科學經營使物業業主的經營收入與經營利潤最大化,同時使物業管理公司獲取較大的管理費收入。但它的缺點是,一旦物業的經營收入因不是物業管理公司管理不善的種種原因而大幅度下降,以至由收入百分比計算的管理費入不敷出,會使得物業管理企業因虧損而難以為繼。

(3)定額加超額部分百分比。這種方式是對第二種方式的改善,它一般也僅適用於營利性物業管理。這種管理費的確定是首先由業主與物業管理公司協商確定一個與一定的經營收入額度相關的定額管理費,如實際的經營收入低於此額度,則物業管理企業只能收取此定額管理費;如果物業的經營收入超過此額度,則按超過部分的一定比例收取超額的管理費。這種形式會促使物業管理公司不斷改善物業經營環境,提高物業的經營收入及經營利潤,這對於業主與物業管理公司雙方都是十分有利的,所以這種形式在商業物業經營管理中被普遍採用。此種方式的計算公式為:

某單位的物業管理費=定額管理費+(某單位營業收入-商定的收入額度)×商定的百分比

3. 按照物業管理費確定的主體不同可以分成政府定價、政府指導價和市場價。

4. 按照計費單位不同可以分成兩種,一種按單元或套計取,即為元/套·月或元/單元·月。這種方式一般適用於業主擁有或租住戶占用的物業是相對獨立的情況,如住宅、公寓及分隔均勻的辦公大樓等。另一種按面積(包括建築面積或使用面積兩種)計費,即為元/m^2·月,這種方式的適用面較廣,特別適用於租賃型以及物業單位大小差別顯著的商業性物業,其特點是計量較精確、合理,但比較繁瑣。

(二)物業管理費的核算

對於採取市場定價的物業管理收費模式的物業管理企業來說,一項重要的工

作是管理費的核算，它不僅關係到能否保證物業管理所需的費用，同時也是物業管理者獲取合理利潤的保障，物業管理費的核算是物業管理實際運作中較難解決的問題之一。

物業管理費核算方法的合理性及管理費收取標準的高低不僅會直接影響物業業主（租住戶）與物業管理者的利益，而且會影響物業管理的工作效果，甚至會影響物業管理行業的發展。對於物業管理者來講，對投標交屋某項物業或對已管物業新年度進行預算時，必須首先進行管理費的核算並確定收取標準。確定的基本原則是必須保證物業各項管理費用的收支平衡，而對於專業性的物業管理公司，還必須保證其獲取合理的期望利潤。

不同物業具有不同的物業管理性質與要求，甚至管理模式也不同，進行物業管理的組織形式也有顯著的不同。從前面的分析來看，我們知道物業管理者可以是專業的物業管理公司，也可以是業主自行組織的物業管理機構，而被管理的物業可以是非營利性的，也可以是營利性的。不同的物業或不同的物業管理類型其管理費的分攤或收取標準往往也是不同的。但是不管怎樣，物業管理費的核算方法基本可以分成下述三類。

1. 公司費用分攤法

如果物業管理公司承接的物業類型及物業管理性質基本相似，則可選擇採取物業管理公司管理費用分攤法。即首先估測公司一年內的管理費用總額，包括管理直接費和間接費，然後，以管理費用總額除以公司所能管理物業的單元或面積數，並加上一定的百分比作為管理公司的利潤而得到物業單位管理費。即：

公司預計管理費總額＝所能管理物業的直接費＋公司間接費

物業基準單位管理費＝公司預計管理費總額 × （1＋期望利潤率）

÷ 公司正常所能管理的物業單位或面積數

在確定具體物業管理費標準時，還需根據物業的實際情況及物業管理的特殊性質、內容與要求，對以上求得的物業基準單位管理費進行適當的調整。例如，一個分散的物業要比一個同樣規模而相對集中的物業的管理

工作複雜得多，當然其管理費用的支出也會大得多，因為分散物業管理工作的效率較低，最容易理解的是管理人員與物資在路上花費的時間要多得多；而物業結構與功能的缺陷或者物業長久缺乏維修、保養，都會使物業管理費的支出增加；也不排除使物業基準單位管理費向下調整的可能性。總之，對於一個物業管理者來說，物業單位管理費的調整是十分必要的。

具體物業的單位管理費標準＝物業的基準單位管理費±調整值

或　　　　　　　　　　　　　　＝物業的基準單位管理費×調整率

例 12.1　某物業管理公司要對其新交屋理的物業A制訂管理費標準，已知該物業管理公司目前共管理 10 個物業，共計 1 萬個單元，100 萬平方米，而根據分析該公司正常所能管理的物業應為 12 個，約計 1.2 萬／每單元，120 萬平方米，且在正常情況下，物業公司總部的間交屋理費每年需 200 萬元，直接費用為 1,500 萬元。若已知物業A共有 800 個單元，7.8 萬平方米，其物業由於為新建物業，且功能合理，故預計其管理難度為一般物業管理的 95%，預計物業管理公司的合理期望利潤為管理費用總額的 10%。

根據分析，物業A的管理費標準確定，宜採用物業管理公司管理費分攤法，則有：

公司預計管理費總額＝所能管理物業的直接費＋公司間接費

$$= 1,500 + 200$$

$$= 1,700（萬元）$$

公司基準單位管理費 $= 1,700 \times (1 + 10\%) \div (12,000 \times 12) = 0.013（萬元）$

$$= 130（元／月・單元）$$

物業甲的管理費標準 $= 130 \times 95\% = 123.5$ 元／月・單元

上述例子是以單元為單位核算的，如果以單位面積來核算也同樣可以。

2. 物業成本分攤法

通常，一個大型的物業管理企業所管理的物業類型、用途、業主管理

的需求等各不相同，因此，其物業管理費的核算不應用公司管理費分攤確定，而應從物業本身情況出發，即首先通過編制該物業管理預算計畫，估算物業一年內的直交屋理費及應分攤的間交屋理費額，然後根據物業的管理費總額及物業管理的合理期望利潤，按物業的單元或面積數進行分攤，確定物業的管理費標準，即：

物業分攤的間交屋理費＝公司需分攤的管理費總額 × 物業的單元或面積數

÷ 公司所能管理的物業單元或面積總數

物業的管理費總額＝物業的直交屋理費＋物業分攤的間交屋理費

物業的月管理費標準＝（物業的管理費總額＋期望利潤）

÷ 物業的單元或面積數 × 12

或 ＝物業的管理費總額 × （1＋期望利潤率）

÷ 物業的單元或面積數 × 12

例如，我們來看上例的物業管理公司管理物業 B 的管理費核算，B 物業一年的直交屋理費總額為 96 萬元，且物業共有 800 個單元，合 8.2 萬平方米，則物業 B 的管理費攤分可得：

物業 B 分攤的間交屋理費＝公司需分攤的管理費總額×物業 B 的單元數／公司所能管理的物業單元總數 $=\frac{200 \times 800}{12,000}=13.333$（萬元）

物業 B 的管理費總額＝物業 B 的直交屋理費＋物業 B 分攤的間交屋理費

＝96＋13.333

＝109.333（萬元）

物業 B 的管理費標準＝物業 B 的管理費總額 × （1＋期望利潤率）

÷ 物業 B 的單元數 × 12

＝109.333 × （1＋10%）÷ 800 × 12

＝125.3（元／月‧單元）

表 12.1 是物業成本分攤法一個實例，供參考。

表 12.1　某大廈 1998 年度管理預算　　　　　　　　　　單位：元

收入／支出項目	1998 年度
一、收入	
商住樓管理費	
商住樓管理費	5,296,478
商場管理費	13,147,660
寫字樓管理費	3,276,067
住宅樓管理費	2,488,910
總收入	24,209,115
二、支出	
1.薪金及福利	
員工薪金	6,909,272
制服及洗衣費	366,480
小計	7,280,000（約）
2.維修及保養	
大樓工程	280,000
電器設備	310,000
供水／排水系統	140,000
空調	420,000
消防設備	200,000
污水處理系統	150,000
升降機及電梯	216,000
會所設備（不包括）	（120,000）
電話系統維修	120,000
雜項	120,000
小計	1,956,000（約）
3.管理費用	
電費	5,590,000
水費及排污	551,200
清潔及除蟲	2,040,000

收入／支出項目	1998 年度
電話費	90,000
節日裝飾	200,000
園藝及植物	300,000
保險	270,000
雜費	380,000
法律顧問費	100,000
小計	9,521,200（約）
4.儲備基金（5%）	1,200,000（約）
5.稅項	1,400,000（約）
6.經理人佣金	2,900,000（約）
7.總支出	2,425,7000（約）
8.盈餘（赤字）：	（48,000）約
三、管理費標準	
1.商住大樓	12.91/ m² · 月
2.商場	34 · 43/ m² · 月
3.辦公大樓	30.12/ m² · 月
4.住宅	6.46/ m² · 月
四、可收取管理費的面積如下	
1.商場	31,850 m²（1～4/F）
2.辦公大樓	9,070 m²（5/F）
3.商住大樓	34,215 m²（A, B 座）
4.住宅	32,157 m²（C, D 座）

3.工時核算法

　　工時核算法是美國物業管理行業使用的一種計算物業管理收費的方法。它比較適應於規模較小的物業，並純粹是計算管理人員的費用，不包括維修、保全、綠化等屬於業主物業的開支。下面透過一個計算實例來作一介紹，如表 12.2 所示。

☒表 12.2　物業管理計費表　　　　　　　　　　單位：美元

物業名稱：
物業單元數＿＿300＿＿＿＿　居住人數＿＿1,200＿＿＿＿辦公室＿＿＿商店
物業建造年數，現狀，維修情況＿＿＿＿＿＿＿＿＿15 年、狀況良好＿＿＿＿＿＿
距本公司距離＿＿＿＿＿＿20km＿＿＿＿　現場管理人員＿＿＿＿4＿＿＿＿
公共活動區管理費＿＿＿＿＿＿＿＿＿＿＿＿＿＿＿＿＿＿＿＿＿
管理／租賃＿＿＿＿＿＿租賃＿＿＿＿＿＿＿

內　容	次數／月	時數／次	合計時數	費用額
1. 物業管理現場經理服務費				
物業檢查	1	6	6	120
現場檢查	1	4	4	80
改建工程監督	—	—	—	—
業主／投資人／業主團體會議	1	2	2	40
交通時間工資開支（20 美元／小時）			4	80
每月現場辦公時間			10	200
交通費用（100km × 0.25 美元／km）				25
小計				545
2. 物業管理主管費用				
業主／投資者／業主團體會議	1	2	2	200
現場視察	—	—	—	—
諮詢服務	1	2	2	200
物業監察	1	4	4	400
契約審查	1	4	4	400
預算制訂	—	—	—	—
交通時間工資開支（50 美元／h×3h）			3	150
交通費用（75km×0.15 美元／km）				12
小計				1,362
3. 會計及辦公人員服務費				
帳務處理（天／月）	4	8	32	320
收支事務處理	4	8	32	320
帳單訂制	1	10	10	100
工資帳務	2	8	16	160
準備經營報告	4	4	16	160
準備租戶通知	50	1	50	500

內　容	次數／月	時數／次	合計時數	費用額
報表複製	10	2	20	200
與業主交換意見	—	—	—	—
小計				2,210
4.合計				4,117
5.總公司費用分攤及管理利潤		分攤比例		
經常項目開支		10%		411
市場促銷費		1%		41
利潤提成		20%		821
6.每月管理費合計				5,390
7.每月管理費單價		5,390 美元÷300 單元 ≈ 18 美元／月・單元		
列表人：　　　　　　批准人：				

複習思考題

1. 簡述物業企業財務管理的特點。

2. 物業企業財務管理的任務是什麼？

3. 簡述財務分析的含義和目的。

4. 財務分析的方法如何分類？

5. 物業管理資金有哪些來源？

6. 簡述物業管理費定價方式、標準。

7. 物業管理費有哪些分類？

8. 物業管理費的核算方法有哪些？

第十三章
物業資訊管理

第一節　資訊管理的基本概念

一、資訊與物業資訊管理

(一)資訊的定義及特點

1. 資訊的定義

資訊是對客觀世界的現象，透過直接觀察或對訊息的語文解釋而得的知識。訊息是人們通訊活動中的實體，而資訊是訊息的含義或內容。因此，可以這樣說，資訊是指人們對客觀世界的認識，即知識。

資訊與數據是兩個不同的概念。數據是存儲在一種媒介物上的非隨機的記號或符號，它透過有意識的組合來代表關於客觀世界中某個實體（具體對象、事物、狀態或活動）的資訊。數據本身是一種記號或符號，它本身並不代表知識，只有通過有意識的組合，才能傳達出有關實體的資訊。

資訊概念的重要性在於，它是人類一切社會活動的基本條件之一，是與物質、能量並列的人類活動的最重要的概念。人們從事種種社會活動，期間總要交流思想、記錄情況、分析問題，這些都是在處理資訊。自從人類進入文明社會以來，就一直以種種方式記錄和處理資訊，特別是進入現代社會以來，人們接觸的範圍越來越廣，工作越來越複雜，需要處理的資訊越來越多，而給與處理資訊的時間卻越來越短，因而不得不考慮資訊的管理。

2. 管理資訊的特徵

作為管理活動的依據，管理資訊有以下特徵：

(1)真實性。只有真實地反映客觀事實的資訊才是有價值的。任何虛假和錯誤的資訊都可能導致錯誤的決策。

(2)時效性。在激烈的競爭環境中，及時獲取資訊並迅速作出判斷和決策是至關重要的，過時的資訊可能毫無價值。

(3)不完全性。由於人們認識事物的程度有限,有關客觀事實的資訊是不可能全部得到的。管理者應善於獲取主要的和關鍵的資訊,儘量減少因資訊不全而導致的決策風險。

(4)適用性。管理資訊對於決策者來說,適用是很重要的。資訊並非越多越好,過多的資訊會使決策者無從下手。

(5)價值性。管理資訊是一種資源,因而是有價值的。有時為獲得一項重要的資訊要付出很大的代價,然而,有價值的資訊帶來的回報將更大。

(二)物業資訊的定義

資訊是一種知識,是人們對客觀世界的認識。而物業資訊就是有關物業(包括物業管理)的知識。是人們在物業的產生、交易、維護、處置過程中人與人、人與物、物與物關係處理的各種記錄、文件、契約、技術說明、設計圖等資料的總稱。例如,承包契約、委託監理契約、土地使用權證、設備使用說明、施工圖、契證、租賃契約、納稅記錄、抵押貸款契約等都是有關物業的資訊。

正如資訊對於人類社會活動所具有的重要性一樣,物業資訊對於高效優質的物業管理活動具有極其重要的意義。不利用或不會利用物業的資訊,都將給物業本身、物業的業主及物業管理組織帶來不同程度的損失。

(三)物業資訊的來源及內容

物業資訊的來源按不同的標準有不同的分類。按時間順序分,有涉及規劃設計階段、施工階段、驗收階段、招商階段、遷入階段和日常管理階段等不同階段的資訊;按物業管理參與者的不同來分,有來自業主、物業管理部門、政府部門、承租戶和其他相關的服務或管理的部門或企業的資訊;按資訊的性質分,有來自技術、經營、行政人事、管理及法律法規等方面的資訊。為了便於了解物業資訊的具體內容,我們按時間順序列出以下一些主要的內容:

1. 規劃設計階段資訊:(1)土地購買契約、土地使用證、房屋所有權證等權屬證書;(2)規劃許可證、建築許可證、預售許可證等各類經營活動的批准證書;(3)規劃設計圖、建築設計圖、建築施工圖、施工契約、施工組織設

計、施工預決算書等文件。

2. 施工及驗收階段資訊：(1)竣工圖；(2)竣工工程項目一覽表；(3)設備技術清單（設備名稱、規格、數量、場地、主要性能、單價、隨機工具及配件等）(4)設備技術手冊、使用說明及保證書；(5)設備安裝調試記錄；(6)土建施工記錄；(7)建（構）築物監測記錄；(8)隱蔽工程驗收記錄；(9)工程事故發生及處理記錄；(10)設計圖會審記錄、設計變更通知和技術核定單等；(11)項目重要的技術決定和文件；(12)驗收計畫和驗收會議記錄；(13)驗收記錄；(14)送修記錄；(15)驗收總結報告。

3. 委託管理階段資訊：(1)委託管理招標文件；(2)物業管理投標文件；(3)物業管理委託契約。

4. 招商階段資訊：(1)招租物業的平面圖；(2)招租許可證及委託書；(3)租金及管理費測算書；(4)租賃合同；(5)廣告策劃資料。

5. 用戶遷入資訊：(1)遷入通知書、遷入須知；(2)業主公約（業主臨時公約、公共契約）；(3)用戶資料；(4)業主委員會章程；(5)用戶手冊；(6)用戶進住驗收表；(7)用戶進住交費清單。

6. 日常管理資訊：(1)業主、租戶變動更換情況；(2)工作規範、管理制度；(3)工作記錄；(4)大中小修記錄；(5)維修承包契約及預決算；(6)保安、保潔、綠化等項目承包契約等資料；(7)用戶來往信件、投訴及處理資料；(8)年度工作計畫、總結、報告；(9)人事檔案；(10)保險資料；(11)法律法規及政府有關文件；(12)財務報表、工資報表、管理費、租金收繳憑證等；(13)質量體系文件。

7. 多種經營及公共關係資訊：(1)政府各管理部門的聯繫人、聯繫方式；(2)各供應商、服務商名單；(3)媒體、協會等友好單位資訊；(4)小區多種經營、特約服務的各支持單位的資訊。

㈣資訊在物業管理中的作用

1. 資訊的認識作用

　　人類知識的積累是資訊收集與加工的結果，而經驗實質上就是大量資

訊的積累、整理並從中抽象出規律性的東西。物業管理過程中所涉及的事物繁雜，要進行有效管理，必須要求物業管理者有多方面的經驗。這些經驗的取得，離不開對所收集的資訊的分析、提煉，從而得到規律性的東西。例如對物業設備的檢驗、保養、維修記錄的分析使物業管理者對某種設備發生故障、損壞的規律有所了解，這樣就可以適當安排人力、備料以最低的成本來保證最佳運營狀態。

2. 資訊的心理作用

在管理中，資訊還能發揮巨大的心理作用。在社會經濟組織中，除技術和社會因素之外，心理因素也不可忽視，在某些情況下，它還能起相當大的作用。例如，在租賃活動中，可以透過各種管道，以各種不同方式向社會公眾傳播該物業獨特的優勢，以激起客戶的租賃欲望。也可以定期發布物業管理資訊資料，向用戶傳達物業管理公司近期和遠期的工作目標、實施計畫等，以使全體用戶了解，從而使用戶體會到主人翁的感覺，在心理上以至行動上對物業管理工作積極支持和配合；對物業管理中遇到的困難，也實事求是地讓用戶了解，以取得諒解和同情。另外，物業管理者也應懂得嚴格控制一些不應擴散的資訊，避免帶來消極的影響。

3. 資訊的預測作用

資訊不僅反映過去，而且還可以預測未來，這是資訊的預測作用。用資訊進行預測是建立在對於已有資訊深入分析的基礎之上的。預測的方法有多種，如外推法、模擬法等。物業管理者在物業管理工作中應充分利用資訊的預測作用。例如，可以利用市場分析的資料預測物業的租金，利用同區段其他同類物業的經營費用資訊以及本物業歷史上的經營費用資訊預測本物業今後的經營費用和維修費用。

4. 資訊的控制作用

作為人為系統，社會經濟系統總是圍繞某一或某些設定的目標進行活動的。也就是說，在某種控制的作用下，以保證目標的實現。在這裡，資訊對保證控制起著十分重要的作用。首先，對系統狀態的感知及收集有關自身狀態的資訊；其次，把目前狀態與期望狀態進行比較；第三，依據測

得的偏差與事先設定的原則和標準，作出採取何種行動的決策；第四，把決策即決定採取何種行動的命令下達給執行部門；最後，執行過程中自身狀況的變化資訊再回饋到管理部門，進行新一輪的循環，以保證管理目標的實現。在物業管理中，不論是物業管理企業目標的實現、業主期望目標的實現，還是具體某個設備設施的正常運行，某個維修項目的成本、進度、質量管理，都離不開資訊的控制作用。

5. 資訊處理不當的消極作用

　　資訊處理不當的消極作用表現在兩個方面。一方面，資訊的誤解、缺乏及延誤會給管理工作帶來重大的損失，有時會造成決策失誤，釀成嚴重的結果。另一方面，資訊的不合理的使用，不適當的傳播，也會給管理工作帶來不必要的麻煩和干擾。資訊的消極作用並不是資訊本身造成的，而是由於資訊處理工作的有意或無意的錯誤所造成的。因此需對這種資訊的處理錯誤加以重視，以避免消極作用所帶來的損失。

二、資訊系統的概念

(一)資訊系統的定義

資訊系統是指由人員、過程、數據、網路和遠端通訊所組成的一個集成系統，透過對組織各種業務活動中資訊流的組織和管理，對組織的物流以及金流進行有效的控制和管理，從而提高組織運行的效率。

(二)資訊系統的功能

為了滿足管理者的資訊需求，資訊系統需要完成大量的資訊處理工作。雖然各種類型的資訊系統在具體內容上有很大的差別，但是其基本功能可以概括為五方面：數據和資訊的收集、存儲、加工、傳遞和提供。

1. 數據和資訊的收集

　　根據數據和資訊的來源不同，可以把資訊收集工作分成原始資訊收集和二次資訊收集兩種。原始資訊收集是指在資訊或數據發生的當時當地，

從資訊或數據所描述的實體上直接把資訊或數據取出並記錄下來；二次資訊收集則是指收集已記錄在某種介質上，與所描述的實體在時間與空間上已分離開的資訊或數據。在實際工作中，業務資訊系統常常涉及原始資訊的收集，而其他幾種資訊系統主要涉及二次資訊收集。但這兩種區分是一種相對的概念，對不同的層次，原始資訊和二次資訊的定義不同。

原始資訊收集的關鍵是完整、準確、及時。二次資訊的收集的關鍵是有目的地選取和正確地解釋所得的資訊。

2.資訊的存儲

資訊系統必須具有某種存儲資訊的功能，否則它就無法突破時間與空間的限制，發揮提供資訊、支持決策的作用。資訊系統的存儲功能就是保證已得到的資訊不遺失、不偏差、不外洩，整理得當、隨時可用。

3.資訊的加工

為了使資訊更符合需要或更反映事物的本質，或者使資訊更適於用戶使用，系統將對收集到的資訊進行某些處理，這就是資訊的加工。資訊加工可以分成數值運算和非數值處理兩大類。數值運算是指用數學方法對資訊進行處理；非數值處理是指排序、歸併、分類等各項工作。

資訊的加工是人們按照自己已有的認識，進行去蕪存菁的過程。這種取捨是否得當，往往需要事後驗證。數學方法的運用，總有若干明顯的或隱含的先決條件，因此對資訊加工的結果，我們應該持謹慎的態度。

4.資訊的傳遞

當資訊系統具有較大的規模，在地理上有一定的分布時，資訊的傳遞就成為資訊系統必須具備的一項基本功能。系統越大、地理分布越廣，這項功能所占的地位越重要。系統的管理者在設計資訊的傳遞方式時，必須充分考慮所需傳遞資訊的種類、數量、頻率、可靠性、安全性及一致性等因素，從整體綜合考慮，以達到整體的最佳化。

5.資訊的提供

資訊系統的服務對象是管理者，因此，它必須具備向管理者提供資訊的手段或機制，否則它就不能實現本身的價值。提供資訊的手段即是資訊

系統與管理者的視窗介面。它根據資訊情況或管理者自身情況的不同，採取不同的方式。例如，決策支持系統的複雜程度及靈活性要求是最高的，因此對話式的使用者視窗是比較適宜的。而業務資訊系統，使用者主要是中下層的管理人員，因此，資訊提供方式就要簡明易用。

(三)資訊系統的發展

資訊系統的發展可以從兩方面來看。一方面從電腦的技術來看，即電腦的速度、儲存容量、輸入／輸出速度、高階程式語言的功效及數據管理的功能等來劃分系統發展的階段；另一方面，是從系統發展的功能來看，可以分成四個階段：

1. 電子數據處理系統（EDP）階段

電子數據處理系統是最早發展起來的一個資訊系統分支，其主要功能就是利用電腦技術進行數據處理，一般不涉及預測和控制功能。例如，工資管理系統。其主要目的是解決手工作業的自動化，提高工作效率，節省人力。

2. 管理資訊系統（MIS）階段

管理資訊系統是對一個組織進行全面管理的資訊系統。它將電子數據處理與經濟管理模型的模擬、最佳化計算結合起來，具有預測、控制和決策功能。但是MIS解決的是結構化決策的問題，即決策過程和決策方法可以用明確的語言和模型加以描述的問題。如線性規劃來解決最短運輸線路，用經濟批量模型來求訂貨批量。MIS可以對組織中各級管理層提供資訊並輔助決策，但重點在中層和操作層。對於組織中的高層管理人員來說，他們面臨的多數是非結構化決策或半結構化決策，而這方面MIS無能為力，這也是決策支持系統產生的原因。

3. 決策支持系統（DSS）階段

決策支持系統是能夠運用各種數據、資訊、知識、人工智能和模型技術，輔助高層管理者解決半結構化和少數非結構化決策問題的資訊系統。DSS 的目標是支持決策而非取代決策，是為了提高決策效能而非提高效率，因此，它與 EDP 和 MIS 有明顯差別。DSS 旨在建立一種決策環境，

使決策者可以充分利用自己的經驗、知識，在系統的幫助下，詳細了解和分析決策過程中的各種主要因素及其影響，激發其思維和創造力，從而在系統的幫助下最終作出決策。

4.遠端綜合運用階段

隨著通訊技術的飛速發展，特別是因特殊網路技術的發展，智能化、綜合化、社會化和網絡化成為資訊系統的發展主要趨勢，資訊系統涉及了很多新的領域，如專家系統、社會化資訊網絡、戰略資訊系統、電腦集成製造系統、電子商務系統等。

三、資訊系統的作用

(一)增強了企業的決策能力

資訊系統迅速的數據處理能力和系統化分析問題的方式，不僅使企業管理人員擺脫了繁瑣的工作壓力，有更多的時間和精力關注企業的整體運行，而且他們可以用整體的觀念來考慮問題，用數學模型來進行定量決策。這樣不僅提高了問題解決的準確性和效率，而且節約了決策成本。

(二)提高企業的管理效率

資訊系統提高企業的管理效率從兩方面實現，1.提高資訊處理的效率，改變原有手工資訊系統的處理方式；2.通過資訊系統的實施，進行企業組織結構的重組，使企業的組織結構由傳統的階層性向扁平化結構轉變。這種重組不僅包括了人員配置的變動、作業流程的改進，甚至還包括更多決策權限的下放及企業價值的重新設計。

(三)加強了企業與外部環境的聯繫

20 世紀末開始的資訊化和經濟全球化，從根本上改變了企業的內外關係，能否適應外界環境的變化，關係到一個企業的生存和發展。資訊系統可以加強企業

與外部環境之間的資訊交流，幫助企業及時了解各種經濟的、法律的、市場的各種資訊，及時調整企業的策略，提高企業的競爭優勢。

(四)有利於新產品的開發

資訊技術縮短了企業與客戶之間的距離，可以實現「零距離的服務」。同時資訊技術的發展，使得客戶個性化的需求有了及時反映和滿足的可能。對物業管理企業來說，可以通過建立服務資訊平台，使得客戶各種個性化的需求得到及時的滿足，與此同時，物業管理企業也可從中獲得經濟效益。

(五)充實了企業的資源規劃

傳統的經濟理論認為，企業資源僅包括土地、勞動力和資本，而資訊系統的發展，使得越來越多的企業看到了資訊的價值。企業的高層管理者越來越清楚地認識到，資訊資源才是附加值最高的企業資源，從而積極地將資訊資源的管理和運用納入了企業的資源規劃。

第二節　物業管理資訊系統概述

一、物業管理資訊系統的定義及構成

(一)物業管理資訊系統的定義

物業管理資訊系統是指物業管理中由人和電腦等組成的，專門用於物業資訊的收集、傳遞、存儲、加工、維護和使用的系統。它能及時反映物業及物業管理的運行狀況，並具有預測、控制和輔助決策的功能，幫助物業管理公司實現其規劃目標。

(二)物業管理資訊系統的構成

一個物業管理資訊系統通常包括硬體設備、軟體資源、資料庫、遠端通訊設備及人員等，現分述如下。

1. 硬體設備

硬體設備是指基於電腦的物業管理資訊系統中進行輸入、處理、儲存和輸出的物理設備。它包括主存儲器、中央處理器、輔助存儲器，以及輸入輸出設備。

2. 軟體資源

軟體資源是指控制電腦工作的程序集合，又稱套裝軟體。軟體主要可以分成兩大類：系統軟體和應用軟體。系統軟體是指硬體和應用軟體之間進行交互的集合，它包括了作業系統和應用軟體。作業系統是一系列控制電腦硬體以支持用戶計算需要程序的集合。常見的作業系統有 Windows，UNIX 等；應用軟體是指用於合併排序資料庫、跟隨電腦運行軌跡，以及其他重要任務的程序。常見的有硬碟壓縮軟體、防毒軟體等。應用軟體是指用於幫助人們解決應用問題，完成某些特定內容的程序的集合。它又可分成通用軟體和專用軟體兩類。一般軟體適用面廣，各類用戶都可以應用；專業軟體只是為某類客戶或某個特定客戶的使用而特別開發的軟體。常見的應用軟體有 Word， Excel 等。

3. 資料庫

資料庫是指機械化的、可共享的、形式化定義的和集中控制的資料集合。資料庫不可能孤立存在，它必然與其他部分一同構成資料庫系統。通常資料庫系統包括以下部分：資料庫、應用程序、資料庫管理系統、電腦系統和人員。資料庫通常採用三種通用模型：層次網和關聯式模型。資料庫是通過資料庫管理系統來進行管理。資料庫管理系統主要有四種功能：存儲和搜尋資料、提供使用者檢視、新增和修改資料庫，操縱資料和產生報表。

4. 遠端通訊設備

遠端通訊設備是指用於通信信號的電子傳輸設備，目前主要指電腦網

絡。通過電腦網絡，可以使用電子郵件、電子文檔資料分發、遠端辦公、電話會議、視訊會議、電子資料交換等。電腦網絡的應用，縮小了時間和空間的距離，使物業管理企業的經營方式和管理理念發生深遠的變化。電腦網絡分成區域網路和網際網路（Internet），物業管理企業可以共享分布在組織內的硬體、程式和資料庫，使得地理位置分散的工作部門可以迅速交流資訊，協助工作，從而降低成本，改善組織效率，形成新的組織形式和企業戰略。

5.人員

　　人員是物業管理資訊系統建立與運行中最為關鍵的因素，包括系統人員和各種系統用戶。資訊系統人員是指所有設計、運行、維護、管理電腦資訊系統的技術人員，系統用戶是指所有使用物業管理資訊系統的人員，如各級管理人員等。他們對資訊系統的了解程度將決定物業管理資訊系統的使用效果。

二、物業管理資訊系統的作用

(一)有效儲存管理物業檔案資料

物業的檔案資料種類繁多、數量巨大，既不便於保存，又難於查詢，同時占用空間大，容易遺失。利用電腦多媒體甚至虛擬實境技術，可以將有關物業管理的聲、像、圖、文字形象完整地保存在電腦內，不僅可大大減少存儲空間，而且還會使得查找、修改、複製、傳輸等工作變得非常方便快捷。

(二)高效低成本處理日常事務

通過管理資訊系統，使得物業管理的一些事物性工作得以高效低成本地處理。例如，全方位的快速查詢可以減少重複人工作業和人工比例；自動計算各項費用，實現財務自動化，減少了作業錯誤和負擔；自動控制各項費用的收繳，提高收費效率，加強資金的回收速度；有效地實現資料統一管理和資料共享，使企業的辦事效率更高，同時節約大量的人力和物力。

(三)加強企業內部和企業與外界及客戶的聯繫

通過電腦網絡技術，可以實現資訊共享和高速交換。物業管理企業可以根據工作的需要，與金融機構、公用事業單位聯網，這將給收費工作帶來極大的方便；利用區域網路，企業可以透過多種形式進行內部的資訊溝通，鼓勵創新、發現問題、聽取員工的意見和建議，甚至可以進行遠端的在職培訓等；透過與物業管理社區網路，使得業主或用戶的意見、要求以及物業管理企業的管理計畫、措施和要求能得到及時的交流，從而增進客戶的良好關係及客戶對物業管理工作的理解和支持。

(四)擴大企業經營服務的範圍和能力

物業管理工作是一種與終端客戶距離最近的服務性行業。由於人們生活水準的提高以及生活節奏的加快，人們需要形式多樣、層次高低不同的服務。物業管理企業完全可以利用自己的優勢地位，向社會各界進行招商，建立各式各樣的資訊服務平台，既滿足了客戶的需求，又提升了企業的形象，同時又擴大了企業的經營範圍，獲得一定的經營收入。

(五)提高企業的決策能力

物業管理資訊系統可以綜合處理各類資訊，其快速、自動、強大的統計匯總功能和報表列印功能，使得各項資料的統計匯總、分析報表一應俱全，相關管理人員可以隨時查閱最新的詳細狀況，並以此作為決策依據；同時，決策支援系統、專家系統可以輔助管理人員進行分析模擬，實現科學化決策。

三、物業管理資訊系統的模組

由於物業管理企業的規模、管理對象、管理內容、組織結構設置不同，因而相應的管理資訊系統也是不同的。但大體上可以分成兩大部分：物業管理公司內部管理資訊子系統和基層管理處資訊管理子系統。現簡單介紹如下：

(一)物業管理公司內部管理資訊子系統

物業管理公司內部資訊管理子系統可以分成七個部分：

1. 辦公室。包括：(1)工作計畫管理；(2)公司檔案管理；(3)人事管理；(4)資產管理；(5)車輛管理。

2. 管理部。包括：(1)大樓驗收；(2)保安管理；(3)環境衛生管理；(4)綠化管理；(5)消防管理。

3. 經營部。包括：(1)招投標管理；(2)租賃管理；(3)多種經營管理。

4. 工程部。包括：(1)工程設備管理；(2)設備操作管理；(3)維修工程管理；(4)倉庫管理；(5)報修中心管理。

5. 財務部。包括：(1)固定資產；(2)工資管理；(3)帳務管理；(4)報表生成。

6. 總經理。包括：(1)可隨時查詢各管理處和各工作部門情況；(2)與各部門及員工的資訊溝通。

7. 系統維護。包括：(1)系統權限管理；(2)代碼維護系統；(3)輔助系統；(4)安全定義；(5)資料備份；(6)資料導入。

(二)基層管理處資訊管理子系統

住宅小區管理資訊子系統可以分成：管理區概況、日常事務、房產管理、住戶管理和綠化環衛等，現分述如下：

1. 管理區概況。包括：(1)管理區圖文介紹；(2)設備設施資料；(3)管理制度；(4)工作責任制。

2. 日常事務。包括：(1)治安管理；(2)消防管理；(3)設備運行管理；(4)車輛管理；(5)行政事務。

3. 房產管理。包括：(1)維修管理；(2)裝修管理；(3)投訴違章管理。

4. 住戶管理。包括：(1)住戶資料；(2)管理費收取；(3)水電費收取；(4)租金收取。

5. 綠化環衛。包括：(1)綠化工程；(2)綠化手冊；(3)環衛工作計畫；(4)環衛勞動組織。

第三節　物業管理資訊系統的開發

一、物業管理資訊系統開發的基本條件

(一)高階主管重視

企業負責人的重視是能否成功建設管理資訊系統的關鍵。管理資訊系統的開發時間長、投資大、涉及面廣，將關係到組織機構的調整、人員的培訓、資金的籌措甚至管理方法或流程的改變。這些重大問題的決策，沒有負責人的重視甚至參與，是不可能解決的。

(二)管理人員的積極參與

管理人員是系統將來的操作者、使用者，也是系統開發不可缺少的參與者。系統開發的技術人員通常對企業的實際流程不清楚，需要管理人員介紹管理流程並提出功能要求。因此管理人員對系統開發的態度，將直接影響到系統開發的效率和效果，也將影響將來的使用效果和生命力。

(三)企業須有一定的管理基礎

管理資訊系統並不能簡單地理解為傳統的管理加電腦，事實上它是用電腦技術、資訊技術來反映和改善企業管理的科學的管理系統。因此，只有企業本身具有合理的管理體制、完善的規章制度、程序化的管理方式、規範化的管理標準及準確的原始資料，才能有效地開發管理資訊系統。因此，企業必須首先要整頓管理秩序，建立科學的管理制度、程序及標準，為資訊系統的建設打好基礎。

(四)具備一定的人力財力

系統開發需要一支高水準的開發團隊，他們包括系統分析員、程序設計員、

操作員、資訊控制員以及硬體維修人員等。如果企業沒有這樣的人才，可以委託外面的專業單位進行開發。

系統的開發需要建造機房、購買設備和軟體、支付開發設計費用等，系統投入運行後，還需要支付各種運行費用，因此，需要企業提供足夠的資金保證。

二、物業管理資訊系統開發的方式和方法

(一)物業管理資訊系統的開發方式

物業管理資訊系統的開發方式有如下幾種，他們有各自的特點和適應性，供物業管理企業根據自己的情況選擇：

1. 公司自行開發

這種方式適合規模大、業務繁重或具有某些特殊系統要求的物業管理公司。它要求企業內部擁有較強的技術力量。其特點是，開發時間較長，成本較高，但系統專用性強，易於維護。

2. 委託軟體公司開發

這種方式適合於企業內部缺乏必需的技術人員的各種物業管理公司。它具有開發時間短，對物業管理企業技術能力要求不高，系統實用性高，成本較低等優點，但缺點是需要慎重選擇軟體公司，且系統改進和維護工作較難進行。

3. 與大學或研究單位合作開發

這種方式適合一些企業內部具有一定技術力量的物業管理公司。它具有結合雙方的優勢，開發的系統具有高質量、適應性強、成本低、易於維護等特點。而且開發的同時可以培養一支企業內部的技術隊伍。

4. 購買軟體進行二次開發

這種方式通常適合一些中小物業管理公司。他們可以直接從市場上購買現有的應用套裝軟體，然後根據本公司的特定需要進行二次開發，這種方式具有時間短，成本低等優點，但也帶來維護困難等問題。

（二）物業管理資訊系統的開發方法

在具備必要的條件之後，選擇合適的開發方法也至關重要。下面介紹幾種最常用的方法。

1.結構化系統開發方法

結構化系統開發的基本思想是：採用結構化的方法，嚴格劃分工作階段，使用者導向，採用標準化、規範化的圖表工具。它將整個系統作為研究對象，明確系統的目標、系統的邊界、系統的功能，將系統分成子系統、子系統分成若干模組，從整體規劃、最佳化系統的結構設計。這種方法的優點是開發的系統性、工作階段的程序性以及重視客戶的需求。缺點是該方法的運用假設用戶的需求在調查階段全部可以確定，而且在開發過程中基本保持不變，這種假設在當今的環境中是很難做到的。其次，設計者需花費大量的時間進行調查和圖表及說明書的設計，開發周期較長。

2.原型法

原型法的基本思想是：在初步了解用戶需求的基礎上，構造一個初步的模型——原型。開發人員通過原型，歸納用戶的需求，提出修改方案，再去修改原型，經反覆提煉與修改，直至得到最後的系統。原型法的優點是：適合於用戶需要不能完全確定時的開發；可以縮短開發周期；開發的系統更能滿足用戶的需求。其侷限性是：適合較小系統的開發，大系統的開發實現必須進行結構化分析，然後分成小系統開發；必須要有一個功能強大的軟體作支撐。

3.物件導向的開發方法

物件導向的系統開發方法的基本思想是：認為客觀世界是由各種各樣的物件及其相互關係組成的，在開發過程中首先認識應用領域的各種物件和它們之間的相互關係，根據共通性進行分類，在分類的基礎上定義具有個性化的各種物件、物件具有屬性和與之相關聯的事件、方法。各種物件通過事件和方法相互聯繫、相互作用，構成應用系統。這種以物件為中心的分析問題、解決問題的過程與人們認識世界的過程基本一致，用這種方法可以更準確地描述現實世界。這種方法的優點是：減少系統開發的複雜

性，縮短了開發周期；由於系統由各種類的物件組成的，決定了系統的可重複使用性和可維護性好；系統易於改進；可以維持較長的壽命。其侷限性在於：如果沒有自上而下的總體規劃，直接自下而上可能會造成系統結構的不合理。

4.購買套裝軟體

　　系統的開發還有一種方法是直接從市場上購買實用的套裝軟體，進行修改應用。這種方法的優點是：開發周期短；可靠性強；技術服務好；開發成本低。其缺點是：套裝軟體較適合企業中的一些通用的資訊需求，難易滿足用戶的全部需求。

三、物業管理資訊系統開發的步驟

　　物業管理資訊系統的開發大致要經過系統規劃、系統分析、系統設計及系統實施等階段。

　　現分述如下。

(一)系統規劃

1. 系統規劃的目標

　　系統規劃是資訊系統開發的第一步，也是關鍵一步。因為資訊系統的開發是一個長期過程，如果開發前對公司長期和短期目標未進行規劃，則可能導致系統開發實施後無法適應新情況下公司的需求。另外資訊系統的開發涉及公司的管理制度、管理方法、人事安排和業務處理等各方面，各用戶的需要隨著部門性質不同而不同，這也要求通過整體規劃實現各部門目標的協調統一。最後物業管理資訊系統的開發需要人力資源、財力資源、電腦硬體資源的配套，這也需要實地操作，以確保系統開發各階段能順利進行。

　　因此系統規劃的目標是根據企業需求和現有的基礎條件，制訂出一個與企業發展相適應的、先進實用的、以電腦系統為基礎的管理資訊系統總

體規劃方案。系統規劃要站在戰略的高度，把企業作為一個有機的整體，全面考慮企業所處的環境、企業本身的潛力、企業具備的條件和企業發展的需要，規劃出企業在一定時期所需建立的資訊系統的藍圖。

2. 系統規劃的內容

(1)提出開發要求。用戶基於不同的考慮，提出開發資訊系統的要求，這些要求是比較粗略的、定性的，如「提高管理效率」等。

(2)系統初步調查。調查現行系統存在的主要問題和用戶提出的目標要求及可能取得的收益，調查不必很深入，只要對現行系統作一個概括的描述。

(3)現行系統和用戶需求分析。現行系統分析主要著重系統結構劃分的合理性、作業流程的科學性、資料的準確性和收集處理的方便性。特別要分析現行系統存在的主要問題和管理的缺失所在以及產生這些問題的原因和解決辦法。同時，需通過各種方法了解各個管理層次的確切需求，以確定系統的目標、範圍、功能和技術性能。

(4)提出初步構想。在調查的基礎上，根據實際情況，提出初步設想，包括新系統的目標、範圍、功能、結構、系統配置以及初步的實施方案。

(5)可行性研究。分析系統開發的必要性，從經濟、技術和管理等方面分析新系統開發的可能性。

(二)系統分析

1. 系統分析的目的

系統分析階段是系統開發的一個重要環節，其目的是要建立新系統的邏輯模型，即從邏輯上規定新系統應具有的功能，而不涉及具體的施行方法，也就是解決系統是「做什麼」，而不是「怎麼做」的問題。

目前國內外廣泛使用的是結構化系統分析方法，它的基本思想是從上到下的分解方法，把一個複雜的系統，逐級地分解成儘可能獨立的子系統、模塊和子模塊等。

2. 系統分析的任務和步驟

(1)系統分析階段的任務。包括：①了解用戶在系統功能、性能等方面的要求

及用戶在硬體配置、開發周期、處理方式等方面的需求與計畫；②完成系統分析報告，其核心內容是描述新系統的邏輯模型。

⑵系統分析的步驟。包括：①詳細調查；②系統分析；③新系統邏輯模型設計；④編寫系統分析報告。

(三)系統設計

系統設計又稱實體設計，是根據新系統的邏輯模型來構建實體模型。即根據新系統的邏輯功能要求，結合實際條件，進行總體設計和詳細設計，解決「怎麼做」的問題。

1. 系統設計的目標

系統設計的目標就是系統物理模型的衡量標準。一般來說，一個高質量的資訊系統，必須符合以下標準：

⑴可靠性。指系統的抗干擾及正常工作能力，如檢查和除錯能力、保密性、抗病毒能力及故障排除後的系統恢復能力等。

⑵高效率性。指系統運行應達到一定的效率，包括處理能力、處理速度和反應時間等指標。

⑶可維護性。可維護性是指對系統進行修正、提高及適應環境變化的容易度。它主要取決於系統的可讀性、可修改性和可擴充性。

⑷人性化。人性化是指系統操作使用方便、靈活、簡單、易被用戶所接受和使用的能力。

2. 系統設計的內容

⑴總體設計。也稱概要設計。主要包括：劃分子系統和功能模組，繪制系統結構圖，實體配置方案設計，最佳化總體設計方案並進行評估。

⑵詳細設計。也稱細節設計。主要包括：代碼設計，資料存儲設計，輸入輸出設計，作業流程設計，編寫系統設計說明書以及提交系統設計報告。

(四)系統實施

在系統設計報告得到批准以後，物業管理資訊系統的開發就進入了實施階

段。這個階段主要的工作內容為：系統實施的準備工作，程序設計與系統調試，系統轉換。

1. 系統實施的準備工作

由於系統實施牽涉大量複雜而繁瑣的工作，將投入大量的人力和物力，因此，在系統實施以前，必須切實做好準備工作，才能保證系統實施能有條不紊地進行。這些工作包括：制訂具體的實施計畫，明確實施的方法、步驟、時間安排、費用安排以及實施工作的監控；購買和安裝電腦網絡系統；人員的培訓等。

2. 程序設計與系統調試

(1)程序設計是指將系統設計中有關模塊的詳細描述和處理過程轉換成電腦程序。

一個程序質量的好壞，其評價指標為：可維護性、可靠性、可理解性，以及高效率。程序設計中，通常使用的一種方法是結構化程序設計方法，這與系統分析和系統設計階段的結構化分析是一脈相承的。

(2)系統測試，它的目的是為了及時發現程序和系統中的錯誤並加以除錯。系統調試包括三個層次的工作：模組測試、子系統測試和系統調試（總調）。

3. 系統轉換

系統轉換是指用電腦化的新系統替代手工系統的過程。系統轉換包括大量的工作，如資料文件轉換、人員調度、設備更換、組織機構調整、文檔資料的移交等。系統轉換的方式有 3 種：直接轉換法、平行轉換法和分階段轉換法。

4. 系統的運行、維護與評價

為了保證新系統的正常運行、充分發揮新系統的效益，必須加強系統的運行管理和維護。

系統的運行管理主要包括系統安全與質量管理。安全管理主要是保護資訊系統不受自然因素或人為因素破壞以及防止發生未經授權非法操作資料的情況。質量管理主要是防止設計錯誤、管理不善而導致資訊失真或處理錯誤等情況。

　　系統的維護管理主要是為了適應環境的變化，系統在其生命周期中，對它的功能作出適當的修改或調整工作。其主要內容包括：程序維護、資料文件的維護、代碼的維護以及硬體設備的維護。

　　系統的評價是指系統在投入運行一段時間之後，對新系統的運行情況作的一次全面的評估。其目的主要是：透過評價，判斷其是否達到系統設計預期目標；使用者對系統的滿意程度；經濟效益以及對系統可靠性的評價。

複習思考題

1. 簡述資訊的定義及重要性。

2. 管理資訊有哪些特徵？

3. 資訊在物業管理中有哪些作用？

4. 簡述資訊系統的定義及功能。

5. 資訊系統的發展有哪些階段？

6. 資訊系統有哪些作用？

7. 簡述物業管理資訊系統的定義及構成。

8. 物業管理資訊系統的作用是什麼？

9. 物業管理資訊系統由哪些模塊組成？

10. 物業管理資訊系統開發需要具備哪些基本條件？

11. 物業管理資訊系統的開發方式有幾種？

12. 物業管理資訊系統的開發方法有幾種？

13. 物業管理資訊系統開發步驟分哪幾步？

14. 物業管理資訊系統設計的目標是什麼？

15. 物業管理資訊系統規劃目標的意義是什麼？

16. 簡述物業管理資訊系統規劃的內容。

17. 簡述系統分析的任務和步驟。

18. 系統設計的目標是什麼？

19. 系統設計包括哪些內容？

20. 系統實施階段包括哪些工作內容？

第十四章
不同類型物業的管理

第一節　居住物業的管理

一、居住物業的含義及分類

(一)居住物業的含義

居住物業有時也稱為住宅物業,它包括私人擁有以及政府和機構擁有的所有的住宅,是中國傳統意義上的公有住宅和私有住宅的統稱,它滿足人類遮風避雨的基本需要,是人們賴以生存的空間和必要的條件,是人們最重要的生活資訊,同時也是專業化物業管理的最大市場。

(二)居住物業的分類

居住物業按照不同的標準有不同的分類。按照產權的性質可以分成公有住宅和私人住宅;按照層高可以分成平房、多層、高層、超高層;按照住宅居住的戶數可以分成獨棟住宅和多戶住宅。下面著重介紹一下獨棟住宅和多戶住宅:

1. 獨棟住宅(single-family home)

不管是獨立式別墅、半獨立式別墅,還是排屋,都指的是由一戶擁有自己獨立占用的土地以及屋頂。一般來說,除了大規模的別墅群,獨棟式住宅不需要專業的物業管理,而往往由業主自己進行直交屋理。

2. 多戶住宅(multifamily residences)

多戶住宅的出現是由於土地與建造成本的不斷上升,以及建築技術的進步而引起的。由於多戶住宅在設計和土地利用上的經濟合理性,使得單位住戶的建造成本較低。在國外,一般2～6個單元的小型多層住宅經常由業主自行管理,而大多數大型的高層住宅和多層住宅社區則是由專業人員代替業主進行管理。

多戶住宅從占有權來說,可以是由一個業主擁有整個物業,也可以是由多個業主共同擁有的合作物業和共管式(區分所有式)物業。合作物業是指物業的業

主以合作的形式購買或建造整個物業，從而共同擁有全部物業的所有權。業主占有物業的某個單元是透過特定的約定來占有，而不是擁有某單元的所有權。他的權益可看作動產，且每個單元的業主要按比例支付合作物業的費用，包括償還貸款、支付房地產稅、維修費及物業管理人員的工資等。共管式物業是指該物業的多個業主擁有各自單元的所有權和不可分割的公共區域的共同所有權。

公共區域包括如土地、停車場、給排水設施、屋頂、電梯、樓梯和外牆等。共管物業的每個單元是一個法定的實體，可以個別和獨立地進行抵押、出租和其他所有權的轉移。每個單元單獨地進行估價和徵稅。

合作物業和共管式物業一般採用純管理型的物業管理模式。不像出租型公寓大樓的物業管理，合作或共管式物業管理沒有保持和提高物業占有率，增加物業收益的責任。多戶住宅在結構上也可分成帶有花園的公寓、沒有電梯的多層建築以及高層公寓等類型。每一類在位置、設計、建築、服務和附屬設施等方面各有其獨特之處，帶來物業管理的不同的要求。

另外，根據中國目前的現狀，按照業主的數量，居住物業還可分成單一業主物業和多個業主的居住物業。

(1)單一業主。這類物業可細分為以下幾類：

①直管公房。由政府房地產主管部門代表國家擁有並直交屋理的公有住宅。

②系統公房。由企事業單位擁有並管理的公有住宅。

③商品公寓（供出租）。由私人獨資擁有並供出租的商品住宅。

④其他私人的獨戶住宅。城市中過去遺留下來的私房。

直管公房和系統公房是行政性、福利性住房制度的產物。原來是房管所和企事業單位自己管理，管理水準較低，維持簡單的最低水準的維修。目前已有很多交給了轉制的或獨立的物業管理公司管理。

商品公寓有內資和外資的，一般建築檔次較高，物業管理要求高，除了日常的管理、服務活動以外，還有租賃的職責。

其他的私人住宅，在城市住宅占的比例極少，而且多數為簡屋。由住宅業主自己管理，在城市的改造中正逐漸消失。

(2)多個業主。這類物業可細分為以下幾類：

①售後公房。國家按優惠條件賣給居民的原租住的公房。

②高檔商品住宅。原來稱作外銷商品住宅。

③一般商品住宅。原來稱作內銷商品住宅。

④經濟適用房。國家為了解決中低收入居民的住房，給以一定的政策優惠建造的住宅。

原先有稱微利房、安居房、平價房等名稱的。

售後公房一般由政府、單位轉制的物業公司管理，也有委託獨立的物業管理公司管理。商品住宅、經濟適用房通常由物業管理公司管理。

二、住宅社區的管理

居住物業的管理，主要是住宅社區的管理。既是指新建的住宅社區的整個區域的管理，也是指老新村和老城區住宅的管理。既包括了普通商品房住宅社區的管理，也包括高檔商品住宅以至別墅住宅區的管理。我國的住宅社區的管理經歷了一個逐步發展的過程。1990 年 6 月建設部頒布了關於在全國開展住宅社區管理試點工作的通知，隨後，又頒布了全國文明住宅社區標準，開展了創文明住宅社區的活動，對提高中國住宅社區的物業管理水準，有強大的推動作用。

(一)住宅社區的管理特點

1.結構的系統性

住宅社區的建築結構及公用設施是一個整體，具有不可分割的系統性。這不僅從房屋結構是一個不可分割的整體來看，就是社區的公用設施也是系統配套，不可分割的，如供電、供水、供暖、供氣、排水等都構成了一個完整的系統。

2.產權的多元性

由於中國住宅制度的改革，住宅逐步商品化和私有化，住宅由國家的單一產權變成了各種所有制的多元化產權。這種產權的多元性和結構的系

統性是住宅社區物業管理的兩個相互矛盾的因子，即住宅社區的系統性要求統一管理，而產權的多元化特徵又導致單個業主要求的個性化，因而造成住宅社區管理的複雜性。

3.功能的多樣性

住宅社區除了滿足居住功能以外，還配備了多功能的服務設施，如教育衛生設施、商業服務設施、文化娛樂設施、公共服務設施（如銀行、郵局等）。這些功能基本滿足了居民的生活需求，但也帶來了社區物業管理的難度以及新的機會。

4.內涵的社會性

由於以上三個特性，加上居民的成分和來源複雜，不同方言（語言）、文化、宗教信仰的人居住在一起，他們的社會活動、經濟活動和生活方式的豐富多樣，使得住宅社區成為一個「小社會」。這也增加了社區物業管理的難度，成為住宅社區區別於其他類型物業管理的最大特點。

(二)住宅社區管理的指導思想

1.服務第一，方便群眾

住宅社區的物業管理本身就是為了儘可能滿足居民的現實和期望的需要而提供服務，這決定了社區的物業管理者必須將服務放在第一位，為廣大群眾提供生活的各種便利。

2.自治管理與專業管理相結合

住宅社區的管理離不開專業的物業管理，但由於業主是物業的所有者，依法擁有對自己物業管理的決策、監督及參與的權利和義務。專業的物業管理單位必須尊重業主的自治管理權，而業主也應該積極配合專業物業管理單位，使其發揮最大的效用。

3.統一管理，綜合服務

實行管理與服務相結合，改變傳統的單純房屋維修為對建築物及其附屬物、綠地、環衛、治安、綠化、道路實施全方位的管理，並為居民提供多方面的綜合性服務。

4.經濟效益、社會效益、環境效益、心理效益相結合

居住社區物業管理是一種企業化行為，需要講經濟效益；居住社區是城市大環境中的小環境，是與廣大居民的身心健康最為密切的環境，居住社區物業管理的好壞，直接關係到環境效益；住宅社區管理的社會效益，主要表現在為居民提供一個安全、舒適、和睦、優美的生活空間，體現在人際關係的調節，也體現在社會安定團結的維護；心理效益是上述效益反映在居民心態中的一種主觀感覺，一種居住環境理想的境界與心理價值，或者叫期望值。如果住宅和環境的安全、舒適、優美的程度已達到或超過心理價位，居民就會有一種滿足感、幸福感，甚至有享受感、奢侈感。

因此，居住社區的物業管理必須考慮上述四方面效益的結合。

(三)住宅社區管理達標考核要求

按照全國城市文明住宅社區標準和全國城市文明住宅社區達標考評實施細則的要求，住宅社區達標考核要求如下：

1.管理運作

(1)有健全的管理機構，並有固定的辦公場所；

(2)社區管理機構能發揮作用；

(3)社區管理制度完善，制訂了居民公約及各項專業管理規章、辦法和工作考核標準，並建立住戶回饋機制。

2.精神文明建設

(1)注重精神文明建設，制訂有居民精神文明建設公約；

(2)社區內居民能自覺遵守住宅社區居民公約及各項管理規定；

(3)文明居住，鄰里團結，弘揚社會主義精神文明和道德風尚，共同建設文明住宅社區；

(4)社會化服務質量好，開展優質服務競賽。

3.房屋管理

(1)住宅社區內房屋無亂搭亂建現象；

(2)住宅樓陽台（包括平台和外廊）的使用不礙觀瞻，不危及房屋結構與他人

安全；

(3)房屋的共用樓梯、走道等部位保持清潔，不隨意堆放雜物和任意占用；

(4)制訂有便民收費辦法，各種費用及時收繳，推行統收，減少手續，方便用戶，費用收繳率應達 98%以上；

(5)房屋檔案資料齊全，管理完善。

4.房屋修繕

(1)堅持房屋修繕制度，制訂有便民措施，主動及時養護維修；

(2)保持房屋完好，房屋完好率達到 98%以上；

(3)房屋零修及時率達 99%以上；

(4)維修質量合格率達到 100%。

5.環境衛生

(1)社區內環境衛生設有專業隊伍管理，管理制度落實；

(2)經常清掃保潔，垃圾日產日清，清掃、保潔率達 99%以上；

(3)環衛設施完備，設有果皮箱、工具房、保潔設備、休息室等；

(4)社區內不能有違章建築，不能飼養家禽、家畜；

(5)不能有污染環境、有害於居民身體健康的工廠和單位，不能有未達到國家或地方規定標準的污染物的堆放。

6.園林綠化

(1)住宅社區的公用綠地、庭院綠化和街道綠化合理分布；

(2)社區每人平均綠地達到 1.5 平方米以上，綠地率達到 30%，綠化覆蓋率達到 25%以上；

(3)有綠化專業隊伍實施管理。

7.市政設施及道路維護

(1)公共配套設施達到國家規定的規劃指標，運營正常，方便居民；

(2)社區內所有公共配套服務設施不得隨意改變用途；

(3)社區內的公用設施完好率達到 95%以上；

(4)社區內道路通暢，路面平坦清潔，排水通暢；

(5)社區集中供暖的住宅，冬季居室內溫度不得低於 16℃，全社區住戶室溫合

格率要達到 97%以上；

(6)有專業隊伍實施管理工作；

(7)社區內不得有壞井、缺井環或井蓋。

8.社會治安

(1)社區配備保安人員，負責治安保全；

(2)火災、刑事和交通事故年發生率不得超過 1%；

(3)車輛交通管理有序，無亂停亂放的自行車、汽車等。

9.住戶評議

住戶對社區管理服務工作的評議滿意率達到 95%以上。

第二節　商業物業的管理

商業物業主要由辦公樓和零售商店兩大物業類型組成。通常，它們同屬於收益性物業；有出租經營、確保最高投資報酬率的目標；它們的設施設備比較先進、複雜；物業中外來人口多；有明顯區別於居住物業的管理特徵與要求。同樣，商業物業也是專業化物業管理的一個主要市場。

一、辦公樓物業的管理

(一)辦公樓的含義及分類

1.辦公樓的含義

辦公樓是提供給人們商業經營和辦公用的物業。有關辦公樓，目前有不少名稱，如商業大樓、寫字樓、綜合樓等，雖然有所差異，但其主要功能是一樣的：辦公。

2.辦公樓的分類

辦公樓根據不同的標準有多種分類：

(1)如按建築類型分，有多層建築、花園洋房式建築、高層建築或是目前世界各國流行的商業園區；

(2)如按使用者的數量來分，有獨棟（一個用戶占用整棟物業）和多用戶（一個物業由多個用戶占用）辦公樓；

(3)根據用戶經營的內容或行業來分，由單用途（如，醫療中心，房地產交易市場，證券交易大樓等）和多用途辦公樓（由多個不同的行業的經營者共同使用同一個建築）；

(4)根據用戶的占有屬性來分，有業主自用的，有出租的，有部分自用部分出租的；

(5)按建築的規模來分，有小型（1 萬平方米以下）、中型（1～3 萬平方米）和大型（3 萬平方米以上）；

(6)按功能可分為單純型（只有辦公一種功能）、住商混合型（既有辦公又有居住功能）和綜合型（辦公為主，同時兼有公寓、餐飲、商場、展示廳，甚至開設有舞廳、按摩、保齡球等功能）；

(7)按照大樓的現代化程度又可分為智慧型大樓（具有高度自動化功能的大樓，一般具有「3A」或「5A」標準）和非智慧型大樓。

(8)按照辦公樓的等級分，根據美國大樓業主和經理人協會（BOMA）提供的標準將辦公樓分成 A，B，C，D 共 4 類。A 類辦公樓是指地段好、占有率高，相對而言是新型的，租金高且有競爭力；B 類辦公樓是指位於主要的地段，擁有較高的占有率與競爭性，按照現代化標準裝修的舊式建築或非主要地段的新式大樓；C 類辦公樓是指老式、未作改善的樓宇，但狀況還比較好的建築，它的占有率也比較高，但比城市的平均水準稍低。租金也是比中等稍低；D 類辦公樓是指房子老、條件差、租金低、占有率也低的建築。

　　不同類型的辦公樓對物業管理的要求不同。例如，由一家公司占用的辦公樓與由許多家公司占用的辦公樓在物業管理上的特點就有不同；即使一家公司占用的辦公樓，也會因為辦公樓屬於用戶自有或用戶租用在管理上要求會有不同。自有物業的管理，很可能會設立附屬的管理部門來管理，而租用的物業往往會由外聘的專業物業公司來管理。另外，多用戶辦公樓的用途也會給物業管理帶來不同的要求。例如，證券交易中心大樓的管理要求與其他可以接納任何用戶的辦公樓

的要求就會不同。單一用途的辦公樓管理相對多用途辦公樓的管理要簡單一些。辦公大樓的成功與否主要取決於它的位置接近於主要的政府機構、社會公共設施、交通設施和其他商業服務設施等。

(二)辦公樓物業的特點

1.地理位置要求高

現代化的辦公樓多數建在以經濟、貿易、金融和資訊為中心的大中城市。這些城市的經濟活動頻繁，交易量大，資訊傳輸量大而快，交易成功率高，交通便捷，面談方便等，所以吸引眾多的企業在這些城市設立公司和辦事處。特別是城市的中心地段，交通方便，各類商業服務設施齊全，既利於辦公人員的上班，又有利於貿易的談判和開展。

2.建築檔次高

現代化的辦公樓大多為高檔的高層建築，不僅外部有自己獨特的建築風格，而且內部都配有先進的設施和設備，能為客戶提供一個舒適的工作環境。

3.功能齊全

現代的辦公樓能提供各種功能，如櫃台服務、大小會議室、酒吧、商場、餐廳、車庫等，因而能為客戶提供工作和生活上的方便，滿足客戶高效率工作的需要。

4.多由專業物業管理公司管理

辦公樓由於其檔次高，設施設備複雜，管理要求高，一般都委託專業物業管理公司進行管理。同時由於大多數辦公樓是以出租為主，物業的出租經營收益的高低是物業的生命線，而出租經營收益的高低與物業管理的好壞休戚相關。因此，很多辦公樓的物業管理公司有被委託代理出租的責任。對這樣的物業管理公司來說，為業主獲取最大的利潤是其全部工作的出發點和最終目地，其所有工作都應圍繞這個目標。

(三)辦公樓物業管理的主要內容

辦公樓的物業管理內容比一般居住物業要多，要求也比較高。一般包括以下幾個方面：營銷、前台服務、保全、消防、清潔、設備的維護和保養、綠化、商務服務、停車場管理、財務管理等。下面介紹一些主要內容。

1. 營銷管理

出租辦公樓管理的一項重要的核心內容是營銷管理，也就是辦公樓的租賃管理。營銷管理是保證辦公樓經濟效益的一個基本組成部分，營銷管理的好壞也是衡量物業管理水準的首要的也是終極的指標。做好營銷管理，需要物業管理公司做好市場分析、物業分析、確定最合適的租金、做好廣告、研究租賃契約的條款等（詳見物業租賃管理章節）。

2. 櫃台服務

前台服務是物業管理引入飯店管理工作的結果。由於現代化辦公大樓規模大、客戶多，來往聯繫業務的人很多。有很多事情，如客人詢問等工作量相當大，光靠大廳指示牌和大門警衛難以應付眾多的詢問者。因此將賓館櫃台式服務引入辦公樓管理，為客戶提供一些日常事務的服務。

3. 安全防衛

安全防衛是辦公樓物業管理的另一項重要工作，它不僅涉及到國家、企業與個人財產和生命的安全，還涉及大量商業機密的安全。辦公樓的安全防衛工作主要包括中央監控、前後門警衛和大樓巡邏等。

4. 消防

消防是大樓安全工作的重要內容。要做好消防工作，一定要做好以下幾項工作：第一，加強管理，建立消防組織。要有專門的主管負責消防工作，並設立防火委員會，配備專職和兼職的消防人員，明確職責，接受培訓和進行演練；第二，安裝完備的消防設施，並進行日常的維護，使之處於完好狀態；第三，建立完善的消防制度和規定，並嚴格貫徹執行。

5. 設備設施管理

辦公大樓各種設備的正常運轉，對保證大樓的正常使用非常重要。

只要某一設備出現故障，就會對承租人的工作和營業帶來不利影響，

也給大樓及物業管理公司的聲譽造成不好的影響。

6.保潔管理

　　辦公大樓內外的清潔工作對大樓的形象、物業管理公司的聲譽以及大樓的租金收入都有重要的影響，因此不容忽視。辦公大樓進出人員多，人員的層次相對較高，因此對物業保潔的要求就高。承租的各家公司，將辦公大樓的形象也看作自己公司的形象，這都要求保潔工作達到相當高的標準。因此，保潔工作必須由專職的隊伍負責，可以是本公司的保潔人員，也可以透過外包，聘請專職的保潔公司提供服務。保潔工作必須定人、定時、分區承包，對不同的部位和區域有不同的清潔標準，並要有嚴格的檢查、考核制度。

二、賣場物業的管理

(一)零售商業的含義和分類

1.零售商業的含義

　　零售商店是相對於批發商店來說的，它是直接與商品的最終用戶接觸，完成商品流通最後一個環節的場所。

2.零售商業的分類

　　零售商店有各種類型，它可以是街道邊上的小雜貨舖，也可以是交通幹線沿線成排的簡易商店，還可以是各種規模的購物中心。購物中心是國外自20世紀六、七十年代發展起來的一種新型的商業化的房地產。它是一種出租攤位供各類商人零售或提供服務，從而獲得經營收入的房地產。大型的購物中心由於其商品種類齊全，價格較便宜，購物環境好，對小型的零售商店是一個極大的挑戰。從物業管理角度看，單獨的小商店，通常由業主自行管理；而各類購物中心由於其規模較大以及租戶的多樣性使得專業化的物業管理顯得非常必要。購物中心的成敗，經常取決於物業管理公司在市場分析、公關、促銷以及決策方面的能力。購物中心的管理是對物業管理公司管理能力的挑戰。由於購物中心的管理可以反映出商業零售商

店的一般特點，所以以下介紹購物中心的管理和營銷特點

(二)購物中心的管理要點

1.購物中心的服務對象有業主、用戶和用戶的顧客

購物中心的物業管理與其他物業管理的不同點是：其他物業管理的服務對象只是物業的業主或用戶，而購物中心的服務對象既有業主、用戶（承租的商人），還有用戶的顧客。業主希望物業管理能以最高的租金和最大的出租率將其物業出租出去，從而給他帶來最大的收益；用戶希望物業管理能帶來更多的客流，從而獲得更高的營業額和收益；而顧客希望得到舒適、安全、方便的購物環境。因此，物業管理必須滿足這三個方面的要求。

2.增加用戶的營業額是物業管理的重要目標

與其他的經營型物業不同，購物中心的物業管理不僅要保持高出租率，以維持自己的經營收入，而且還要關心、幫助承租的各商戶，將增加各店家的營業額作為自己的重要目標。而增加各商戶的主要方法，就是儘可能地增加購物中心的人潮。為此，物業管理要為購物中心樹立形象，選擇同類型的店家，組成各類店家適當比例的組合，推出各類促銷活動等等。

3.嚴格管理各承租商店的裝修

承租商店通常會根據自己的需要對承租的店鋪進行裝修，在裝修中很有可能對房屋的設施、結構以及外觀進行非法的改動。這樣，不僅會危害物業本身，還可能影響其他承租商店的營業。因此對各承租商店的裝修一定要嚴格管理，以確保設備設施的正常運行，使對其他店家的影響降到最低，而且保持購物中心內外的良好的形象。

4.嚴密完善的保安措施。購物中心面積大、商品多、客流量大，容易出現治安問題

因此安全保衛要堅持值班制度，並安排便衣保安人員在場內巡邏。高檔的購物中心還可安裝電子監視裝置，儘可能地使商戶和顧客覺得安全可

靠。

5.首重消防工作

　　大型購物中心人多、商店多，商品多，有很多易燃物質和火源，特別是設有餐飲業的購物中心更會增加引發火災的危險。火災給購物中心所造成的危害要比其他物業更大。因此，在購物中心除了配備完善的消防設施以外，特別要提出的是：第一，在商場內安裝廣播系統，以利緊急事件發生時能指揮疏散人群；第二，在商場各處設置明顯的緊急出口標誌，並保證出口處始終暢通；第三，組織一支業餘消防隊，加強消防演練，在事故發生時能各司其職，除了滅火以外，還承擔引導、指揮、幫助顧客有秩序地疏散，將災害帶來的損失降到最低程度。

6.方便的內外交通以及足夠停車場

　　這是購物中心設立的必要條件。物業管理公司應儘量爭取公共交通在商場前設站，甚至可以自備客車在公共交通站與購物中心之間接送顧客或者安排定時班車到各住宅區去接送顧客。商場內要保持交通通暢，儘可能提供電梯與電動手扶梯服務。購物中心要有足夠的停車場地，對自行車、汽機車可以提供免費的停車管理，不要給顧客來此購物造成任何不必要的心理障礙。

7.內外的清潔工作

　　購物中心人多、廢棄物多，對清潔衛生工作在工作量和工作難度上提出更高的要求。物業管理公司要安排專門的人員負責場內流動保潔，把垃圾雜物及時清理外運，隨時保持場內清潔。對購物中心外部所轄地段的保潔也很重要，要安排專門人員隨時清掃，保持整潔的外觀，優化購物環境。

(三)購物中心營銷管理的特點

1.購物中心的促銷管理

　　正如前面所說的，購物中心的服務對象包括了承租商戶和顧客，物業管理的一個重要任務是吸引儘可能多的人潮，這是購物中心的物業管理與

其他物業管理的主要不同之處。因此，購物中心的物業管理公司必須重視促銷管理。

促銷活動的形式或內容可分成三類：第一，特殊的促銷活動。這種活動一般都圍繞某個公眾感興趣的新聞事件或新聞人物進行，如歡迎奧運冠軍、電影明星，慶祝澳門回歸等。在活動期間，使購物中心的每一承租商戶都參加，除了打折優惠以外，還包括一系列競賽和趣味活動。第二，購物中心再裝修翻新促銷。這種促銷類似特殊的促銷活動，但是其促銷的重點是購物中心的重要變化以及對新承租戶的介紹。第三，日常性的促銷，如換季促銷、開學促銷、節日促銷等。

促銷活動由物業管理公司組織策劃，經商戶管理委員會同意，由物業管理公司統一實施。

活動所需經費一般由各商戶按商定的原則分攤。

2. 購物中心的租賃管理

物業管理公司對購物中心的租賃管理工作包括以下幾個方面：

(1)為承租商戶提供購物中心的可行性研究。因為有些有意向的承租商戶是這個行業的新手，缺乏經驗，物業管理公司應向他們提供可行性研究方面的資訊，便於他們作出決策。

(2)大型的購物中心需要幾家代表性的承租商戶，如大型超市等，這要以較優惠的租金吸引他們承租。

(3)承租商戶的選配要達到最佳組合，這是購物中心的租賃管理的重要任務。

(4)為確定最佳組合，需進行調查分析此購物中心覆蓋地區人們的需求類型及需求能力。

(5)確定切實可行的租金以吸引有經驗的零售商。

(6)對有意向的承租商戶的了解要比對其他物業的客戶更詳細，特別要了解他們對所從事行業的熟悉程度以及以往經驗、銀行信用等方面的資訊。

(7)對於續租優先權條款的制訂要特別謹慎。因為優先權條款的內容會影響租金的重審，會影響到客戶的流動性。一般對大客戶或代表性的客戶不要給予太大的靈活性，而對小客戶可以在續租的優先權內容上給予較大的靈活

性。

(8)租金的確定一般採用「基礎租金＋百分比租金」的形式。基礎租金又稱為最低租金，是業主收取的、與承租商店的經營業績不相關的最低收入。百分比租金，又稱超額租金，是購物中心的承租商店在銷售總額達到一定水準後，根據超出部分的銷售額向出租人繳納一定百分比的租金。固定的營業額、基礎租金、百分比都是店家與出租人商定的。這種做法能鼓勵業主和物業管理者進一步做好工作和進一步加強投資，以給承租商店和自己帶來更大的收益。

第三節　工業物業的管理

一、工業物業的含義和分類

1.工業物業的含義

工業過程是將原材料變成成品，它包括了諸如生產、倉儲和分銷等全過程，工業物業包括所有用於此過程的土地、房屋和設備。原材料包括礦產、農林產品、半成品等一切加工成可以銷售產品的物質。

2.工業物業的分類

(1)按照適用性分類，工業物業可以分成普遍性、特殊性和單一性三類。普遍性工業物業具有廣泛的適用性，它可以適用於許多行業的生產及倉儲等；特殊性工業物業指受某種條件限制，僅適用於某些應用範圍，譬如說要求帶有很強絕緣（熱）性質的倉儲設施；單一性工業物業只適合於某一類生產或某一類公司的物業，如鋼鐵廠，它一般無法改做他用。

(2)按照物業所處的地理位置分類可以分成市場主導型、資源主導型和勞動密集型三類。市場主導型的企業主要面對私人和工業消費者，它依賴強大的消費人群，對市場的發展趨勢和市場景氣變化特別敏感。這種企業的物業位置通常分布在能夠較快、較經濟地接觸到消費者的地區。資源主導型的

企業一般靠近原材料供應地，從而可節省可觀的運輸費用。那些使用大量煤炭或大批原料（如礦石）的工業都是資源主導型的工業。勞動密集型的企業，特別是需要大量簡單操作工人的企業，最關心的是充足的勞動力和較低的人工工資。所以這些物業一般集中在能提供大量操作人員而勞動力價格低廉的地區。

(3)按照傳統的工業分類可作以下分類：

①重工業物業。包括煉鋼，汽車製造和煉油等行業的物業。方便的交通設施和合適的原材料資源決定了這些工廠的位置，而且由於重工業物業必須設計成滿足使用者的特殊需要，所以重工業物業一般是由業主自己占用和管理的。

②輕工業物業。由於生產線和倉庫規模不大，設計上沒有太多的特殊要求，輕工業物業可以適用各種用途。這就刺激了房地產商投資於建設一些通用廠房，供輕工業生產商租用。

輕工業物業可以由業主自己管理或交給專業物業公司管理。在輕工業物業中，值得一提的是原來位於城市中心的舊大樓廠房，這些廠房在城市發展的過程中，原來的用途與城市的發展、土地的價格以及周圍的環境等已大不適應。目前已有許多這樣的廠房改作辦公樓、商場、旅館等各種用途，使得這些廠房的價值得到大大的提升。在中國，大規模的城市建設正在全國展開，隨著城市格局的改變，舊城區中心原來用於製造業的建築，正在被逐步改造成用於製造、辦公、居住、倉儲的物業組合，這些大量的舊建築的用途被改變並出租，為富於創造性和雄心勃勃的物業管理人員提供了特別的機會。

③工業園區。工業園區近30年來在很多國家有了很大的發展。由於城市人口大量遷離市中心、交通設施的發展和一些工業用戶對寬敞辦公室的需要，加上郊區的土地容易得到和價格相對便宜，使得工業園區提供一層樓的廠房、倉庫、寬敞的停車場地以及優美的風景成為可能，這些都促使了用於輕工業發展的工業園區的建立。現在流行的工業園區不像過去將辦公、製造、倉儲等分開，而是提供一個辦公和生產的組合，或者提

供一種可以根據需要作不同分割的空間，這種被稱作「培育式」的空間是為滿足成長型公司的變化需要而專門設計的。

④倉儲物業。由於其功能相對簡單，一般不需要太多的管理，所以，倉儲物業通常是由業主和租用者根據租約的規定共同管理。近年來，由於建造成本的提高及土地的稀有，世界上一些先進國家流行現代化的小型倉儲設施。這些小型倉儲設施除了服務於小型的工業企業以外，也有建在商業區和居住區附近，為商業用戶或居住用戶服務。這些設施通常會由附近的專業物業公司管理。

二、工業物業的特點

㈠資本投資量大。建立一個工業物業，除了工業廠房以外，還有辦公室、宿舍和各種公共及服務設施，這些都需要很大的投資。

㈡流通性差。工業物業由於其特殊性以及一些工業物業的規模性，使得工業物業在市場中成為一種交易緩慢的商品。這種物業的非流動性增加了所有人的投資風險，由此，也使得所有人對工業租賃者提出更多的要求。

㈢有較長的租賃期。由於工業生產的特殊性，工業物業的租賃具有較長的期限，一般為10～15年，甚至更長。這是由於機械的搬運與設備的安裝保養需要巨額的花費。因此頻繁地更換廠址是不實際和不合算的。由於不是所有的工業經營者都是房地產市場的專家，所以物業管理者為自己所管理的物業選擇合適的租賃對象，是其作為工業物業管理者最重大的責任。

㈣建築外形要求不高，建築用材標準不高，多建立在城市邊緣地區或郊區。

三、工業物業的管理特點

㈠製造廠房的管理是工業物業管理的重點。由於各製造業都有其特殊的行業特點，專業性很強，因此管理者要了解不同行業的相關知識，有針對性地制訂具有權威性和約束力的管理規定，保證生產的正常秩序。

㈡水、電、瓦斯等資源的確保供應。工業物業是要保證生產的正常進行的，特別是有些企業，其產品生產的過程要求不能停頓，因此任何的供應中斷都會給生產帶來重大損失。因此保證水電瓦斯的正常供應應是工業物業管理工作的關鍵工作之一。

㈢輔助配套管理工作複雜、難度大。生產的進行需要配套部門的工作。例如門衛、餐廳、浴室等都要服務、受制於生產。同時對有毒有害、易燃易爆物品的管理運輸，廢棄物的排放和處理都要制訂嚴格的管理辦法和監督措施，並組織協調，積極配合生產的正常進行。

㈣物業易損耗，維修量大。由於生產的特性，生產中因重量荷載超重、化學物質腐蝕、電器電路的超負荷，運輸車輛的碰撞等情況，都容易給工業物業帶來破壞和損耗。因此，工業物業的維修要比其他類型的物業工作量大。

㈤保潔工作難度大。由於生產的特殊性，機器的油污，排放的廢氣、粉塵，原材料本身的污染性等都會給工業物業的環境清潔工作帶來很大的難度。

㈥安全消防任務重。從企業產品的價值以及技術保密的角度來看，都需要加強安全防範措施；同時，作為生產企業，會使用一些危險品，如管理不善，容易發生火災和爆炸事故。因此，物業管理企業在這方面需投入較大的精力。從制度到措施，從設備到人員，從主管到員工，全面地加強安全保衛工作，將其作為首要工作。

㈦物業內運輸暢通是關鍵。工業物業內部原材料的運輸、半成品的搬運、成品的入庫出廠等離不開暢通的交通。因此不管是哪一類工業物業，都要注重物業內部的交通管理，它包括貨物的裝卸管理，物品的堆放管理，車輛的停放管理，車輛的走向管理等等。

㈧提供多元化的社會化服務是責任。工業物業一般建在城郊的交接處或郊區，離商業中心較遠，使員工的生活有諸多不便。因此物業管理公司實施管理時，應儘量提供各類經營性服務，做好大量的業主和使用人的後勤保障。

四、特殊物業的管理

　　旅館、俱樂部、旅遊點、托兒所、戲院、學校、政府機關和教堂等被認為是特殊用途物業，將這些物業歸結成一類是由於發生在這些物業內的活動是比較特殊的，這些特殊性決定了物業本身的設計和運作的特點。因此這些物業的管理一般由這些特殊行業或組織完成，這些管理人員必須具有專業管理技術並對該特殊領域了解。

復習思考題

1. 根據業主的數量，中國的居住物業是如何分類的？
2. 住宅社區的管理特點是什麼？
3. 住宅社區管理的中心思想是什麼？
4. 按照等級，辦公樓可分為哪幾類？
5. 辦公樓物業的特點有哪些？
6. 購物中心的管理要點是什麼？
7. 物業管理公司如何做好購物中心的租賃管理工作？
8. 按照適用性，工業物業作如何分類？
9. 按照所處的地理位置，工業物業可作如何分類？
10. 按照傳統的工業分類，工業物業可作如何分類？
11. 工業物業的特點有哪些？
12. 工業物業的管理特點有哪些？

第十五章
物業管理的品質體系簡介

第一節　ISO 9000 族標準概述

一、品質管理體系標準的產生和發展

(一)品質管理系統標準的產生

長期以來，判斷產品質量好壞的主要標準，是以實體品質的檢驗和試驗為基礎的技術標準。事實證明，這種以技術標準作為判斷產品品質好壞唯一準則的做法，有許多侷限性。第二次世界大戰期間，世界軍事工業有了迅速的發展，一些國家在採購軍用品時，不但要求產品的特性，還對供應廠商提出了質量保證的要求。在 20 世紀五○年代末，美國發布了 MIL-Q-9858A 品質計畫需求標準，成為世界上最早的有關品質保證方面的標準。

之後，美國國防部制訂和發布了一系列的對生產武器和承包商評定的品質保證標準。20 世紀七○年代初，引用軍用品質保證標準的成功經驗，美國標準化協會（ANSI）和美國機械工程師協會（ASME）分別發布了一系列有關原子能發電和壓力容器生產方面的品質保證標準，使得品質保證標準從軍事部門走向了民生用品。美國的成功經驗在全世界產生了極大的影響。一些工業發達國家，從 20 世紀七○年代末以來，先後制訂和發布了用於民品生產的品質管理和品質保證標準。隨著世界各國經濟的相互合作和交流，對供應廠商品保系統的審核已逐漸成為國際貿易和國際合作的需求。由於各國實施的標準不一致，給國際貿易帶來了障礙，品質管理和品質保證的國際化就成為當時世界各國的迫切需要。

國際標準化組織（ISO）於 1979 年成立了品質管理和品質保證技術委員會（TC176），負責制訂品質管理和品質保證標準，並於 1987 年發布了 ISO 9000《品質管理系統和品質保證標準——選擇和使用指南》、ISO 9001《品保系統——設計開發、生產、安裝和服務的質量保證模式》、ISO 9002《品保系統——生產和安裝的質量保證模式》、ISO 9003《品保系統——最終檢驗和試驗的質量保證模式》、ISO 9004《品質管理和品保系統要素——指南》等六項標準，統稱為

ISO 9000 系列標準。這套標準發布後，立即在全世界引起熱烈反應，受到世界各國前所未有的重視和廣泛採納。迄今為止，已被全世界 150 多個國家和地區共同採用為國家標準，並廣泛用於工業、經濟和政府的管理領域。有 50 多個國家建立品質管理系統認證制度，世界各國品質管理體系審核員資格的相互認可和品質管理體系相互的認證制度也廣泛地建立和實施。

(二)品質管理體系標準的發展

為了使 1987 版的 ISO 9000 系列標準更加協調和完善，ISO/TC176 品質管理和品質保證技術委員會於 1990 年決定對標準進行修訂，提出了《20 世紀 90 年代國際品質標準的實施策略》（國際上統稱為《2000 年展望》），其目標是「要讓全世界都接受和使用 ISO 9000 系列標準；為提高組織的運作能力而提供有效的方法；增進國際貿易、促進全球的繁榮和發展；使任何機構和個人可以有信心從世界各地得到任何期望的產品，以及將自己的產品順利銷售到世界各地」。

按照《2000 年展望》提出的目標，標準分兩階段進行修改。第一階段修改稱之為「有限修改」，即 1994 版的 ISO 9000 系列標準；第二階段修改是在總體結構和技術內容上作較大的全新修改，即 2000 版 ISO 9000 系列標準。第二階段修改的主要任務是：「識別並理解品質保證即品質管理領域中顧客的需求，制訂有效反映顧客期望的標準；支持這些標準的實施，並促進對實施效果的評價」。

2000 年 12 月 15 日，ISO/TC176 正式發布了新版本的 ISO 9000 系列標準，統稱為 2000 版 ISO 9000 系列標準。該標準的修訂充分考慮了 1987 版和 1994 版標準以及現有其他管理體系標準的使用經驗，因此，它將使品質管理體系更加適合組織的需要，可以更適應組織開展其商業活動的需要。

2000 版標準更加強調了顧客滿意及監視和測量的重要性，促進了品質管理原則在各類組織中的應用，滿足了使用者對標準應更通俗易懂的要求，強調了品質管理體系要求標準和指南標準的一致性。2000 版標準反映了當今世界科學技術和經濟貿易的發展狀況，以及「改革」和「創新」這一 21 世紀企業經營的主題。

(三)實施 ISO 9000 系列標準的意義

　　ISO 9000 系列標準是世界上許多經濟發達國家品質管理實行經驗的科學總結，具有共通性和參考性。實施 ISO 9000 系列標準，有以下意義：

1. 有利於提高產品品質，保護消費者利益。由於現代科技的快速發展，產品向高科技、多功能、精細化和複雜化發展，使消費者在採購或使用這些產品時，一般很難在技術上對產品加以鑑別。而品質管理體系的建立並有效地運用，促進組織持續地改進產品和生產過程，使產品品質提高及穩定，這樣，增加了消費者選購合格供應商的產品的可信度，保護了消費者的利益。

2. 為提高組織的運作能力提供了有效的方法。ISO 9000 系列標準鼓勵組織在制訂、實施品質管理體系時採用程序控制法，透過識別和管理眾多相互關聯的活動以及對這些活動進行系統的管理和連續的監視與控制，以生產顧客能接受的產品。此外，品質管理體系提供了持續改進的框架，增加顧客和其他相關方面滿意的機會。因此，ISO 9000 系列標準為有效提高組織的運作能力和增強市場競爭能力提供了有效的方法。

3. 有利於增進國際貿易，消除技術壁壘。在國際經濟技術合作中，ISO 9000 系列標準被作為相互認可的技術基礎，ISO 9000 的品質管理體系認證制度也在國際上得到相互承認，並納入合格評定的程序之一。因此，ISO 標準的貫徹為國際經濟技術合作提供了國際通用的共同語言和準則；取得品質管理體系認證，已成為參與國內和國際貿易，增強競爭能力的重要條件。同時，對消除技術壁壘，排除貿易障礙非常重要。

4. 有利於組織的持續改進和持續滿足顧客的需求和期望。由於顧客的需求和期望是不斷變化的，這就促使組織持續地改進產品和過程。而品質管理體系要求亦為組織改進其產品和過程提供了一條有效途徑。ISO 9000 族將品質管理體系要求和產品要求區分開來，將品質管理體系要求作為對產品要求的補充，這樣，有利於組織的持續改進和持續滿足顧客的需求和期望。

二、ISO 9000 系列標準的構成和特點

(一) 2000 版 ISO 9000 系列標準的構成

2000 版 ISO 9000 系列標準是由核心標準和其他支援性的標準和文件組成（表 15.1）。

表 15.1　2000 版 ISO 9000 系列標準的文件結構

核心標準	
ISO 9000	品質管理體系．基礎和術語
ISO 9001	品質管理體系．要求
ISO 9004	品質管理體系．業績改進指南
ISO 19001	品質和（或）環境管理體系審核指南
支援性標準和文件	
ISO 10012	測量控制系統
ISO/TR10006	品質管理．項目管理質量指南
ISO/TR10007	品質管理．技術狀態管理指南
ISO/TR10013	品質管理系統文件指南
ISO/TR10014	品質經濟性管理指南
ISO/TR10015	品質管理．培訓指南
ISO/TR10017	統計技術 指南品質 管理指南 選擇和使用指南 小型企業的應用

(二) 2000 版 ISO 9000 系列核心標準介紹

1. ISO 9000：2000《品質管理體系.基礎和術語》

此標準表述了品質管理體系的基礎知識，並確定了相關的術語。它們包括：品質管理的八項原則；建立和運行品質管理體系應遵循的十二項的品質管理體系的基礎知識；品質的術語共 80 個詞彙。

2. ISO 9001：2000《品質管理體系‧要求》

此標準規定了對品質管理體系的要求，供組織需要證實其具有穩定地提供顧客要求和適用法律法規要求產品的能力時應用。組織可透過體系的有效應用，包括持續改進體系的過程及確保符合顧客與適用法規的要求，增強顧客滿意。

與1994版標準相比，標準的名稱發生了變化，不再有「品質保證」一詞，這反映了標準規定的品質管理體系要求除了產品品質保證以外，還旨在增強顧客的滿意。

標準應用了以過程為基礎的品質管理體系模式的結構，鼓勵組織在建立、實施和改進品質管理體系及提高其有效性時，採用過程方法，通過滿足顧客要求增強顧客滿意。過程方法的優點是對品質管理體系中諸多單個過程之間的聯繫及過程的組合和相互作用進行連續的控制，以達到品質管理體系的持續改進。

3. ISO 9004：2000《品質管理體系‧績效改進指南》

此標準以八項品質管理原則為基礎，幫助組織用有效率的方式識別並滿足顧客和其他相關方的需求和期望，執行、維持和改進組織的整體績效，從而使組織獲得成功。

該標準提供了超出ISO 9001要求的指南和建議，它強調一個組織品質管理體系的設計和實施受各種需求、具體目標、所提供的產品、所採用的過程及組織的規模和結構的影響，無意統一品質管理體系的結構或文件。

標準也應用了以過程為基礎的品質管理體系模式的結構，鼓勵組織在建立、實施和改進品質管理體系及提高其有效性和效率時，採用過程方法，以便滿足相關方要求來提高對相關方的滿意程度。

標準還給出了自我評價和持續改進過程的示範，用於幫助組織尋找改進的機會；通過五個等級來評價組織品質管理體系的成熟程度；通過提供的持續改進方法，提高組織的績效並使相關方受益。

4. ISO 19011：2000《品質和（或）環境管理系統審核指南》

遵循「不同管理體系可以有共同管理和審核要求」的原則，該標準對

於品質管理體系和環境管理體系審核的基本原則、審核方案的管理、環境和品質管理體系審核的實施以及對環境和品質管理體系審核員的資格要求提供了指南。它適用於所有施行品質和／或環境管理系統的組織，指導其內審和外審的管理工作。

該標準在術語和內容方面，兼容了品質管理體系和環境管理體系的特點。在對審核員的基本能力及審核方案的管理中，均增加了了解及確定法律和法規的要求。

(三) 2000 版 ISO 9000 系列標準的特點

2000 版 ISO 9000 系列標準的特點為：

1. 標準可適用於所有產品的類別、不同規模和各種類型的組織，並可根據實際需要刪減某些品質管理體系的要求；
2. 採用了以過程為基礎的品質管理體系模式，強調了過程的聯繫和相互作用，邏輯性更強，相關性更好；
3. 強調了品質管理體系是組織其他管理體系的一個組成部分，便於與其他管理體系相容；
4. 更注重品質管理體系的有效性和持續改進，減少了對形成文件的程序性的強制性要求；
5. 將管理體系要求和品質管理體系業績改進指南這兩個標準，作為協調一致的標準使用。

三、品質系統的基本術語

(一)品質

1.品質的定義

品質是一組固有特性滿足要求的程度。

(1)品質是對程度的一種描述，因此，可使用形容詞來表示質量，如差、好、優秀等。

(2)特性的含義。特性是指「可區分的特徵」。它可以有各種類別，如物理的、感官的（氣味、觸覺、噪音等）、行為的（禮貌、誠實、正直等）、性能的（準時、可靠、安全）、人體工學的（生理的特性或有關人身安全的特性）和功能的特性。特性按照與事物的關係可以分成固有的和賦予的。固有的是指某事物中本來就有的特性，如螺栓的直徑、硬度等，電視機的色彩或音質等；賦予的是指不是某事物本身就有的，而是完成產品後因不同的要求而對產品所增加的特性，如產品的價格、供貨時間和運輸方式、售後服務的要求（如保修時間）等。但固有特性和賦予特性對於不同的產品是不同的。某些產品的賦予特性，可能是另一些產品的固有特性，例如，供貨時間及運輸方式對硬體產品來說，是屬於賦予特性，而對運輸服務來說，就屬於固有特性。

(3)要求的含義。要求是指「明示的、通常隱含的或必須履行的需求或期望」。明示的是指規定的要求，如在文件中闡明的要求或顧客明確提出的要求；通常隱含的是指組織、顧客和其他相關方的慣例或一般做法，所考慮的需求或期望是不言而喻的。例如，銀行對顧客存款的保密性、化妝品對顧客皮膚的保護性等。必須履行的是指法律法規及強制性標準的要求。如食品衛生安全法、GB 8898 電網電源供電的家用和類似一般用途的電子及有關設備的安全要求等。

要求可以由不同的相關方提出，不同的相關方對同一產品的要求可能是不同的，如對汽車來說，顧客的要求是美觀、舒適、輕便、省油，但社會要求不對環境產生污染。供方在確定產品要求時，應兼顧各相關方的要求。要求可以是多方面的，當需要特指時，可以採用修飾詞表示，如產品要求、品質管理體系要求、顧客要求等。

2.注意點

(1)品質的廣義性。品質不僅是指產品的品質，也可指過程和體系的品質。

(2)品質的時效性。由於顧客的需求和期望是不斷變化的，原先被認為品質好的產品會因顧客要求的提高而不再受到顧客的歡迎。

(3)品質的相對性。由於顧客對同一產品的功能、甚至同一產品的同一功能提

出不同的需求，需求不同，品質要求也就不同，只要滿足需求就應該認為品質好。

（二）產品、過程與程序

1.產品

(1)產品的定義。產品就是過程的結果。

(2)產品的分類。有四種通用的產品類別：服務（如運輸、理髮等）、軟體（如電腦程序、字典等）、硬體（如機械零件、家具等）和製程輔助性材料（如潤滑油等）。但許多產品是由不同類別的產品構成的，服務、軟體、硬體或製程輔助性材料的區分取決於其主導成分。例如，外供產品「汽車」是由硬體（如輪胎）、製程輔助性材料（如燃料、冷卻液）、軟體（如發動機控制程序、駕駛員手冊）和服務（如銷售人員所作的操作說明）所組成，但其主導成分是硬體。

2.過程

(1)過程的定義。過程就是一組將輸入轉化為輸出的相互關聯或相互作用的活動。

(2)理解的要點。任何過程都包括三個要素：輸入、輸出和活動；資源是過程的必要條件；組織為了增值，通常對過程進行策劃，並使其在受控條件下運行；過程與過程之間的關係往往是一個比較複雜的網絡結構，一個過程可能有多個輸入或輸出；建立質量管理體系，必須確定為增值所需的直接過程和支持過程以及相互之間的關聯關係。

3.程序

(1)程序的定義。程序就是為進行某項活動或過程所規定的途徑。

(2)理解的要點。程序是為了達到預期的目的，對過程及涉及的活動進行控制而規定的途徑；這種規定可以是口頭的，也可以是書面的，即可以形成文件，也可以不形成文件；程序形成文件時，通常稱為「書面程序」或「形成文件的程序」，含有程序的文件可以稱之為「程序文件」；程序文件通常包括活動的目的和範圍、做什麼和誰來做、何時何地和如何做、用什麼

材料、設備和文件、如何對活動進行控制和記錄；程序文件可以採用任何形式或類型的媒體。

(三)品質管理和品質管理體系

1.品質管理

(1)品質管理的定義。品質管理是指在品質方面指揮和控制組織的協調的活動。

(2)理解的要點。品質管理是組織中各項管理內容中的一項，品質管理應與其他管理相結合；品質管理包括制訂品管方針和品管目標、品管策劃、品質控制和品管改進。

2.品質管理體系

(1)品質管理體系的定義。品質管理體系是指在品質方面指揮和控制組織的管理體系。

(2)理解的要點。品質管理體系是組織管理體系中的一部分，它是以建立品管方針和品管目標，並對為實現這些品管目標確定的過程、活動和資源進行管理的體系；品質管理體系主要在品質方面能幫助組織提供持續滿足要求的產品，增進顧客和相關方的滿意；品質管理體系的建立要注意與其他管理體系的整合性，以方便組織的整體管理。

3.品管策劃

(1)品管策劃的定義。品管策劃是品質管理的一部分，它致力於制訂品管目標並規定必要的運行過程和相關資源以實現品管目標。

(2)品管策劃理解的要點。品管策劃與品質管理構成從屬關係；品管策劃的目的在於制訂並採取措施實現品管目標；品管目標可能涉及組織的品管目標和產品的品管目標；組織的品質管理目標是在品管方針的基礎上建立的，策劃是從建立品質管理體系入手的；產品的品管目標是針對某一具體的產品，策劃是從產品的實現過程入手的。

4.品管改進

(1)品管改進的定義。品管改進是品質管理的一部分，它致力於增強滿足品質

要求的能力。

(2)理解的要點。品質要求可以是任何方面的，如有效性、效率、可追溯性、安全性、可靠性、充分性等，組織應能識別需改進的關鍵的品質要求、改進過程、增強能力；由於品質要求是任何方面的，所以品管改進與組織品質管理體系覆蓋範圍內的所有產品、部門、場所、活動和人員均有關係；改進作為一個活動，也可理解為一個過程，也應按照過程方法進行管理。

(四)不合格與瑕疵

1.不合格

(1)不合格的定義。即指未滿足要求。

(2)理解的要點。要求包括明示的、通常隱含的和必須履行的需求和期望；當產品的特性未滿足產品要求時，則構成了不合格品；當過程或體系未滿足過程的要求或體系的要求時，則構成了不合格項。

2.瑕疵

(1)瑕疵的定義。是指未滿足與預期或規定用途有關的要求。

(2)理解的要點。瑕疵主要涉及與用途有關的要求；瑕疵有法律內涵，會涉及產品的責任問題，因此「瑕疵」這一術語應慎用；由於顧客希望的預期用途可能受供方提供的資訊內容的影響，因此，如果因產品的使用說明中未能作出特別的告示而致使使用者出現影響人身或財產安全的事故，可認定該產品存在瑕疵。

(五)設計和開發

1.設計和開發的定義。將要求轉換為產品、過程或體系規定的特性或規範的一組過程。

2.理解的要點。「設計」和「開發」有時是同義的，在不同的場合下使用，表達的含義是相同的。例如，對硬體產品，稱設計，而對軟體產品一般稱開發。設計和開發過程的輸入是要求，輸出是產品、過程或體系的特性或規範。

第二節　品質管理原則與 GB/T19001-2000 標準簡介

一、品質管理原則簡介

為奠定 ISO 9000 系列標準的理論基礎，使之更有效地指導組織實施品質管理，使全世界普遍接受 ISO 9000 系列標準，ISO/TC176 從 1995 年開始成立了一個工作組，根據 ISO 9000 系列標準實踐經驗及理論分析，吸納了國際上最受尊敬的一批品質管理專家的意見，用了約兩年時間，整理並編撰了八項品質管理原則。其主要目的是幫助管理者，尤其是最高管理者系統地建立品質管理理念，真正理解 ISO 9000 系列標準的內涵，提高其管理水準。同時，ISO/TC176 將八項品質管理原則系統地應用於 2000 版 ISO 9000 系列標準中，使得 ISO 9000 系列標準的內涵更加豐富，從而可以更有力地支持品質管理活動。八項管理原則分別簡述如下：

㈠以顧客為關注焦點。組織依存於顧客。因此，組織應當理解顧客當前和未來的需求，滿足顧客要求並爭取超越顧客期望。

㈡領導作用。領導者確立組織統一的宗旨及方向。它們應當創造並保持使員工能充分參與實現組織目標的內部環境。

㈢全員參與。各級人員都是組織之本，只有他們充分參與，才能使他們的才幹為組織帶來收益。

㈣過程方法。將活動和相關的資源作為過程進行管理，可以更有效地得到期望的結果。

㈤管理的系統方法。將相互關聯的過程作為系統加以識別、理解和管理，有助於組織提高實現目標的有效性和效率。

㈥持續改進。持續改進總體業績應當是組織的一個永恆目標。

㈦基於事實的決策方法。有效的決策是建立在資料和資訊分析的基礎上的。

(八)與供方互利的關係。組織與供方是相互依存的,互利的關係可增強雙方創造價值的能力。

二、GB/T19001-2000 標準簡介

(一)概述

國家標準 GB/T19001-2000 標準相當於採用了 ISO 9001:2000《品質管理體系‧要求》。標準由引言、正文及附錄三部分組成。引言部分包括了 4 個條款:總則、過程方法、與GB/T19004 的關係、與其他管理體系的相容性;正文部分分為八章:範圍,引用標準,術語和定義,品質管理體系,管理職責,資源管理,產品實現,測量、分析和改進;附錄部分分為 A 附錄及 B 附錄兩部分,均是提示性附錄,供參考用。

(二)標準的應用範圍

根據標準規定,組織在有下列任一需求時可以按標準的要求,結合組織自身的特點和產品的特點建立、實施和改進品質管理體系。

1. 組織需要證實自己具備穩定地提供滿足顧客要求和適用的法律法規要求的產品的能力。

2. 組織需要通過體系的有效應用,包括體系的持續改進過程以及保證符合顧客與適用的法律法規要求,旨在增強顧客滿意。

3. 標準規定的所有要求都是通用的,可以適用於各種類型、不同規模和提供不同產品的組織。

4. 標準的任何要求因組織及其產品的特點而不適用時,可以考慮對其進行刪減。刪減僅限於標準第 7 章「產品實現」中那些不影響組織提供滿足顧客和適用法律法規要求的產品的能力或責任的要求,否則不能聲稱符合標準。

(三)品質管理體系

1. 體系的建立

　　一個組織的品質管理體系是由眾多與品質有關的過程所構成，而建立品質管理體系就是系統地識別這些相互關聯相互作用的過程，並用文件的方式予以描述，加以實施和保持，並繼續改進其有效性。具體做法為：

(1)識別品質管理體系所需的過程及其在組織中的應用；

(2)確定這些過程的順序和相互作用；

(3)確定為確保這些過程的有效運行和控制所需的準則和方法；

(4)確保可以獲得必要的資源和資訊，以支持這些過程的運行和對這些過程的監視；

(5)監視、測量和分析這些過程；

(6)實施必要的措施，以實現對這些過程策劃的結果和對這些過程的持續改進；

(7)針對組織所選擇的任何影響產品的外包過程，組織應確保對其實施控制，並在品質管理體系中加以識別。

2. 品質管理體系文件的要求

　　品質管理體系文件是品質管理體系運行的依據，具有溝通、協同作業的作用。文件是指資訊及其承載媒體（紙張、電腦硬碟、光碟、照片和其他電子媒體或它們的組合形式）。品質管理體系文件包括：

(1)形成文件的品管方針和品管目標（該文件可包括在手冊或其他文件中）；

(2)品質手冊；

(3)ISO 9001：2000 規定的形成文件的程序（文件控制、品質記錄的控制、內部審核、不合格控制、糾正措施及預防措施等六項）；

(4)組織為確保其過程的有效策劃、運行和控制所需的文件；

(5)本標準所要求的記錄。記錄是指對所完成的活動或達到的結果提供客觀證據的依據。

　　上述品質管理體系文件可以在品質手冊中表述（某些小企業），而大企業則可以分別描述。品質管理體系文件的多少與詳細程度根據實際需要（組

織的規模、類型、過程的複雜程度及人員的能力）決定。

第三節　物業管理企業如何推行 ISO 9000

一、建立 ISO 9001：2000 品質體系的主要步驟

物業管理企業實施 ISO 9001：2000 體系標準並通過認證，既可以改善企業內部管理，又可以使服務品質得到更可靠的保證。其實施標準主要有以下七項步驟。

(一)建立體系推行的組織機構

體系推行的組織機構主要包括：指導小組、工作小組、內部審核員和管理者代表。

1. 指導小組。推行 ISO 9001，指導是關鍵，企業主管指導的正確決策並積極參與是管理體系實施順利開展的最重要的保證。
2. 工作小組。推行 ISO 9001 有大量的事務性工作要做，企業為此應成立專門的工作小組，作為企業推行 ISO 9001 的組織協調工作的辦事核心。
3. 內審員。按 ISO 9001 要求，企業應定期開展內部質量管理的審核工作，因此，企業應建立一支內部審核員的隊伍，開展內審工作。
4. 管理者代表。按照標準的要求，企業應任命管理者代表。管理者代表應企業負責人指定，並且是管理階層成員。

(二)選擇諮詢服務機構

選擇合適的諮詢服務機構，對品保系統的建立並獲得認證至關重要。但不同的諮詢服務機構，其資質、實力水準以及收費標準均有較大的差別。整體而言，選擇諮詢機構的標準是：資歷較深、信譽良好、諮詢效果佳、諮詢服務時間與企業的要求相配合。

(三)品保系統的診斷

所謂品保系統診斷，主要就是按照標準的要求檢查本企業現有品保系統的狀況，找出與標準的差距：

1. 診斷的目的。現有品保系統與標準的符合性；識別確定對品保系統進行修改的內容。
2. 診斷的依據。ISO 9001：2000 標準；契約；本企業的基本規定、規程；社會或行業有關法規。
3. 實施診斷的人員。諮詢人員、內部審核員或第三方機構人員。
4. 實施診斷的程序。確定診斷小組；確定診斷依據和診斷對象；制訂診斷計畫，編制診斷工作文件；現場診斷檢查；提交診斷報告。

(四)全員培訓

企業為推行 ISO 9000，應自始至終地開展培訓工作。針對品質管理體系的建立和運行，需開展的培訓工作有：

1. 內部審核員的培訓（應持國家認可的內審員證）。
2. 全員的 ISO 9000 基礎知識培訓。
3. 文件編寫技能培訓。

(五)品質管理體系文件的編寫

主要包括以下幾項工作：

1. 研討組織的設計和職責的劃分。
2. 確定新體系的文件結構和清單。
3. 研究文件之間的傳遞。
4. 文件的編寫。
5. 對文件的討論和檢查。
6. 文件的簽核、印制和發放。

(六)試運行

主要包括以下幾項工作：

1. 體系公告。體系公告即是將品保系統文件及運作的特別要求使全體員工了解。公告工作按照組織機構特點分層次、分內容進行。

2. 試運行前的培訓、宣傳。

3. 體系運行前的配套工作。是指計量、合格供方的評定，制訂一些標牌、記錄卡、標籤、印章等體系運作中所需的基本保證以及其他有關的配套工作。

4. 試運行。試運行的目的是補充和完善一些基礎工作、修改體系文件、積累運行數據以及制訂並執行專門的滾動式內部審核計畫，及時糾正各種不合格。

5. 內審。在試運行中，至少應該安排一次內部質量審核、一次管理評審。為了減少認證一次通過可能的某種風險，在由第三方正式審核以前，可以由內部組織一次模擬審核或請已確認的認證機構進行預審。

(七)外審

1. 認證機構的選擇。對認證機構的選擇，企業應考慮以下因素：顧客的要求，企業所在的地區，認證機構的認證範圍和有效性，認證費用。

2. 認證註冊後應做的工作。體系的保持和提高；做好向認證機構的通報工作；接受監督審查；定期繳納認證註冊費用；到期重新申請。

二、品保系統實施中應注意的問題

(一)充分理解服務的特點

物業管理屬於服務行業，物業管理企業推行 ISO 9001 標準時必須充分了解服務的特點，才能保證目標順利進行。

1. 服務具有廣泛的適用性。物業管理服務的對象有兩個：物業和人。人有多

種需要，並且這些需要因時、因地、因人而有所差異。因此，要求物業管理提供的服務具有廣泛的適應性。

2.服務項目的「無形性」。物業管理服務是「無形」產品，顧客在接受服務之前不可能對服務的品質和服務的價值作出精確的判斷。

3.服務過程的「不可儲存性」。物業管理提供的服務常常是服務與消費同時進行，服務過程就是消費過程，這種過程是不可儲存的。

4.服務提供的「因人性」。因人性是指物業管理服務的好壞非常依賴於服務者的素質。企業提供的服務產品，往往是由最基層的操作員工直接面對顧客完成，因此，要求員工有較高的素質，同時也突出了全員培訓的重要性。

5.服務評價的複雜性。這是指業主和使用者對物業管理服務的評價因個人的喜好、職業、文化等不同，往往給出不同的評價。因此對來自顧客的評價，要進行分析，並與企業的自身評價結合起來考慮。

(二)把握「三個關鍵」和「一個中心」

物業管理企業在推行ISO 9000標準、建立品保系統的過程中，應結合服務業的特點，明確並把握「三個關鍵」和「一個中心」。「三個關鍵」包括管理者職責、人員和物質資源、品保系統結構；「一個中心」即是以業主和使用者為中心。

1.管理職責

所謂管理職責，即要求明確組織內各部門和各項工作（管理人員、執行人員和驗證人員等）的設置，並明確各部門和工作的職責和權限；同時要求各部門和工作之間通過各種方式（如會議、培訓等）相互了解有關職責和權限，通過溝通，使各自的職責和權限規定合理，使組織的管理活動開展的更有效。

2.資源

是指物業管理企業為了實施品保系統的需要提供足夠和適當的資源。資源是企業通過建立品質管理體系及過程而實現品管方針和品管目標的必要條件，包括人力資源、基礎設施和工作環境。

所謂人力資源是根據教育、培訓、技能和經驗 4 方面的評價，能夠勝任其工作的從事影響產品質量工作的人員。

基礎設施是組織實現產品符合性的物質保證，它包括：(1)建築物、工作場所和相關的設施；(2)過程設備（硬體和軟體）；(3)支援性服務（如運輸或通訊）。

工作環境是指工作時所處的一組條件。必要的工作環境是企業實現產品符合性的支持條件。工作條件可包括：(1)物理的、社會的、心理的條件（如創造一種良好的工作氣氛，從而更好地發揮企業內人員的潛能）；(2)環境的因素（溫度、濕度、潔淨度等）。

3.品保系統結構

是指物業管理企業根據自身的實際情況和內外環境建立的品保系統結構。品保系統結構由若干運行要素加以支撐。主要有 3 個規範和兩個評定。即服務規範、服務提供規範和品管控制規範以及內部評定和外部評定。服務規範是指服務應達到的標準；服務提供規範是指服務的提供過程應遵守的規定或程序；品管控制規範是指對提供的服務品質實施監視、測量、分析和改進的規定和程序。

內部評定是指企業通過各種層次和形式的檢查，來避免出現不合格服務的傾向。這些檢查有：(1)各班組對每日操作工作的檢查；(2)管理處負責人每日對各自所管工作範圍的檢查；(3)公司機關各部門每周對各自分管工作的檢查；(4)公司管理部組織的部門經理每月對管理處工作的全面檢查；(5)開展單項檢、季檢、半年檢、年檢等各項檢查工作。

外部評定是指顧客（業主和使用者）和社會評定。服務品質的優劣最終取決於業主和使用者的感受和評價。因此，企業可以開展以下活動來獲取對它的評價：(1)定期按比例發放業主意見徵詢表；(2)設置投訴信箱、電話，上門拜訪等；(3)召開業主座談會；(4)參加區、市、國家優秀社區的評比活動。

4.一個中心

是指在建立品質管理體系時，要把滿足業主和使用者對物業管理明確

和隱含的需要作為起點和目標。這就是品質管理原則中的「以顧客為關注焦點」。這要求採取以下活動：(1)調查、識別並理解顧客的需求和期望；(2)確保企業的目標與顧客的需求和期望相結合；(3)確保在整個企業內溝通顧客的需求和期望；(4)測量顧客的滿意程度並根據結果採取相應的活動或措施；(5)系統地管理好與顧客的關係。

(三)其他需要注意的問題

1. 物業管理企業在推行ISO 9000時，要根據本企業的實際情況，防止徒具形式、浮華不實。

2. 品保系統文件要具有科學性、系統性、一致性和可操作性，不可盲目地將其他企業的質量文件照搬，或脫離企業實際地追求「文件多、標準高、口號響」，實際上卻不照著做，或做不到。要貫徹一個原則「寫你所做的，做你所寫的」。

3. 「說到、做到、記錄」。品保系統的運行要遵循的基本原則是「該說的要說到，說到的要做到，做到的要記錄」。「該說的要說到」即是要求建立的品保系統必須識別所有的品質活動並制訂嚴密的可操作的控制程序或規定。「說到的要做到」是指企業在建立品保系統文件後，企業所有有關的品質活動或過程必須按照文件的規定執行，不能說一套、做一套。說到做不到的原因大致有兩個：(1)文件未為廣大從業人員理解和接受，仍然按老習慣操作；(2)文件編寫不符合實際，不易操作。「做到的要記錄」是指按程序或文件做的事必須留下真實的品質記錄，透過記錄進行資訊反饋，留下可追溯的線索，進行迴路式管理。出現沒記錄或記錄不準確現象的原因主要有三個：(1)從業人員不理解不習慣；(2)文件編寫不準確、表格設計不合理；(3)員工素質低或缺乏針對性的培訓。

4. 問題及時回饋，修改過程簡便可行。在品質管理體系試運行期間，必須將運行中發現的問題及時回饋，以利於系統得到及時的修改和補充。較好的解決辦法是在試運行一開始就將《文件修改建議表》跟隨到各職位，並由目標工作小組成員跟蹤。品保系統在運行中需進行多次修改和補充才能保

持其適宜性和有效性。因此，一個簡便、有序又易操作的文件修改過程既能提高員工修改不適宜、不正確條款的積極性，又能保證文件正確有效地指導實際操作。

5.建立有利於品保系統持續有效運行的激勵機制。

復習思考題

1.實施 ISO 9000 系列標準有什麼意義？

2.簡述 2000 版 ISO 9000 系列標準的構成。

3. 2000 版 ISO 9000 系列標準有哪些特點？

4.品質的定義是什麼？如何理解品質的定義？

5.品質的特性是什麼？

6.產品有哪些分類？

7.簡述過程的定義及理解要點。

8.簡述程序的定義及理解要點。

9.簡述品質管理的定義及理解要點。

10.簡述品質管理體系的定義及理解要點。

11.簡述品管策劃的定義及理解要點。

12.簡述品管改進的定義及理解要點。

13.簡述不合格的定義及理解要點。

14.簡述瑕疵的定義及理解要點。

15.簡述設計和開發的定義及理解要點。

16.簡述 8 項品質管理原則的內容。

17.簡述國家標準 GB/T19001-2000 標準的應用範圍。

18. 物業管理企業如何建立品質管理體系？

19.品質管理體系文件包括哪些？

20.物業管理企業推行 ISO 9000 品保系統有哪些主要步驟？

21.品保系統實施中應注意哪些問題？

22.物業管理企業推行 ISO 9000 品保系統需注意的其他問題是什麼？

附　錄　未來物業設施管理的七大要素

說明：本文是國際物業設施管理協會主席，註冊物業設施管理經理Geert Freling（費以林），於 2000 年 11 月 10 日在中國上海舉行的國際物業設施管理研討會上的演講。翻譯稿，未經本人審閱，僅供大家參考，以便了解世界當今和未來物業設施管理方面的發展方向。

感謝您的非常美好的介紹，並且我想感謝所有的來賓。這是我第一次作為IFMA（International Facility Management Association）主席訪問這個國家，我期望著將來能回來與在座的所有來賓共同工作，來迎接 21 世紀我們共同面臨的挑戰。

在這兒，我為能首先了解在這個世界的一個組成部分生活的你們所面臨的挑戰而深感激動。這個國家的每一個組織或企業，每一個城市或鄉鎮以及每一個地區都在地理位置及文化上顯示出獨特性。這也給 IFMA 提出了挑戰，即如何提供適當的回應來處理當今世界各地各種不同水準的物業設施管理資質能力。

與此同時，我們必須作出調整以求適應當前全球經濟和科學技術的飛速變化。這些新的發展將大大地改變我們作為專業物業設施管理人員的行事方式。如果我們打算順利地適應新環境的話，我們就必須未雨綢繆地對將來作出規劃。

上個月在紐奧爾良，當我接受 IFMA 主席的職位時，我作了有關我們將面臨問題的演說。在此讓我們共同分享這些想法。

由於電子商務和移動商務已經改變了我們商務活動的方式。將來我們將看到某些中央集中管理的設施開放為類似零售業的環境，在那裡，個人將購買設施、支持服務和工作場所。

技術的變化將影響我們管理物業的方式。虛擬的工作環境，遠端通訊以及創造性和高效率地使用現存建築環境的需求，將重新定義作為物業設施經理的角色。

健康問題、全球暖化問題和環境污染問題已不再是環境保護主義者單獨關注的焦點，這些議題以及其他一些議題將大大地影響我們這個行業的工作方式。

政治界限不再限制我們面臨的挑戰。我們面臨的挑戰從本質上來說是全球性的。它對我們在座各位來說都是至關重要的。IFMA 也是全球性的，迅速並有效地適應能力是我們的基本特徵，這個特徵對我們所有人來說，就意味著成功。

在以下的一些時間裡，我將談談影響將來物業設施管理的七個要素。IFMA 董事局近來一直在討論我們稱之為「七大議題」的七個要素，你們對這些要素可能會有自己的想法，但無論怎麼稱呼，最簡單的事實是：當世界商務迅速變化以適應新的技術時，我們從事商務的方式、建築環境以及我們的管理方式也必須隨之改變。作為一個協會，我們不可能立即解答所有「七大議題」，但我們關注著它們的影響，並有責任盡我們之所能，從資訊和教育培訓方面來支持這個專業隊伍，使它們對面臨的變化有所準備。

第一個大議題：有關我們物業設施管理的各種專業界限正在模糊

由於這些界限融合在一起，變得很少區別，這將要求我們擅長於一批範圍廣泛的特質。我們將被要求提供更高水準的工作表現和業績，這不是一件容易的事。我們的能力將面臨挑戰，我們的身份特徵將褪色，我們將被要求在一個我們可能沒有認識的新領域裡承擔完全新的角色。那些能在這個競爭中生存下來的人，是那些進行了適當的教育培訓和把握了專業發展機會的人，以及那些適應專業成長和表現出色的人。

改變是不容易的。但是歷史上我們有很多次為了生存而不得不改變，這就是大自然所賦予的競爭性的進程。很多 IFMA 的成員不想適應他們所面臨的新環境，那麼他們就可能被那些將專業發展作為使命的人所替代。因此，IFMA 必須更新和替換現有的核心資質，並對設施管理的資質認證作出必要的修改。

IFMA 將關注那些方法，即能重新集中所有能使我們對這個議題作出積極全面反應的資源的方法。然而，我們必須經歷這樣的變化，我們可能看到，IFMA 將從服務項目的開發者向教育及資訊的經紀人轉變。IFMA 不再是問題解決者，但必須推動這個專業的發展。我們可能必須多方位地處理不同層次的全球性的設施管理的資質。這就很清楚，作為協會，我們必須設定作為一個物業設施管理經

理所具有的共同的特徵。

對遍布全球的會員進行教育是一種挑戰，它將要求使用遠端教育的方式。對設施管理經理這個職位的日益增長的需求，可能意味著 IFMA 成員必須參加研討會和專題討論會，進而參加專業教育，如果時間或地點對他們方便的話。換句話說，改變我們工作方式的高科技將被用來教育我們，以適應將來高科技的變化。

對分隔數千英里的大量人群進行教育，對亞洲的教育工作者來說並不是一件新鮮事。亞洲是世界上擁有最多遠端教育學生的地方。今天，在中國、印度、印度尼西亞、韓國、泰國以及其他國家有超過 10 萬的學生，就讀於遠端教育為主的大學。今年初，日本教育部的諮詢專家組向政府建議，認可那些來自其他國家的以網路教育和課程為基礎的學歷。

IFMA正在檢查我們將如何滿足會員在演變中的需求。IFMA將繼續為全世界物業設施管理專業人士服務，並確立非常高的標準，而這些標準是其他人是難以做到的。

第二個大議題：虛擬的工作場所

明天的設施管理專業人員將面臨今天聞所未聞的挑戰。這種新的工作場所不是傳統的磚頭瓦塊的工作環境的定義，或傳統的物理空間的定義。我們已經看見了虛擬工作環境演變中的第一階段：可選擇的家庭的辦公和新的工作技術。當光纖、轉換站和其他寬頻技術的發展能使越來越多的資訊通過越來越細的導線，並且將傳輸得更快。在虛擬劇場產生的前夕，娛樂公司期待著重塑自己，將完整的影片下載到一個手提設備中僅僅是小事一椿。不久的將來，社會和技術的變化將消除地理的界域，轉變商業的結構，改變行為並帶來極大的複雜性。如果我們希望生存下來，我們的組織能繼續保持競爭力的話，我們中的每一個人都要做好準備以適應這些變化。

我們的一些會員已經捲入這場工作空間的競爭中了，而其他會員則等待這必經之路，還有些人希望在他們被迫採取行動之前能達到退休年齡。事實是，這場競爭不管有沒有我們，它照常進行。我想，最好的辦法是，這場競爭的進展處於

我們的引導和控制之下。設施管理的從業人員必須在技術競爭中力爭上游，以避免被淘汰。

　　工作空間競爭的另一個結果可能是，設施管理人員與推銷商的戰略聯姻。IFMA 相信，與設施管理相關的產品及服務的提供者，我們稱之為關聯者，將是資訊和教育的最關鍵的來源。

　　許多這類公司大量投資於科技的開發、工作空間的可持續性、社區的支持和培訓。其中許多都是工業界的領軍企業，是國家的財富和國際的偶像。我們相信這些商業上的夥伴，將願意填補我們中的那些拒絕適應新的工作環境的人所留下的空缺。

　　這場革命將要求對財力和人力資源大規模地重新分配。這不一定是件壞事。IFMA 將這些挑戰看作是機遇，並且關注其對我們協會及會員們的積極貢獻。例如，一個獨特的機遇將來自重新使用傳統建築設施所產生的潛在效益。而這些收益已在「虛擬」環境中損失了不少。IFMA 作為一個國際性的組織，將採取多方面的措施來認識國與國、洲與洲在使用傳統設施方面的大大的不同。

　　現在讓我給你們一個正在研究中的例子，這個例子有深刻的含義和機遇，而這些是設施管理者從來不會相信是可能的。一個來自巴西的大學生，在加利福尼亞大學伯克利分校學習，發明了一個振動的工作表面，一個帶有振動表面的桌子，它可使用電腦的滑鼠來移動和重新安排桌面上的物品。這個研究領域被稱作「分布控制系統」。複雜的機械，如機器人手臂將不再需要。工作空間以我們從未想像的方式在發展，磁鐵和噴嘴將替代機器人。振動桌面的模型能查找和重新安排小件物品如撲克和小瓶子，但是，將來某天它就有可能用於重型的物品如家具或大件的工業部件。這是多麼重大的事啊？！美國郵政局對此表示了足夠的興趣，它支持建立一個大型的滾軸系統將重型的包裹從倉庫的一頭移到另一頭。正如我說的，工作場所以我們從未想像的方式在演變。

第三個大議題：科技基礎設施的變化，包括遠端通訊、資料、網絡、電腦硬體、電纜和軟體

　　我們可以確定地說，將來的科技基礎設施不會與今天相同。我們也可以確定地說，設施管理經理的作用也會從建築環境的管理轉換成控制個人的公用事業品組合的配給，如能夠無線傳輸聲音、電子郵件的個人通訊設備。我們已經看到了一個無線的商務環境的進展。一些飛機航線將在機場候機室安裝無線的網路，使那些商人在旅行時也能進行工作，並且將允許旅客在候機時能上網和觀看數位電影。近年來，科技的進步將允許我們在飛機上接通我們的辦公室。在最近的遠端通訊展覽會上，ZT＆T無線公司的首席執行長約翰・才格里斯作了一個簡要的發言，談了來自他們公司實驗室的一些產品，其中之一是可攜式的個人旅行導覽器。它看上去像一個 CD 機，它包含了百科全書和個人事務管理者，只要輕輕一點，它就能解釋地形標記的含義。愛立信、Hewlett-Packard 遠端通訊公司正在銷售一種軟體，它能進行手機商務交易。這意味著當我駕車去咖啡店拿咖啡的路上就能以手機完成商務交易。科技正進入無線的概念。一些人相信，這個行業在大約 5 年之內將有大的轉變。在這個領域，美國遠遠落後一些國家，如芬蘭。芬蘭人可以在這個國家的任何地方都能打電話或下載來自任何地方、包括來自北極圈的電子郵件。日本、香港和新加坡也超過加拿大和美國，在這一場科技競賽中保持領先地位。

　　無論你去哪兒，攜帶 PDA 或筆記型電腦，一個巴掌大的具有多功能的文書處理機和其他商務應用功能的設備，已是很平常的事了。令人驚奇的是，在這些小型的設備上，功能並沒有犧牲，許多具有文字處理、表格化功能和即時網路存取功能。一個小型的設備具有超過美國太空總署（NASA）登陸月球的計算能力。

　　當今有一些公司正在從事向辦公大樓提供固定的無線通訊，以代替光纖、電纜和電話線。固定的無線通訊以高速的無線電波速度與網絡連接。根據一些估算資料，在美國大約有 760,000 棟商業辦公大樓需要寬頻網路，但得不到高速光纜的連接。固定的無線通訊可能是一種解決辦法。衛星通訊可能是另一個解決辦法。

並且還可能存在其他的我們甚至都沒有想到的解決辦法。新的發展包括在光纜中放大和還原的光脈衝的傳輸，這是由於訊號一般會衰減，並且每傳輸 300～400 英里（約 500～600km）就會變得不穩定。

在遠端通訊和資料技術上的變化將深深地影響人們的工作方式、工作地點、設施和項目管理應如何應對這個過程。僱員們將不再束縛於房地產和設施。我們將發現我們的遍布全世界的管理辦公室可能在海面以下、在太空或者甚至多年以後會在其他的星球。

在美國，目前將近有兩千萬的工作人員是遠端通訊工作者，他們通常每月 9 天在家工作。

在英國，1992 年的一個調查顯示，有 113 家公司正在僱用一些在家工作至少超過一半時間的僱員，其中的 58 家，符合調查所給出的遠端工作的定義，即是用電腦和遠端通訊網路遠距離地完成他們的工作。

當越來越多的雇主在拓寬傳統的工作場所的定義時，物業設施管理經理發現，他們有了支撐遠距離工作者和工作環境的新增加責任。物業設施管理經理處於變化的工作空間事件的前驅：確保合適的人類工程學標準在家庭辦公室中得到充分的體現、有效地節約辦公空間、提供適當的會計核算、協調搬遷和提供周期性的提升更新。

美國空軍正在採取一系列步驟使自己在來自陸地和海上的電子攻擊中不處於弱勢。跨國集團公司也可能採取同樣的步驟。我們需要密切觀察這些發展將如何影響物業設施的管理，我們也需要繼續學習，知道如何保護我們的設施資產和基礎設施免遭麻煩和罪惡邪念的影響。如果在任何地方有所懷疑，立即檢查辦公室或家裡電腦系統的防火牆軟體的登錄者。

美國海軍是這樣做的，它建立了一個內部網，透過一個獨立的無縫的聲、像及資料服務系統來與世界上最大的電腦連接，則資料的傳輸、遠端會議、高科技資訊將更有效和更安全。電子資料系統公司將因此獲得價值 69 億美元的契約來提供所有的服務。這將是一個龐大的經濟數額，如果能實現的話，將使新技術的具體實施比較容易且不太昂貴。新的內部網將能使在世界任何地方的飛機維修工，能在美國空軍和海軍的全球聯合系統的任何一個地方找到所需的飛機零組件。資

料的傳輸、視訊會議和智慧型資訊將更有效和安全。海軍希望能每年節約 4 億美元，而有的估計將節約 10 億美元。EDS 公司將替換超過 120 個獨立的電腦網，這意味著，他們必須擁有這樣的專家，它能將各種不同的功能整合進一個無懈可擊的系統。我希望設施管理經理能成為這個團隊的一個成員，我們必須成為我們組織內部的綜合者，利用我們對許多技術領域的了解、我們的財務技巧、我們的管理經驗來作出正確的商業決策並確保工作能正確地進行。

一個工作場地的綜合者能成為一個主導者，這是最自然不過的了，這是因為技術充滿商務活動的所有方面，負責總協調的經理由於衛星技術的發展可以監督遍布全世界的運作。現在西方世界已經看到，許多公司將其求助桌面功能和援助中心功能擴展到香港、印度和愛爾蘭。這些國家和地區具有良好的教育體系，說英語，掌握技術並有良好的工作道德。由於熟練工人的工資較低，這方面的成本的節約將是大量的。在全球環境中工作的綜合者將必須對多元文化、社會和政治事件以及全球經濟運行。

其他問題可能會出現在物業設施經理面前，如能源管理和發電廠的有害廢棄物的處理。物業設施經理將必須不斷地在帶職培訓中不斷地提高自己的教育水準，以應付即將到來的工作場所的變化。

我的觀點是：IFMA 以及所有的成員必須準備適應和歡迎推動新經濟的新技術。有人提出這些變化就像衝擊我們職業的外部浪潮一樣，只是它們的影響將更深刻。對 IFMA 的挑戰是確保我們的專業能駕馭這個技術浪潮的浪頭，而不是被其沖刷走。

IFMA將開發一套用於綜合管理人員的從初級到高級水準的合格的教育計畫。我們將在進行綜合訓練的研究和實例教育中開發一套模式。我們將提前預測其趨勢，趨勢對我們專業將有極大的影響。IFMA 也將努力促使此專業能進入高層管理／董事會，並具有充分的可信度作為綜合管理的領袖。在做這些事的過程中，協會將創造這樣一個很強的特色和品牌，即 IFMA、綜合管理經理和基礎設施經理在全球商業社會的眼中是一體的和同樣的。

協會可能需要重新調整一些資源來尋求對我們的成員和專業有最大好處的目標和方向。除了作為協會的謹慎的經營活動以外，協會的推動力不是作為技術上

的驅動力或深陷於電子商務或 B2B 市場，IFMA 的作用是促進本專業，並在實行的過程中，通過利用機構內部的資源、學術和行業的優勢而進行的研討會和相關的教育方面的努力，作為通向技術的管道。這是與協會一貫作為專業以及服務於專業的行業橋樑的形象是相一致的。

第四個大議題：物業和建築環境的轉換

物業是指商業物業、工業物業和居住物業等。它包括辦公大樓、購物中心、製造設施、工業園區、農場甚至飛機場等一個很大的範圍。這個大問題是受上述技術上的大問題，即技術上基礎設施的發展所深深影響，這是因為技術上的變化將支配我們管理物業的方式。正如我先前所說的，綜合經理和基礎設施經理將在全世界、海底及外部空間實施戰略和規劃。我相信在座的諸位需要並希望成為物業管理的一員，物業管理對物業設施經理來說是個合乎邏輯的責任。然而，這僅僅是幾個核心訓練內容之一，物業設施經理需要繼續擴展他們的責任、專長和作為一個綜合協調者所需的一些影響工作場所和環境的專業教育。

總的說來，可預見的物業所有權問題將繼續保持控制物業專業人員和他們的協會，直至設施管理、物業以及他們的協會能否合併。即使物業設施管理和物業管理協會聯合，一旦技術完全融入日常生活中，物業設施管理還是將著重於如何適應和控制工作場所的物業。新的物業形式和我前面所提到的新的個人共用設施的組合組成了物業設施管理的下一個職責範圍。

IFMA 已經有超過 3,200 名高級設施管理人員負責物業的管理。另一個我們將面對的現實是將建築環境與電腦控制的電子環境融合在一起，或者說是混凝土與滑鼠的結合。Barnes 和 Nobel 在書店及其他網路零售務上做得很成功。很多公司正發現，顧客和股東們都從支持網路交易的模式。

今天在座的每一位都被要求對推動你們公司前進的經營決策做出貢獻，你們可以帶到會議桌上的是你們在財務、經濟、統計方面所受的教育或者將學到的理論轉化為實踐的在職訓練所獲得的專長。當討論物業設施管理作為一門專業的將來時，我們必須時刻牢記，進行改變並進入那個在新經濟和它的將來形式中具有

價值的專業的極大的重要性。一旦這種情況確立，我們就會將目光集中在推動我們的專業進入董事會。我們必須強調不斷地將設施管理專業作為謹慎的商務活動來發展，從這些經營活動中，開發商務的領袖們得到了認可、推薦並且最終被授權。較好的商務敏銳性的培養可通過不斷地開發經認可的創造性課程和通過 IFMA 的教育課程來獲得。一個在費用上能承受的高品質課程和認證的組合，是提升全體會員的知識和信譽的關鍵事項。在這裡，挑戰是確定最經濟地應用資源來支持這個努力，並且明智地選擇在戰略上與協會不會有衝突的合作夥伴。同時，每一個協會的成員有責任在研究和產品創新方面來幫助教育培訓其他成員。

第五個大議題：強調的是設施管理成員的統計數字不斷改變，並以最好的方式對待亞洲和歐洲經濟日益增長的重要性

這個問題就像商業世界所面臨的老化問題一樣，商業世界和 IFMA 必須關注變化的統計數字，認清趨勢並提供各種不同顧客所要求的不同水準的支持。

由於亞洲是一個強大並有影響的夥伴，IFMA 將繼續向你們和你們的組織提供服務。我們的支持對你們和你們的協會在維護你們的利益、促進專業和提供使你們獲得成功的繼續教育方面是至關重要的。我知道，你們和歐洲對手有時會感到你們與休士頓的 IFMA 總部相隔遙遠。你們中的一些人可能有一種錯誤的印象，即 IFMA 是一個北美的協會。讓我告訴你們，IFMA 的的確確是一個國際組織，它的任務就是使各大洲每一個國家的會員都獲得成功。今天我站在這兒就是 IFMA 是國際性組織的作例證。

另一個 IFMA 為滿足國際會員獨特要求的方式的例子是與日本設施管理促進會保持了緊密的聯繫。這個協會資助了各項活動和分發教育資料。日本的協會（JFMA）和 IFMA 正在起草一個互惠的協議來認定每個組織中的合格設施管理經理資質（CFM）。這將保證，在全世界任命比只有一個國家的任命具有更高的權重。我們很自豪地作為 JFMA 的合作夥伴來引導 CFM 的全球化。如果 IFMA

保持作為全球設施管理專業組織的選擇，則在我們面前將有很多工作要做。

我們知道我們的會員很樂意認可 IFMA 作為本專業的一個整體，我們也相信我們的會員對我們協會所定義的方式感到滿意。挑戰之一是在保持對 IFMA 的信任和信心的同時要繼續前進。日益增加的成員數是另一個挑戰。在全世界，不是協會成員的設施管理人員是協會成員的 40 倍。我們必須找出其中的原因，我們大家都要為這方面問題做一些事。

我相信，我們的會員加入 IFMA 是因為我們是受尊重的國際性專業組織。一些會員的加入是由於 IFMA 有遠見地指出了我們的專業將面臨的重大事件，並且以最佳的方式來表述這些重大事件。有一些會員的加入是因為他們知道協會將提供不斷的專業教育和開發。而其他一些人是為專業的不斷成功而做貢獻。

你們知道一個設施管理的同事，他不是協會的會員，他會從會員資格中獲益嗎？你們知道，一個設施管理的同事，他作為培訓師和演講者的技能將對協會有利嗎？

語言是另一個問題。亞洲是一個很大的地理區域，擁有不同的語言和文化。歐洲是一個較小的地理區域，但是也擁有多種的語言和文化。在亞洲，英語是被廣泛接受的商務用語。我大膽地預測，在將來，法語、荷蘭語和德語將成為通用的方言。IFMA 正在關注這個語言問題，看看我們在減少跨越國界的語言障礙方面能做那些貢獻。

向協會成員提供全職業過程的支持和教育是我們正在檢查的另一個問題。我們擁有處於專業各個層次的會員，從開始起步的到第一線的經理，直到領導決策層的會員，每一個層次的會員都有自己獨特的挑戰，我們的會員會求助於協會以能回答他們的問題。

數位經濟是第六個大議題

我們在技術上所看到的飛速變化意味著對每一個人來說是更短的時間地平線，特別在 e 商務和 m 商務領域，經營商務的舊方式將不是經商的最好方式。在某些情況下，以舊方式經商意味著放棄經商。我將不僅僅是談論公司，以舊方式

經商可能意味著設施經理的失業。我們不能僅僅只關注於我們所面臨和伴隨的問題。我們一直被多方面推動。先進的科技、變化中的競爭、焦慮的股東、勞動力的需求對我們的日常工作提出新的要求，我們必須不斷地適應它。

e商務和m商務的演變可能意味著當今集中設施管理的辦法會採用零售方式。在那裡，個人選擇他們的設備、支持和工作場所，同時成本和支出也是可計算的。相比以前的嚴格受控，這樣可能會導致一些紊亂的環境。可能我們會有沃爾瑪品牌的設施管理：價廉物美；或者我們擁有的品牌是更注意優質服務而不是基本服務；或者我們會擁有 Rits-Carlton 設施管理品牌：非常昂貴只有少數人能得到。

如果讓我猜測 e 設施管理商務會是什麼樣，我將猜測為寬頻網路支持的，地理上分散的，強調後勤保障和網絡，有接通資訊和資源的網站。我將在接下來的時間裡，聽聽你們對 e 商務有什麼的看法。正如高科技進入我們設施管理的實踐一樣重要，我覺得困難的是，我們中的大多數人知道物業管理問題比知道資訊服務、資訊技術或我們面臨的類似資訊服務、資訊技術管理問題要多得多。IFMA也不知道在我們會員中資訊服務競爭和利益的程度。遠端通訊公司和資訊技術公司是處於預測數碼公司將來前景的前沿。我們需要知道更多的他們的觀點以及他們是如何影響設施管理的將來的。

世界工作場所協會總是以包含數位辦公場所新概念的教育事務為特徵的，而我們協會是被看作是具有各種工作場所管理戰略的權威機構。我們正在不斷地更新我們的知識，這樣，我們能保持這樣或那樣的公認的設施管理的權威。去年在香港舉行的世界工作場所協會亞洲分會，與會者收到的會議論文提要是更靈敏、更有效率的設施管理工具是以中央網站、網路和區域網為基礎的中央網絡技術，它能夠增強你們公司商務處理的競爭能力而不受時間和距離的限制。例如，一個laptop 或 PDA 接上移動手機能夠讓設施管理經理進行故障測定和解決發生在任何地點的任何問題。這次圓桌會議的參與者強調了如何做的問題，即有關有爭議的網絡瀏覽器、擴展性能、導航器和測定隱蔽的錯誤資訊等問題。

世界工作場所 2000 年會議於 6 月份在蘇格蘭的格拉斯島舉行。現在讓我與你們共同分享 3 天會議中涉及的許多技術問題的一部分內容。一個議題是關注使用運行提綱來產生一個為 e 商務集團所用的新的工作計畫。通過一個案例研究，這

個會議解釋了這個設計是如何將 e 商務的要求具體化，來產生多種多樣的工作場所，整合支持服務的遞送和增加交流及反應。

另一個議題是涉及採購系統和它們是如何能改善採購功能。與會者了解到，改善採購功能的機會是如此的實在，並且如果設計良好，則組織就能很快地在今後幾年中增加它們的業績。

一個正式的圓桌會議討論了各個歐洲國家設施管理的最佳實施。與會者了解到基於各個國家的文化和實踐的不同的方法，焦點在三個關鍵領域：從個別地點到全國範圍的管理模式，按照偏重方法的系統和程序，有關設施管理的全球電子商務。正如我們當今所確定的，電子商務正在改變設施管理專業的規劃。格拉斯高的一個議題是用了民航業的一個實例來說明來自電子商務的風險和機遇，全球銷售和分銷戰略的含義以及對物理設施如客服中心將來的影響。

顯現的文化分析工具和知識管理辦法的集合正在創造一個新的設施知識環境。與會者了解到這些環境結合網路文化和技術解決方案是如何幫助公司和政府機構獲得巨大的壽命周期時間和金錢的節約。將傳統公司的等級制度結合內部文化網絡的實現的設計，提供了一個目標為內部知識的交通圖。所提供的一些例子是關於高科技公司和政府機構是如何利用電腦網絡和對設施環境的設計上使用這些地圖來控制傳統的成本中心。

在 2000 年 9 月份紐奧爾良召開的「世界工作場所北美大會」上，與會者了解到，物業設施經理可獲得以電腦為基礎的工具並且如何恰當地使用這些系統。一個成功的設施經理必須能不斷地更新和分析大量重要的資訊，這是至關重要的。如果設施經理列出各種商業單位的需要，並與財務、人事和資訊技術經理們通力協作，會對整個公司總的獲利能力做出貢獻。

技術和商務的程序設計將經歷一個將影響所有種類組織的步驟和變化。這些變化將很快發生。物業設施經理正在被要求考慮一個根本的選擇，包括物業的大規模合理性。然而，很多資訊服務公司將設施管理看作是問題的一部分，而不是解決辦法的一部分。我們必須增加我們的知識和對當今潛在發展趨勢的理解，以及對變化步驟加快以後所產生的脫離社會發展過程風險和問題的認識。重要的是要牢記，IFMA 的核心任務是在適合數碼工作空間中起領導作用。對我們的挑戰

是如何吸引具有高科技資訊系統背景的會員，他們將對我們的知識背景作出貢獻。

第七個物業設施經理面臨的議題是由環境的可持續發展和城市基礎設施所構成可以看見，環境問題是用現有的工程知識可以預測和可以解決的，即使社會有時會缺乏政治家去做這些事。

設施經理面臨環境問題的新形式，這樣的事故在數量上不斷增多。Exon 在阿拉斯加的石油污染事件，聯合碳化公司在印度的悲劇，前蘇聯的車諾比的核外洩事件。幾星期前，Lockheed Martin 公司提供 500 萬美金來解決 300 個人投訴受到數十年國防製造業釋放的有毒氣體傷害致病的事情。該公司已經支付了 9300 萬美金，用於支付居民和前工作員投訴由於受到該公司副產品所引起的空氣、土壤和地表水污染而導致他們生病的賠償。

環境的變化在這日益複雜和污染的星球上變得越來越重要，這是由於人們做出努力避免受到自然和人為的風險，從而獲得健康的身體。澳大利亞是一個例子，所有的校服都帶有帽子，所有的衣服標有紫外線照射的等級線，就像一個人塗上防曬霜一樣。當人類對環境的適應而繼續演變時，我們期望能有更多更精確的警告和限制。

澳大利亞人認識到，他們必須重新考慮他們是否使用汽車作為上班工具的方式，還是面臨嚴重的危害健康的結果。英國的部分地區在 20 年內將面臨嚴重的缺水問題。因此，有關學校和其他大樓的水系統的決策正在作出，包括水的回收和再生使用方式。

在講述當今緊迫問題時，各地設施經理必須為將來的環境需要做好準備。我們必須為水、能源或陽光的短缺做好規劃。所有這些規劃必須與環境緊密相連。

要成功地處理這些問題需要對城市基礎設施有一個全面的方法。設施管理的專業人員必須準備影響城市基礎的設計過程並且提出最佳的實際例子。

IFMA 正在為我們的會員提供有關這些問題的繼續教育。我鼓勵你們能利用我們獲得的和貢獻的新知識的優勢，特別在如「世界工作場所大會」這樣的會議上。例如，在「世界工作場所紐奧爾良大會」上，會議的參加者了解到調整環境戰略與公司戰略目標的機會。環境方面的舉措在保留有才能的僱員方面，在工作場所健康的改良和長期成本效益的增長方面，可以是一種戰略性的工具。如何鑑

別和比較環境產品是新奧爾良會議上的另一個教育問題。會議的參加者學習如何決定產品是否有利於環保和是否是以環境責任款式製造的。設施經理必須了解到環境產品的使用對公司管理和僱員有益。

我們面臨的另一個問題超出工作場所而進入我們僱員的家庭。在北美，他們面臨的另一個問題：報紙「今日美國」上月報導，人們在家裡暴露於工作場所帶來的危害之強，可以引起細胞破壞、智力障礙和癌症。一些致命的化學品，如汞、放射性物質、鉛、石棉以及聚氯聯苯等，由工作人員偶然地帶回家。

已知和可能的污染的事件已經出現在至少 40 個行業，包括鉛冶煉業、核醫療、化工、建造業和醫學研究等。設施管理在遏制污染方面具有決定性的作用，我們必須在保護我們僱員和他們的家庭方面起領導作用。

在環境策略方面，IFMA 提倡環境的持續發展。我們正在收集資訊和討論最有效的方法來影響議案、將來的法規以及政府的決策。我們認識到，我們不能對其他權益的行動做出反應，我們必須對那些直接影響設施管理實踐的有關權益做出預防。

今天，我唯一沒有論及的問題是道德。我們每做出的一個商業決策必須符合道德規範。對我今天所談的「七個議題」的共同的道德規範是：IFMA 最優先考慮的是你們中的每一個人，我們的會員。如果我們沒有徹底地檢查上述「七個議題」和每一個影響設施管理的當前和將來的問題，則我們就未能承擔向我們的會員提供他們順利完成他們業務所需要的關鍵知識和專業工具的道德。你們也有道德的義務告訴你們的協會，如果它不滿足你們的需求，並沒能對你們所看到，而協會可能忽略的趨勢提出警示。

與你們在一起，我們度過了難懂及煩悶的時間。共同工作，我們將成功。並且我們將向我們的組織提供必要的指南，以便使他們在飛速變化的全球經濟中保持競爭力。

在我結束發言之前，我有一個個人的心願，即如果我能選擇今晚的夢，我希望能夢到有一個協會，它能滿足全世界所有的設施管理專業人員包括中國朋友們和同行們的需要和利益。

再一次地謝謝大家的光臨。現在，我很高興回答所有你們可能提出的問題。

參考文獻

1. 羅伯特・Ｃ・凱爾等・朱文奇譯《物業管理—案例與分析》北京：中信出版社，2001

2. 戴維・Ｇ・科茨著・張紅等譯《設施管理手冊—超越物業管理》北京：中信出版社，2001

3. 王青蘭、齊堅《物業管理理論與實務》北京：高等教育出版社，1998

4. 王青蘭《物業管理導論》北京：中國建築工業出版社，2000

5. 徐建明《物業管理法規》南京：東南大學出版社，2000

6. 廖聲群，劉芷均《深港物業管理實務》南昌：江西科學技術出版社，2001

7. 韓強《物業管理實用教程》上海：上海遠東出版社，1996

8. 方芳《物業管理招標投標指南》南昌：江西科學技術出版社，2001

9. 周朝民《物業管理理論與實務》上海：上海交通大學出版社，1998

10. 過榮南《高層建築設備維修管理手冊》北京：中國建築工業出版社，1999

11. 葉小蓮《物業管理資訊系統》上海：上海財經大學出版社，2001

12. 呂玉惠《物業管理資訊系統》南京：東南大學出版社，2000

13. 陸愛勤《物業保險》上海：上海社會科學院出版社、高等教育出版社，2000

14. 陳才林《物業管理職業經理人》上海：上海社會科學院出版社，2002

15. 中國認證人員國家注冊委員會編《質量管理體系國家注冊審核員預備知識培訓教程》天津：天津社會科學院出版社，2001

國家圖書館出版品預行編目資料

物業管理教程／齊堅編著. 一初版.
一臺北市：五南，2007〔民96〕
　　面；　公分
參考書目：面
I S B N: 978-957-11-4742-0（平裝）

1.建築－管理

441.51　　　　　　　　　　　　　96007267

5H06

物業管理教程

編　著	－	齊　堅
校　訂	－	沈世宏、鄭文彬、卜遠程
發 行 人	－	楊榮川
總 編 輯	－	王翠華
編　輯	－	王者香
文字編輯	－	施榮華
封面設計	－	莫美龍
出 版 者	－	五南圖書出版股份有限公司

地　　址：106 台北市大安區和平東路二段 339 號 4 樓
電　　話：(02)2705-5066　傳　　真：(02)2706-6100
網　　址：http://www.wunan.com.tw
電子郵件：wunan@wunan.com.tw
劃撥帳號：01068953
戶　　名：五南圖書出版股份有限公司

台中市駐區辦公室 / 台中市中區中山路 6 號
電　　話：(04)2223-0891　傳　　真：(04)2223-3549
高雄市駐區辦公室 / 高雄市新興區中山一路 290 號
電　　話：(07)2358-702　傳　　真：(07)2350-236

法律顧問　林勝安律師事務所　林勝安律師

出版日期　2007 年 5 月初版一刷
　　　　　2014 年 6 月初版三刷
定　　價　新臺幣 680 元